建设工程预算入门与实例精解

市政工程

李志刚　主编

U0293723

中国电力出版社
CHINA ELECTRIC POWER PRESS

内 容 提 要

本书共有五章，讲解了进行市政工程预算所需了解到的基础知识、计算规则、规范、定额等内容，并用大量实例演示工程量计算方法。具体内容包括：市政工程预算基础，市政工程预算定额，市政工程工程量计算，市政工程工程量清单计价，实例。

本书可供市政工程预算新入门人员学习参考，也可作为大专院校相关专业的辅导书。

图书在版编目（CIP）数据

市政工程/李志刚主编. —北京：中国电力出版社，2014.8
（建设工程预算入门与实例精解）
ISBN 978 - 7 - 5123 - 5885 - 0

Ⅰ.①市… Ⅱ.①李… Ⅲ.①市政工程－建筑预算定额 Ⅳ.①TU723.3

中国版本图书馆 CIP 数据核字（2014）第 101744 号

中国电力出版社出版发行
北京市东城区北京站西街 19 号 100005 http：//www.cepp.sgcc.com.cn
责任编辑：关 童 联系电话：010-63412603
责任印制：郭华清 责任校对：王开云
北京市同江印刷厂印刷·各地新华书店经售
2014 年 8 月第 1 版·第 1 次印刷
710mm×1000mm 1/16·20.25 印张·392 千字
定价：45.00 元

编写人员名单

主　编　李志刚

参　编　董国伟　　郭爱云　　高爱军　　侯红霞　　李仲杰

李芳芳　　曲　琳　　邵中华　　邵艺菲　　王文慧

王国峰　　汪　硕　　魏文彪　　袁锐文　　叶梁梁

赵　洁　　张　凌　　张　蔷　　张　英　　张正南

前　　言

工程造价是规范建设市场秩序，促进投资经济效益和提高市场经济管理水平的重要手段，具有很强的技术性、经济性和政策性。不断深入改革和完善建筑工程造价，与国际工程造价快速接轨，可以进一步推动我国经济的发展。所以，培养我国工程造价专业化人才，在现代化进程中显得尤为重要。

2012 年 12 月 25 日，由住房城乡建设部批准、颁布了《建设工程工程量清单计价规范》（GB 50500—2013）、《房屋建筑与装饰工程工程量计算规范》（GB 50854—2013）、《仿古建筑工程工程量计算规范》（GB 50855—2013）、《通用安装工程工程量计算规范》（GB 50856—2013）、《市政工程工程量计算规范》（GB 50857—2013）、《园林绿化工程工程量计算规范》（GB 50858—2013）、《矿山工程工程量计算规范》（GB 50859—2013）、《构筑物工程工程量计算规范》（GB 50860—2013）、《城市轨道交通工程工程量计算规范》（GB 50861—2013）、《爆破工程工程量计算规范》（GB 50862—2013），并于 2013 年 7 月 1 日开始实施。

为了培养大量优秀、务实的造价人才，帮助造价人员快速了解并掌握新规范的内容，我们精心编写了本套丛书。

本套丛书分别从建筑工程、装饰装修工程、园林绿化工程、市政工程、安装工程五个分册讲解了预算入门与实例。

本书为市政工程分册，讲解了市政工程预算时所需了解到的基础知识、计算规则、规范、定额等内容，并用大量的实例演示了工程量计算方法。另外，实例中图的尺寸标注若无特别说明，单位为 mm。

市政工程分册可供市政工程预算新入门人员学习参考，也可供大专院校相关专业师生学习使用。

本丛书在编写过程中，受到了许多同仁的鼎力支持与帮助，借此表示衷心的感谢。由于工程造价编制工作涉及范围广，加之编者水平有限及时间仓促，书中不当之处在所难免，恳请广大读者与同仁不吝赐教，以便我们及时修正。

目　　录

第一章 市政工程预算基础

第一节 市政工程基础

一、市政工程相关概念

市政工程是以城市（城、镇）为基点的范围内，为满足政治、经济、文化以及生产、人民生活的需要并为其服务的公共基础设施的建设工程。

市政工程是一个相对概念，它与建筑工程、安装工程、装饰工程等一样，都以工程实体对象为标准相互区分，都属于建设工程的范畴。

二、市政工程构成

1. 道路工程

（1）道路

1）道路的分类。

①道路按所在位置、交通性质及其使用特点分类见表1-1。

表1-1 道路的分类

项目	内容
公路	公路是连接城市、农村、厂矿基地和林区的道路
城市道路	城市道路是城市内道路
厂矿道路	厂矿道路是厂矿区内道路
乡村道路	乡村道路是乡村内道路

②城市道路按在道路网中的地位、交通功能以及对沿线的服务功能分类见表1-2。

表1-2 城市道路的分类

项目	内容
快速路	快速路应中央分隔、全部控制出入、控制出入口间距及形式，应实现交通连续通行，单向设置不应少于两条车道，并应设有配套的交通安全与管理设施。快速路两侧不应设置吸引大量车流、人流的公共建筑物的出入口

续表

项　目	内　　　容
主干路	主干路应连接城市各主要分区，应以交通功能为主。主干路两侧不宜设置吸引大量车流、人流的公共建筑物的出入口
次干路	次干路应与主干路结合组成干路网，应以集散交通的功能为主，兼有服务功能。次干路两侧可设置公共建筑物的出入口，但相邻出入口的间距不宜小于80m，且该出入口位置应在临近交叉口的功能区之外
支路	支路宜与次干路和居住区、工业区、交通设施等内部道路相连接，应以解决局部地区交通、以服务功能为主。支路两侧公共建筑物的出入口位置宜布置在临近交叉口的功能区之外

注：道路交通量达到饱和状态时的道路设计年限为：快速路、主干路应为20年，次干路应为15年，支路宜为10～15年。

2）道路的组成见表1-3。

表1-3　　　　　　　　　　道　路　的　组　成

项　目	内　　　容
线形组成	道路线形是指道路中线的空间几何形状和尺寸，这一空间线形投影到平、纵、横三个方向而分别绘制成反映其形状、位置和尺寸的图形，就是道路的平面图、纵断面图和横断面图
结构组成	1. 低、中级路面的结构组成一般分为路基、垫层、基层和面层四部分 2. 高级路面的结构组成一般分为路基、垫层、底基层、基层、联结层和面层六部分，如图1-1所示

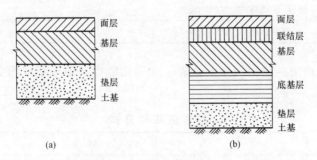

图1-1　道路的结构组成

(a) 低、中级路面；(b) 高级路面

（2）路基

1）概念：路基是行车部分的基础，它由土、石按照一定尺寸、结构要求建筑成带状土工构筑物，路基必须密实、均匀，具有足够的力学强度和稳定性以及抗变形能力和耐久性，并应结合当地气候、水文和地质条件采取防护措施，又要经济合理。

2）作用：路基作为道路工程的重要组成部分，是路面的基础，是路面的支撑结构物。同时，与路面共同承受交通荷载的作用。路面损坏往往与路基排水不畅、压实度不够、温度低等因素有关。高于原地面的填方路基称为路堤；低于原地面的挖方路基称为路堑；路面底面以下 80cm 范围内的路基部分称为路床；路基基本构造如图 1-2 所示。

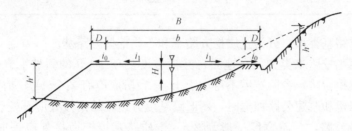

图 1-2　路基基本构造图

H—路基填挖高度；b—路面宽度；B—路基宽度；D—路肩宽度；
i_1—路面横坡；i_0—路肩横坡；h'—坡脚填高；h''—坡顶挖深

3）要求：

①路基结构物的整体必须具有足够的稳定性。

②路基必须具有足够的强度、刚度和水温稳定性。

4）类型：

①填方路基类型，见表 1-4。

表 1-4　　　　　　　　　　　填 方 路 基 的 类 型

项目	内　容
填土路基	宜选用级配较好的粗粒土作填料。用不同填料填筑路基时应分层填筑，每一水平层均应采用同类填料
填石路基	选用不易风化的开山石料填筑的路堤。易风化岩石及软质岩石用作填料时，边坡设计应按土质路堤进行
砌石路基	选用不易风化的开山石料外砌、内填而成的路堤。砌石顶宽采用 0.8m，基底面以 1:5 向内倾斜，砌石高度为 2～15m。砌石路基应每隔 15～20m 设伸缩缝一道。当基础地质条件变化时应分段砌筑，并设沉降缝。当地基为整体岩石时，可将地基做成台阶形

项目	内　　容
护肩路基	坚硬岩石地段陡山坡上的半填半挖路基，当填方不大但边坡伸出较远、不易修筑时，可修筑护肩。护肩应采用当地不易风化片石砌筑，高度一般不超过 2m，其内外坡均直立，基底面以 1：5 坡度向内倾斜
护脚路基	当山坡上的填方路基有沿斜坡下滑的倾向或为加固、收回填方坡脚时，可采用护脚路基。护脚由干砌片石砌筑，断面为梯形，顶宽不小于 1m，内外侧坡坡度可采用 1：0.5～1：0.75，其高度不宜超过 5m

②挖方路基类型，分为土质挖方路基和石质挖掘方路基。

③半填半挖路基类型，在地面自然横坡度陡于 1：5 的斜坡上修筑路堤时，路堤基底应挖台阶，台阶宽度不得小于 1m，台阶底应有 2%～4% 向内倾斜的坡度。分期修建和改建公路加宽时，新旧路基填方边坡的衔接处应开挖台阶。高速公路、一级公路，台阶宽度一般为 2m。土质路基填挖衔接处应采取超挖回填措施。

（3）路面

1）路面结构：路面是由各种不同的材料，按一定厚度与宽度分层铺筑在路基顶面上的层状构造物，见表 1-5。路面结构层次划分如图 1-3 所示。

表 1-5　　　　　　　　　　　路 面 结 构 内 容

项目	内　　容
面层	面层是直接承受行车荷载作用、大气降水和温度变化影响的路面结构层次。应具有足够的结构强度、良好的温度稳定性，且耐磨、抗滑、平整和不透水。沥青路面面层可由一层或数层组成，表面层应根据使用要求设置抗滑、耐磨、密实、稳定的沥青层；中间层、下面层应根据公路等级、沥青层厚度、气候条件等选择适当的沥青结构
基层	基层是设置在面层之下，并与面层一起将车轮荷载的反复作用传递到底基层、垫层、土基等起主要承重作用的层次。基层材料必须具有足够的强度、水稳性、扩散荷载的性能。在沥青路面基层下铺筑的次要承重层称为底基层。当基层、底基层较厚需分两层施工时，可分别称为基层、下基层，或上底基层、下底基层
垫层	在路基土质较差、水温状况不好时，宜在基层（或底基层）之下设置垫层，起排水、隔水、防冻、防污或扩散荷载应力等作用

注：面层、基层和垫层是路面结构的基本层次，为了保证车轮荷载的向下扩散和传递，较下一层应比其上一层的每边宽出 0.25m。此外，对于耐磨性差的面层，为延长其使用年限、改善行车条件，常在其上面用石砾或石屑等材料铺成 2～3cm 厚的磨耗层。为保证路面的平整度，有时在磨耗层上，再用砂土材料铺成厚度不超过 1cm 的保护层。

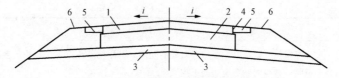

图 1-3 路面结构层次划分示意图

1—面层；2—基层；3—垫层；4—路缘石；5—加固路肩；6—土路肩

i—路拱横坡度

2）坡度与路面排水：路拱指路面的横向断面做成中央高于两侧（直线路段）的具有一定坡度的拱起形状，其作用是利于排水。路拱的基本形式有抛物线、屋顶线、折线或直线，为便于机械施工，一般采用直线形。道路横坡应根据路面宽度、路面类型、纵坡及气候条件确定，宜采用 1.0%～2.0%。快速路及降雨量大的地区宜采用 1.5%～2.0%；严寒积雪地区、透水路面宜采用 1.0%～1.5%。保护性路肩横坡度可比路面横坡度加大 1.0%。路肩横向坡度一般应较路面横向坡度大 1%。各级公路应根据当地降水与路面的具体情况，设置必要的排水设施，及时将降水排出路面，保证行车安全。高速公路、一级公路的路面排水，一般由路肩排水与中央分隔带排水组成；二级及二级以下公路的路面排水，一般由路拱坡度、路肩横坡和边沟排水组成。

3）路面等级：按面层材料的组成、结构强度、路面所能承担的交通任务和使用的品质，划分为高级路面、次高级路面、中级路面和低级路面四个等级。

4）路面分类：

①路面基层的类型。基层（包括底基层）可分为无机结合料稳定类和粒料类。无机结合料稳定类有水泥稳定土、石灰稳定土、石灰工业废渣稳定土及综合稳定土；粒料类分级配型和嵌锁型，前者有级配碎石（砾石）；后者有填隙碎石等。

②路面面层类型。根据路面的力学特性，可把路面分为沥青路面、水泥混凝土路面和其他类型路面。

（4）设施

按道路的性质和道路使用者的各种需要，在道路上需设置相应的公用设施。道路公用设施的种类很多，包括交通安全及管理设施和服务设施等，见表 1-6。道路公用设施是保证行车安全、方便人民生活和保护环境的重要措施。

表 1-6　　　　　　　　道路主要公用设施

项目	内　　容
停车场	社会公用停车场主要指设置在商业大街、步行街（区）、大型公共建筑，以及乡镇出入口、农贸市场附近，供各种社会车辆停放服务的静态交通设施

项目	内　　容
停车场	停车场宜设在其主要服务对象的同侧，以便使客流上下、货物集散时不穿越主要道路，减少对动态交通的干扰 大、中型停车场出入口不得少于两个；特大型停车场出入口不得少于三个，并应设置专用人行出入口，且两个机动车出入口之间的净距不小于15m。停车场的出口与入口宜分开设置，单向行驶的出（入）口宽度不得小于5m，双向行驶的出（入）口宽度不得小于7m。小型停车场只有一个出入口时，出（入）口宽度不得小于9m 停车场出入口应有良好的可视条件，视距三角形范围内的障碍物应清除，以便能及时看清前面交通道路上的往来行人和车辆；同时，在道路与通道交汇处设置醒目的交通警告标志。机动车出入口的位置（距离道路交叉口宜大于80m）距离人行过街天桥、地道、桥梁或隧道等引道口应大于50m；距离学校、医院、公交车站等人流集中地点应大于30m 停车场内的交通线路必须明确，除注意组织单向行驶，尽可能避免出场车辆左转弯外，尚需借画线标志或用不同色彩漆绘来区分、指示通道与停车场地 为了保证车辆在停放区内停人时不致发生自重分力引起滑溜，导致交通事故，因而要求停放场的最大纵坡与通道平行方向为1%，与通道垂直方向为3%。出入通道的最大纵坡为7%，一般以不大于2%为宜。停放场及通道的最小纵坡以满足雨、雪水及时排除及施工可能高程误差水平为原则，一般取0.4%～0.5%
公共交通站点	城市公共交通站点分为终点站、枢纽站和中间停靠站。车站应结合常规公交规划、沿线交通需求及城市轨道交通等其他交通站点设置。城区停靠站间距宜为400～800m，郊区停靠站间距应根据具体情况确定 车站可为直接式和港湾式，城市主、次干路和交通量较大的支路上的车站，宜采用港湾式。道路交叉口附近的车站宜安排在交叉口出口道一侧，距交叉口出口缘石转弯半径终点宜为80～150m。站台长度最短应按同时停靠两辆车布置，最长不应超过同时停靠4辆车的长度，否则应分开设置。站台高度宜采用0.15～0.20m，站台宽度不宜小于2m；当条件受限时，站台宽度不得小于1.5m
道路照明	道路照明是道路建设的重要内容，影响着道路安全和行驶的流畅与舒适。道路照明应采用安全可靠、技术先进、经济合理、节能环保、维修方便的设施。机动车交通道路照明应以路面平均亮度（或路面平均照度）、路面亮度均匀度和纵向均匀度（或路面照度均匀度）、眩光限制、环境比和诱导性为评价指标。人行道路照明应以路面平均照度、路面最小照度和垂直照度为评价指标。曲线路段、平面交叉、立体交叉、铁路道口、广场、停车场、桥梁、坡道等特殊地点应比平直路段连续照明的亮度（照度）高、眩光限制严、诱导性好。道路照明应根据所在地区的地理位置和季节变化合理确定开关灯时间，并应根据天空亮度变化进行必要的修正。宜采用光控和时控相结合的智能控制方式，有条件时宜采用集中遥控系统。照明光源应选择高光效、长寿命、节能及环保的产品 光源的选择应符合下列规定： （1）快速路、主干路、次干路和支路应采用高压钠灯

续表

项　目	内　　　容
道路照明	（2）居住区机动车和行人混合交通道路宜采用高压钠灯或小功率金属卤化物灯 （3）市中心、商业中心等对颜色识别要求较高的机动车交通道路可采用金属卤化物灯 （4）商业区步行街、居住区人行道路、机动车交通道路两侧人行道可采用小功率金属卤化物灯、细管径荧光灯或紧凑型荧光灯 （5）道路照明不应采用自镇流高压汞灯和白炽灯
人行天桥	人行天桥宜建在交通量大，行人或自行车需要横过行车带的地段或交叉口上。在城市商业网点集中的地段，建造人行天桥既方便群众，也易于诱导人们自觉上桥过街 在某些城市的旧城区商业街道，虽然人流多，但道路较窄、机动车辆少，在这种情况下不一定要建造人行天桥，因为建造人行天桥对改善交通收益不大，而上桥过街往往使行人感到不便
人行地道	人行地道作为城市公用设施，在使用和美观上较好，但是，工程和维修费用较高。因此，在下列情况下，可考虑修建人行地道： （1）重要建筑物及风景区附近，修人行天桥会破坏风景或城市美观 （2）横跨的行人特别多的站前道路等 （3）修建人行地道比修人行天桥在工程费用和施工方法上有利 （4）有障碍物影响，修建人行天桥需显著提高桥下净空时
管理设施　交通标志	交通标志分为主标志和辅助标志两大类。主标志按其功能，可分为警告标志、禁令标志、指示标志、指路标志、旅游区标志、作业区标志、告示标志等。辅助标志系附设在主标志下面，对主标志起补充说明的标志，不得单独使用 标志应传递清晰、明确、简洁的信息，以引起道路使用者的注意，并使其具有足够的发现、认读和反应时间。交通标志的设置应以完全不熟悉道路及周围环境、借助使用有效地图的交通参与者为服务对象 交通标志应设置在驾驶人员和行人易于见到，并能准确判断的醒目位置，一般安设在车辆行进方向道路的右侧或车行道上方。为保证视认性，同一地点需要设置两个以上标志时，可安装在一根立柱上，但最多不应超过四个；标志板在一根支柱上并设时，应按警告、禁令、指示的顺序，先上后下、先左后右地排列
交通标线	交通标线主要是路面标线，系以文字、图形、画线等在路面上漆绘，以表示车行道中心线，机动车、非机动车分隔线，各类导向线以及人行横道，车道渐变段，停车线等。此外，还有少数立面标记，如设置在立交桥洞侧墙或安全岛等壁面上的标记
交通信号灯	普通交通信号灯按红、黄、绿，或绿、黄、红自上而下，或自左向右排列。竖向排列常用于路辐较窄的旧城路口；横向排列则可用于路辐较宽的城镇道路。信号灯设在进口端右侧人行道边

项目	内　　容
道路绿化	道路绿化是大地绿化的组成部分，也是道路组成不可缺少的部分。道路绿化的类型分公路绿化和城市道路绿化。按其目的、内容和任务不同，又分为营造行道树；营造防护林带；营造绿化防护工程；营造风景林，美化环境。绿化可以改善环境，吸收二氧化碳、放出氧气；改变小气候；调节湿度；降低噪声

　2. 桥梁工程

（1）桥梁的分类

桥梁是供铁路、道路、渠道、管线、行人等跨越河流、山谷或其他交通线路等各种障碍物时所使用的承载结构物，其分类见表1-7。

表1-7　　　　　　　　　　　　桥 梁 的 分 类

项　　　目	内　　容
根据桥梁主跨结构所用材料分类	木桥、圬工桥（包括砖、石、混凝土桥）、钢筋混凝土桥、预应力混凝土桥和钢桥
根据桥梁所跨越的障碍物分类	跨河桥、跨海峡桥、立交桥（包括跨线桥）、高架桥等
根据桥梁的用途分类	公路桥、铁路桥、公铁两用桥、人行桥、运水桥、农桥以及管道桥等
根据桥梁跨径总长 L 和单孔跨径 L_k 的不同分类	特大桥（$L>1000m$ 或 $L_k>150m$）、大桥（$1000m \geqslant L \geqslant 100m$ 或 $150m \geqslant L_k \geqslant 40m$）、中桥（$100m>L>30m$ 或 $40m>L_k \geqslant 20m$）、小桥（$30m \geqslant L \geqslant 8m$ 或 $20m>L_k \geqslant 5m$）
根据桥面在桥跨结构中的位置分类	上承式、中承式和下承式桥
根据桥梁的结构形式分类	梁式桥、拱式桥、刚架桥、悬索桥和组合式桥

（2）桥梁的结构

1）上部结构：也称桥跨结构，是指桥梁结构中直接承受车辆和其他荷载，并跨越各种障碍物的结构部分。一般包括桥面构造（行车道、人行道、栏杆等）、桥梁跨越部分的承载结构和桥梁支座，其组成见表1-8。

表1-8　　　　　　　　　　　桥梁上部结构的组成

项目	内　　容
桥面构造	（1）桥面铺装及排水、防水系统 　1）桥面铺装。桥面铺装即行车道铺装，也称桥面保护层。桥面铺装的形式是以水泥混凝土、沥青混凝土铺装或防水混凝土铺装

续表

项　目	内　　容
桥面构造	2) 桥面纵横坡。桥面的纵坡一般都做成双向纵坡，在桥中心设置曲线，纵坡一般以不超过 3% 为宜 　3) 桥面排水。在桥梁设计时要有一个完整的排水系统，在桥面上除设置纵横坡排水外，常常需要设置一定数量的泄水管 　(2) 伸缩缝。要求伸缩缝在平行、垂直于桥梁轴线的两个方向，均能自由伸缩，牢固可靠，车辆行驶过时应平顺、无突跳与噪声；要能防止雨水和垃圾、泥土渗入阻塞；安装、检查、养护、消除污物都要简易、方便。伸缩缝的类型：镀锌薄钢板伸缩缝、钢伸缩缝和橡胶伸缩缝 　(3) 安全带。不设人行道的桥上，两边应设宽度不小于 0.25m、高为 0.25～0.35m 的护轮安全带。安全带可以做成预制件或与桥面铺装层一起现浇 　(4) 人行道。人行道一般高出行车道 0.25～0.35m，在跨径较小的装配式板桥中，可专设人行道板梁或其下用加高墩台梁来抬高人行道板梁，使它高出行车道的桥面 　(5) 栏杆、灯柱。要求坚固且有一个美好的艺术造型。高度一般为 0.8～1.2m，标准设计为 1.0m；间距一般为 1.6～2.7m，标准设计为 2.5m
承载结构	(1) 梁式桥。是指其结构在垂直荷载作用下，其支座仅产生垂直反力而无水平推力的桥梁。梁式桥的特点是其桥跨的承载结构由梁组成。梁式桥可分为简支梁式桥、连续梁式桥、悬臂梁桥 　(2) 拱式桥。拱式桥的特点是其桥跨的承载结构以拱圈或拱肋为主。拱桥按其结构体系，分为简单体系拱桥、组合体系拱桥 　(3) 刚架桥。是由梁式桥跨结构与墩台（支柱、板墙）整体相连而形成的结构体系，其梁柱结点为刚结。按照其静力结构体系，可分为单跨或多跨的刚架桥；也可分为铰支承刚架桥和固端支承刚架桥 　(4) 悬索桥。又称吊桥，是最简单的一种索结构。其特点是桥梁的主要承载结构由桥塔和悬挂在塔上的高强度柔性缆索及吊索、加劲梁和锚碇结构组成。现代悬索桥一般由桥塔、主缆索、锚碇、吊索、加劲梁及索鞍等主要部分组成 　(5) 组合式桥。是由几个不同的基本类型结构所组成的桥。各种各样的组合式桥根据其所组合的基本类型不同，其受力特点也不同，往往是所组合的基本类型结构受力特点的综合表现
桥梁支座	桥梁支座是桥跨结构的支承部分，它将桥跨结构的支承反力传递给墩台，并保证桥跨结构在荷载作用下满足变形要求 　支座按其允许变形的可能性，分为固定支座、单向活动支座；按其材料，分为钢支座、聚四氟乙烯支座、橡胶支座、铅支座等

　2) 下部结构：是指桥梁结构中设置在地基上用以支承桥跨结构，将其荷载传递至地基的结构部分，其组成见表 1-9。

表 1-9　　　　　　　　　　　　　　桥梁下部结构的组成

项目		内　　容
桥墩	实体桥墩	实体桥墩是指桥墩由一个实体结构组成。按其截面尺寸、桥墩重量的不同,可分为实体重力式桥墩和实体薄壁桥墩(墙式桥墩)
	空心桥墩	空心桥墩有两种形式:一种为上述实体重力型结构;另一种采取薄壁钢筋混凝土的空格形墩身,四周壁厚只有 30cm 左右。为了墩壁的稳定,应在适当间距设置竖直隔墙及水平隔板。空心桥墩墩身立面形状可分为直坡式、台坡式、斜坡式,斜坡率通常为 50:1～43:1
	柱式桥墩	柱式桥墩一般由基础之上的承台、柱式墩身和盖梁组成。柱式桥墩的墩身沿桥横向常由重 1～4 根立柱组成,柱身为 0.6～1.5m 的大直径圆柱或方形、六角形等其他形式,使墩身具有较大的强度和刚度,当墩身高度大于 6～7m 时,可设横系梁加强柱身横向连系
	柔性墩	柔性墩是桥墩轻型化的途径之一,它是在多跨桥的两端设置刚性较大的桥台,中墩均为柔性墩。同时,在全桥除在一个中墩上设置活动支座外,其余墩均采用固定支座。典型的柔性墩为柔性排架桩墩,是由成排的预制钢筋混凝土沉入桩或钻孔灌注桩顶端连以钢筋混凝土盖梁组成
	框架墩	框架墩采用压挠和挠曲构件,组成平面框架代替墩身,支承上部结构,必要时可做成双层或更多层的框架支承上部结构
桥台	重力式桥台	重力式桥台主要靠自重来平衡台后的土压力,桥台本身多数由石砌、片石混凝土或混凝土等圬工材料建造,并用就地浇筑的方法施工。重力式桥台依据桥梁跨径、桥台高度及地形条件的不同有多种形式,常用的类型有 U 形桥台、埋置式桥台、八字式和一字式桥台
	轻型桥台	轻型桥台一般由钢筋混凝土材料建造,其特点是用这种结构的抗弯能力来减少圬工体积而使桥台轻型化。常用的轻型桥台有薄壁轻型桥台和支撑梁轻型桥台
	框架式桥台	框架式桥台是一种在横桥向呈框架式结构的桩基础轻型桥台,它所承受的土压力较小,适用于地基承载力较低、台身较高、跨径较大的梁桥。其构造形式有柱式、肋墙式、半重力式和双排架式、板凳式等
	组合式桥台	为使桥台轻型化,桥台本身主要承受桥跨结构传来的竖向力和水平力,而台后的土压力由其他结构来承受,形成组合式的桥台。常见的有锚定板式、过梁式、框架式以及桥台与挡土墙的组合等形式

续表

项目		内　容
墩台基础	扩大基础	此为桥涵墩台常用的基础形式，它属于直接基础，是将基础底板设在直接承载地基上，来自上部结构的荷载通过基础底板直接传递给承载地基 其平面常为矩形，平面尺寸一般较墩台底面要大一些。基础较厚时，可在纵、横两个剖面上都砌筑成台阶形
	桩与管柱基础	当地基浅层地质较差、持力土层埋藏较深，需要采用深基础才能满足结构物对地基强度、变形和稳定性要求时，可用桩基础。桩基础依其施工工艺不同，分为沉入桩及钻孔灌注桩。管柱基础的结构可采用单根或多根形式，它主要由承台、多柱式柱身和嵌岩柱基三部分组成
	沉井基础	桥梁工程常用沉井作为墩台的梁基础。沉井是一种井筒状结构物，依靠自身重量克服井臂摩擦阻力下沉至设计标高而形成基础。通常用混凝土或钢筋混凝土制成。它既是基础，又是施工时的挡土和挡土围堰结构物

3. 涵洞工程

（1）涵洞的分类

涵洞的分类见表1-10。

表1-10　　　　　　　　　　　　涵洞的分类

项目		内　容
按构造形式不同分类	圆管涵	圆管涵的直径一般为0.5～1.5m。圆管涵受力情况和适应基础的性能较好，两端仅需设置端墙，不需设置墩台，故圬工数量少、造价低，但低路堤使用受到限制
	盖板涵	盖板涵在结构形式方面有利于在低路堤上使用，当填土较小时可做成明涵
	拱涵	一般超载潜力较大，砌筑技术容易掌握，便于群众修建，是一种普遍采用的涵洞形式
	箱涵	适用于软土地基，但因施工困难且造价较高，一般较少采用
按洞顶填土情况不同分类	明涵	洞顶无填土，适用于低路堤及浅沟渠处
	暗涵	洞顶有填土且最小填土厚度应大于50cm，适用于高路堤及深沟渠处
按水力性能不同分类	无压力式涵洞	水流在涵洞全部长度上保持自由水面
	半压力式涵洞	涵洞进口被水淹没，洞内水全部或一部分为自由面
	压力式涵洞	涵洞进出口被水淹没，涵洞全长范围内以全部断面泄水
按建筑材料不同分类		涵洞可分为砖涵、石涵、混凝土涵及钢筋混凝土涵等

（2）涵洞的组成

涵洞由洞身、洞口、基础三部分和附属工程组成，如图1-4所示。在地面以下，防止沉陷和冲刷的部分称作基础；建筑在基础上，挡住路基填土，以形成流水孔道的部分称为洞身；设在洞身两端，用以集散水流，保护洞身和路基使其不被水流破坏的建筑物称为洞口，它包括端墙、翼墙、护坡等。为防止由于荷载分布不均及基底土性质不同引起的不均匀沉陷而导致涵洞不规则断裂，将涵洞全长分为若干段，每段之间以及洞身与端墙之间设置沉降缝，使各段可以独自沉落而互不影响。沉降缝间嵌塞浸涂沥青的木板或填塞浸以沥青的麻絮。

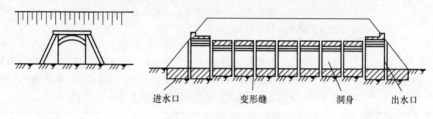

进水口　　　　　变形缝　　　　　洞身　　　　出水口

图1-4　涵洞的组成部分

（3）涵洞的构造

1）洞身。洞身是涵洞的主要部分，它的截面形式有圆形、拱形和矩形（箱形）三大类。一般情况下同一涵洞的洞身截面不变，但为充分发挥洞身截面的泄水能力，有时在涵洞进口处采用提高节，如图1-5所示。交通涵、灌溉涵和涵前不允许有过高积水时，不采用提高节。圆形截面不便设置提高节，所以圆形管涵不采用提高节。

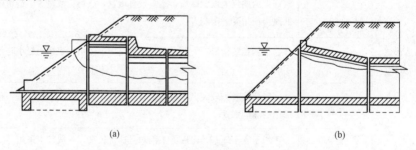

(a)　　　　　　　　　　　　　　　　(b)

图1-5　涵洞的提高节
(a) 拱涵；(b) 箱涵

洞底应有适当的纵坡，其最小值为0.4%，一般不宜大于5%，特别是圆涵的纵坡不宜过大，以免管壁受急流冲刷。当洞底纵坡大于5%时，其基础底部宜每隔3~5m设防滑横墙，或将基础做成阶梯形；当洞底纵坡大于10%时，涵洞洞身及基础应分段做成阶梯形，并且前、后两段涵洞盖板或拱圈的搭接高度不得小于其厚度的1/4，如图1-6所示。

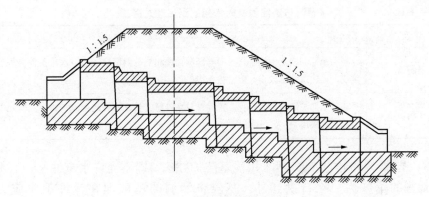

图1-6　阶梯形涵洞洞身

①圆管涵。圆管涵以钢筋混凝土及混凝土管涵最为常见。钢筋混凝土圆管涵在土的垂直及水平压力作用下，静力工作性能良好。这种涵洞不仅混凝土用量小，而且具有制造上的优点，即钢筋骨架和涵管本身制造简单，圆形管节在移动时也很方便。一般可分为刚性管涵和四铰式管涵。

②拱涵。拱涵的洞身由拱圈、侧墙（墙台）和基础组成。拱圈形状普遍采用圆弧拱。侧墙（涵台）的断面形状，采用内壁垂直的梯形断面。

③矩形涵洞。盖板涵是常用的矩形涵洞，由基础侧墙（涵台）和盖板组成。跨径在1m以下的涵洞，可用石盖板；跨径较大时应采用钢筋混凝土盖板。

2）洞口。

①涵洞与路线正交的洞口建筑，见表1-11。

表1-11　　　　　　　　　涵洞与路线正交时常用的洞口建筑形式

项目	内　容
端墙式	端墙式洞口建筑为垂直涵洞轴线的矮墙，用以挡住路堤边坡填土。墙前洞口两侧砌筑片石锥体护坡，构造简单，但泄水能力较小，适用于流量较小的孔径涵洞或人工渠道及不受冲刷影响的岩石河沟上
八字式	八字式洞口除有端墙外，端墙前洞口两侧还有张开成八字形的翼墙。八字翼墙泄水能力较端墙式洞口好，多用于较大孔径的涵洞
井口式	当洞身底低于路基边沟（河沟）底时，进口可采用井口式洞口。水流汇入井内后，再经涵洞排走

②涵洞与路线斜交的洞口建筑，仍可采用正交涵洞的洞口形式，根据洞口与路基边坡相连情况的不同，有斜洞口和正洞口之分，见表1-12。

表 1-12　　　　　　　　　　　涵洞与路线斜交时常用的洞口建筑形式

项目	内　　容
斜洞口	涵洞端部与线路中线平行，而与涵洞轴线相交。斜洞口能适应水流条件且外形较美观，虽建筑费工较多，但常被采用
正洞口	涵洞端部与涵洞轴线垂直。正洞口只在管涵或斜度较大的拱涵为避免涵洞端部施工困难才采用

3) 基础：涵洞的基础一般采用浅基防护办法，即不允许水流冲刷，只考虑天然地基的承载力。除石拱涵外，一般将涵洞的基础埋在允许承压应力为 200kPa 以上的天然地基上。

①洞身基础。

a. 圆管涵基础。圆管涵基础根据土壤性质、地下水位及冰冻深度等情况，设计为有基及无基两种。有基涵洞采用混凝土管座。出入口端墙、翼墙及出入口管节一般都为有基。有下列情况之一者，不得采用无基：岩石地基外，洞顶填土高度超过 5m；最大流量时，涵前积水深度超过 2.5m 者；经常有水的河沟；沼泽地区；沟底纵坡大于 5%。

b. 拱涵基础。拱涵基础有整体基础与非整体基础两种。整体式基础适用于小孔径涵洞；非整体式基础适用于涵洞孔径在 2m 以上，地基土壤的允许承载力在 300kPa 及以上、压缩性小的良好土壤（包括密实中砂、粗砂、砾石、坚硬状态的黏土、坚硬砂黏土等）。

c. 盖板涵基础。盖板涵基础一般都采用整体式基础，当基岩表面接近于涵洞流水槽面标高时，孔径等于或大于 2m 的盖板涵可采用分离式基础。

②洞口建筑基础。一般来说，涵洞出入口附近的河床，特别是下游，水流流速大并易出现漩涡，为防止洞口基底被水淘空而引起涵洞毁坏，进、出口应设置洞口铺砌以加固，并在铺砌层末端设置浆砌片石截水墙（垂裙）来保护铺砌部分。

4) 附属工程：涵洞的附属工程包括锥体护坡、河床铺砌、路基边坡铺砌及人工水道等。

第二节　市政工程预算

一、市政工程预算基础

1. 概念

工程预算是施工单位在工程开工前，根据已批准的施工图纸和既定的施工方案，按照现行的工程预算定额计算各分部分项工程的工程量，并在此基础上逐项地套用相应的单位价值，累计其全部直接费，再根据各项费用取费标准进行计算，最后计算出单位工程造价和技术经济指标，再根据分项工程的工程量分析出材料、种类和人工用量。

2. 作用

市政工程预算的作用有如下几点：

（1）作为确定市政工程造价，建设银行拨付工程款或贷款的依据。

（2）作为建设单位与施工单位签订承包经济合同，办理工程竣工结算及工程招标投标的依据。

（3）作为施工企业组织生产、编制计划，统计工作量和实物量指标的依据，同时也是考核工程成本的依据。

（4）是设计单位对设计方案进行技术经济分析比较的依据。

二、市政工程预算构成

我国现行工程造价的构成主要划分为设备及工具、器具购置费用、建筑安装工程费用、工程建设其他费用、预备费、建设期贷款利息、固定资产投资方向调节税等几项。

1. 设备及工具、器具购置费及计算方法

（1）设备购置费。设备购置费是指达到固定资产标准，为建设工程项目购置或自制的各种国产或进口设备及工具、器具的费用。设备购置费是由设备原价和设备运杂费构成。

$$设备购置费＝设备原价＋设备运杂费$$

式中设备原价指国产设备或进口设备的原价；设备运杂费指除设备原价之外的关于设备采购、运输、途中包装及仓库保管等方向指出费用的总和。

（2）工具、器具及生产家具购置费。工具、器具及生产家具购置费是指新建或扩建项目初步设计规定的，保证初期正常生产必须购置的没有达到固定资产标准的设备、仪器、工卡模具、器具、生产家具和备品备件等的购置费用。一般以设备购置费为计算基数，按照部门或行业规定的工具、器具及生产家具费率计算。计算公式为：

$$工具、器具及生产家具购置费＝设备购置费×定额费率$$

2. 建筑安装工程费及计算方法

（1）按造价形式划分。

建筑安装工程费按照工程造价形成，由分部分项工程费、措施项目费、其他项目费、规费、税金组成，分部分项工程费、措施项目费、其他项目费包含人工费、材料费、施工机具使用费、企业管理费和利润，如表1-13所示。

1）分部分项工程费。分部分项工程费指各专业工程的分部分项工程应予列支的各项费用。

表 1-13   建筑安装工程费用项目组成（按造价形式划分）

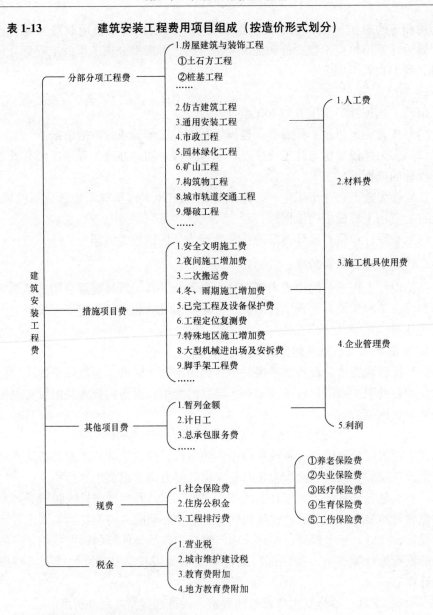

①分部分项工程费构成要素包括：

a. 专业工程是指按现行国家计量规范划分的房屋建筑与装饰工程、仿古建筑工程、通用安装工程、市政工程、园林绿化工程、矿山工程、构筑物工程、城市轨道交通工程、爆破工程等各类工程。

b. 分部分项工程指按现行国家计量规范对各专业工程划分的项目。如市政工程划分的土石方工程、道路工程、桥涵工程、隧道工程、管网工程、水处理工程、生活垃圾处理工程、路灯工程、钢筋工程及拆除工程等。

各类专业工程的分部分项工程划分见现行国家或行业计量规范。

②分部分项工程费的计算方法：

$$分部分项工程费 = \sum (分部分项工程量 \times 综合单价)$$

注：综合单价包括人工费、材料费、施工机具使用费、企业管理费和利润以及一定范围的风险费用（下同）。

2）措施项目费。措施项目费指为完成建设工程施工，发生于该工程施工前和施工过程中的技术、生活、安全、环境保护等方面的费用。

①措施项目费构成要素包括：

a. 安全文明施工费：

（a）环境保护费是指施工现场为达到环保部门要求所需要的各项费用。

（b）文明施工费是指施工现场文明施工所需要的各项费用。

（c）安全施工费是指施工现场安全施工所需要的各项费用。

（d）临时设施费是指施工企业为进行建设工程施工所必须搭设的生活和生产用的临时建筑物、构筑物和其他临时设施费用。包括临时设施的搭设、维修、拆除、清理费或摊销费等。

b. 夜间施工增加费是指因夜间施工所发生的夜班补助费、夜间施工降效、夜间施工照明设备摊销及照明用电等费用。

c. 二次搬运费是指因施工场地条件限制而发生的材料、构配件、半成品等一次运输不能到达堆放地点，必须进行二次或多次搬运所发生的费用。

d. 冬、雨期施工增加费是指在冬期或雨期施工需增加的临时设施、防滑、排除雨雪，人工及施工机械效率降低等费用。

e. 已完工程及设备保护费是指竣工验收前，对已完工程及设备采取的必要保护措施所发生的费用。

f. 工程定位复测费是指工程施工过程中进行全部施工测量放线和复测工作的费用。

g. 特殊地区施工增加费是指工程在沙漠或其边缘地区、高海拔、高寒、原始森林等特殊地区施工增加的费用。

h. 大型机械设备进出场及安拆费是指机械整体或分体自停放场地运至施工现场或由一个施工地点运至另一个施工地点，所发生的机械进出场运输及转移费用及机械在施工现场进行安装、拆卸所需的人工费、材料费、机械费、试运转费和安装所需的辅助设施的费用。

i. 脚手架工程费是指施工需要的各种脚手架搭、拆、运输费用以及脚手架购置费的摊销（或租赁）费用。

措施项同及其包含的内容详见各类专业工程的现行国家或行业计量规范。

②措施项目的计算方法：

a. 国家计量规范规定应予计量的措施项目，其计算公式为：

$$措施项目费＝\sum(措施项目工程量×综合单价)$$

b. 国家计量规范规定不宜计量的措施项目计算方法如下：

（a）安全文明施工费：

$$安全文明施工费＝计算基数×安全文明施工费费率(\%)$$

计算基数应为定额基价（定额分部分项工程费＋定额中可以计量的措施项目费）、定额人工费或（定额人工费＋定额机械费），其费率由工程造价管理机构根据各专业工程的特点综合确定。

（b）夜间施工增加费：

$$夜间施工增加费＝计算基数×夜间施工增加费费率(\%)$$

（c）二次搬运费：

$$二次搬运费＝计算基数×二次搬运费费率(\%)$$

（d）冬、雨期施工增加费：

$$冬、雨期施工增加费＝计算基数×冬、雨期施工增加费费率(\%)$$

（e）已完工程及设备保护费：

$$已完工程及设备保护费＝计算基数×已完工程及设备保护费费率(\%)$$

上述 a～e 项措施项目的计费基数应为定额人工费或（定额人工费＋定额机械费），其费率由工程造价管理机构根据各专业工程特点和调查资料综合分析后确定。

3）其他项目费。

①其他项目费构成要素包括：

a. 暂列金额是指建设单位在工程量清单中暂定并包括在工程合同价款中的一笔款项。用于施工合同签订时尚未确定或者不可预见的所需材料、工程设备、服务的采购，施工中可能发生的工程变更、合同约定调整因素出现时的工程价款调整以及发生的索赔、现场签证确认等的费用。

b. 计日工是指在施工过程中，施工企业完成建设单位提出的施工图纸以外的零星项目或工作所需的费用。

c. 总承包服务费是指总承包人为配合、协调建设单位进行的专业工程发包，对建设单位自行采购的材料、工程设备等进行保管以及施工现场管理、竣工资料汇总整理等服务所需的费用。

②其他项目的计算方法：

a. 暂列金额由建设单位根据工程特点，按有关计价规定估算，施工过程中由建设单位掌握使用，扣除合同价款调整后如有余额归建设单位。

b. 计日工由建设单位和施工企业按施工过程中的签证计价。

c. 总承包服务费由建设单位在招标控制价中根据总承包服务范围和有关计

价规定编制，施工企业投标时自主报价，施工过程中按签约合同价执行。

4）规费。规费指按国家法律、法规规定，由省级政府和省级有关权力部门规定必须缴纳或计取的费用。

①规费构成要素包括：

a. 社会保险费：

（a）养老保险费是指企业按照规定标准为职工缴纳的基本养老保险费。

（b）失业保险费是指企业按照规定标准为职工缴纳的失业保险费。

（c）医疗保险费是指企业按照规定标准为职工缴纳的基本医疗保险费。

（d）生育保险费是指企业按照规定标准为职工缴纳的生育保险费。

（e）工伤保险费是指企业按照规定标准为职工缴纳的工伤保险费。

b. 住房公积金是指企业按规定标准为职工缴纳的住房公积金。

c. 工程排污费是指按规定缴纳的施工现场工程排污费。

其他应列而未列入的规费，按实际发生计取。

②规费的计算方法：建设单位和施工企业均应按照省、自治区、直辖市或行业建设主管部门发布标准计算规费和税金，不得作为竞争性费用。

5）税金。税金指国家税法规定的应计入建筑安装工程造价内的营业税、城市维护建设税、教育费附加以及地方教育附加。

税金的计算方法：建设单位和施工企业均应按照省、自治区、直辖市或行业建设主管部门发布标准计算规费和税金，不得作为竞争性费用。

（2）按费用构成要素划分。

建筑安装工程费按照费用构成要素划分：由人工费、材料（包含工程设备，下同）费、施工机具使用费、企业管理费、利润、规费和税金组成。其中，人工费、材料费、施工机具使用费、企业管理费和利润包含在分部分项工程费、措施项目费、其他项目费中，见表1-14。

1）人工费。人工费指按工资总额构成规定，支付给从事建筑安装工程施工的生产工人和附属生产单位工人的各项费用。

①人工费构成要素包括以下几个方面：

a. 计时工资或计件工资是指按计时工资标准和工作时间或对已做工作按计件单价支付给个人的劳动报酬。

b. 奖金是指对超额劳动和增收节支支付给个人的劳动报酬，如节约奖、劳动竞赛奖等。

c. 津贴补贴是指为了补偿职工特殊或额外的劳动消耗和因其他特殊原因支付给个人的津贴，以及为了保证职工工资水平不受物价影响支付给个人的物价补贴，如流动施工津贴、特殊地区施工津贴、高温（寒）作业临时津贴、高空津贴等。

表 1-14　　　　　　建筑安装工程费用项目组成（按费用构成要素划分）

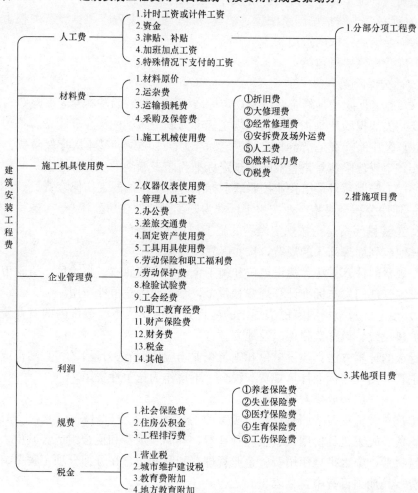

d. 加班加点工资是指按规定支付的在法定节假日工作的加班工资和在法定日工作时间外延时工作的加点工资。

e. 特殊情况下支付的工资是指根据国家法律、法规和政策规定，因病、工伤、产假、计划生育假、婚丧假、事假、探亲假、定期休假、停工学习、执行国家或社会义务等原因按计时工资标准或计时工资标准的一定比例支付的工资。

②人工费的计算方法：

$$人工费 = \sum (工日消耗量 \times 日工资单价)$$

注：主要适用于施工企业投标报价时自主确定人工费，也是工程造价管理机构编制计价定额确定定额人工单价或发布人工成本信息的参考依据。

$$\text{日工资单价} = \frac{\text{生产工人平均月工资（计时、计件）} + \text{平均月（奖金＋津贴补贴＋特殊情况下支付的工资）}}{\text{年平均每月法定工作日}}$$

$$\text{人工费} = \Sigma（\text{工程工日消耗量} \times \text{日工资单价}）$$

注：适用于工程造价管理机构编制计价定额时确定定额人工费，是施工企业投标报价的参考依据。

日工资单价是指施工企业平均技术熟练程度的生产工人在每工昨日（国家法定工作时间内）按规定从事施工作业应得的日工资总额。

工程造价管理机构确定日工资单价应通过市场调查、根据工程项目的技术要求，参考实物工程量人工单价综合分析确定，最低日工资单价不得低于工程所在地人力资源和社会保障部门所发布的最低工资标准的：普工1.3倍、一般技工2倍、高级技工3倍。

工程计价定额不可只列一个综合日工单价，应根据工程项目技术要求和工种差别适当划分多种日人工单价，确保各分部工程人工费的合理构成。

2）材料费。材料费指施工过程中耗费的原材料、辅助材料、构配件、零件、半成品或成品、工程设备的费用。

①材料费构成要素包括：

a. 材料原价是指材料、工程设备的出厂价格或商家供应价格。

b. 运杂费是指材料、工程设备自来源地运至工地仓库或指定堆放地点所发生的全部费用。

c. 运输损耗费是指材料在运输装卸过程中不可避免的损耗。

d. 采购及保管费是指为组织采购、供应和保管材料、工程设备的过程中所需要的各项费用。包括采购费、仓储费、工地保管费、仓储损耗。

工程设备是指构成或计划构成永久工程一部分的机电设备、金属结构设备、仪器装置及其他类似的设备和装置。

②材料费的计算方法：

a. 材料费。

$$\text{材料费} = \Sigma（\text{材料消耗量} \times \text{材料单价}）$$

$$\text{材料单价} = \{（\text{材料原价} + \text{运杂费}）\times [1 + \text{运输损耗率}（\%）]\} \times [1 + \text{采购保管费率}（\%）]$$

b. 工程设备费。

$$\text{工程设备费} = \Sigma（\text{工程设备量} \times \text{工程设备单价}）$$

$$\text{工程设备单价} = （\text{设备原价} + \text{运杂费}）\times [1 + \text{采购保管费率}（\%）]$$

3）施工机具使用费。施工机具使用费指施工作业所发生的施工机械、仪器仪表使用费或其租赁费。

①施工使用费构成要素包括：

a. 施工机械使用费以施工机械台班耗用量乘以施工机械台班单价表示，施工机械台班单价应由下列七项费用组成：

（a）折旧费指施工机械在规定的使用年限内，陆续收回其原值的费用。

（b）大修理费指施工机械按规定的大修理间隔台班进行必要的大修理，以恢复其正常功能所需的费用。

（c）经常修理费指施工机械除大修理以外的各级保养和临时故障排除所需的费用。包括为保障机械正常运转所需替换设备与随机配备工具附具的摊销和维护费用，机械运转中日常保养所需润滑与擦拭的材料费用及机械停滞期间的维护和保养费用等。

（d）安拆费及场外运费。安拆费指施工机械（大型机械除外）在现场进行安装与拆卸所需的人工、材料、机械和试运转费用，以及机械辅助设施的折旧、搭设、拆除等费用；场外运费指施工机械整体或分体自停放地点运至施工现场或由一施工地点运至另一施工地点的运输、装卸、辅助材料及架线等费用。

（e）人工费指机上司机（司炉）和其他操作人员的人工费。

（f）燃料动力费指施工机械在运转作业中所消耗的各种燃料及水、电等。

（g）税费指施工机械按照国家规定应缴纳的车船使用税、保险费及年检费等。

b. 仪器仪表使用费是指工程施工所需使用的仪器仪表的摊销及维修费用。

②施工机具使用费的计算方法。

（a）施工机具使用费。

施工机具使用费＝$\sum$（施工机械台班消耗量×机械台班单价）

机械台班单价＝台班折旧价＋台班大修费＋台班经常修理费＋台班安拆费及
外场运费＋台班人工费＋台班燃料动力费＋台班车船税费

注：工程造价管理机构在确定计价定额中的施工机械使用费时，应根据《建筑施工机械台班费用计算规则》，结合市场调查编制施工机械台班单价。施工企业可以参考工程造价管理机构发布的台班单价，自主确定施工机械使用费的报价，如租赁施工机械，公式为：施工机械使用费＝$\sum$（施工机械台班消耗量×机械台班租赁单价）

（b）仪器仪表使用费。

仪器仪表使用费＝工程使用的仪器仪表摊销费＋维修费

4）企业管理费。企业管理费指建筑安装企业组织施工生产和经营管理所需的费用。

①企业管理费构成要素包括：

a. 管理人员工资是指按规定支付给管理人员的计时工资、奖金、津贴补贴、加班加点工资及特殊情况下支付的工资等。

b. 办公费是指企业管理办公用的文具、纸张、账表、印刷、邮电、书报、办公软件、现场监控、会议、水电、烧水和集体取暖降温（包括现场临时宿舍取暖降温）等费用。

c. 差旅交通费是指职工因公出差、调动工作的差旅费、住勤补助费，市内交通费和误餐补助费，职工探亲路费，劳动力招募费，职工退休、退职一次性路费，工伤人员就医路费，工地转移费以及管理部门使用的交通工具的油料、燃料等费用。

d. 固定资产使用费是指管理和试验部门及附属生产单位使用的属于固定资产的房屋、设备、仪器等的折旧、大修、维修或租赁费。

e. 工具用具使用费是指企业施工生产和管理使用的不属于固定资产的工具、器具、家具、交通工具和检验、试验、测绘、消防用具等的购置、维修和摊销费。

f. 劳动保险和职工福利费是指由企业支付的职工退职金、按规定支付给离休干部的经费、集体福利费、夏季防暑降温、冬季取暖补贴、上下班交通补贴等。

g. 劳动保护费是企业按规定发放的劳动保护用品的支出。如工作服、手套、防暑降温饮料以及在有碍身体健康的环境中施工的保健费用等。

h. 检验试验费是指施工企业按照有关标准规定，对建筑以及材料、构件和建筑安装物进行一般鉴定、检查所发生的费用，包括自设试验室进行试验所耗用的材料等费用。不包括新结构、新材料的试验费，对构件做破坏性试验及其他特殊要求检验试验的费用和建设单位委托检测机构进行检测的费用，对此类检测发生的费用由建设单位在工程建设其他费用中列支。但对施工企业提供的具有合格证明的材料进行检测不合格的，该检测费用由施工企业支付。

i. 工会经费是指企业按《工会法》规定的全部职工工资总额比例计提的工会经费。

j. 职工教育经费是指按职工工资总额的规定比例计提，企业为职工进行专业技术和职业技能培训，专业技术人员继续教育、职工职业技能鉴定、职业资格认定以及根据需要对职工进行各类文化教育所发生的费用。

k. 财产保险费是指施工管理用财产、车辆等的保险费用。

l. 财务费：是指企业为施工生产筹集资金或提供预付款担保、履约担保、职工工资支付担保等所发生的各种费用。

m. 税金是指企业按规定缴纳的房产税、车船使用税、土地使用税、印花税等。

n. 其他包括技术转让费、技术开发费、投标费、业务招待费、绿化费、广告费、公证费、法律顾问费、审计费、咨询费、保险费等。

②企业管理费费率的计算方法：

a. 以分部分项工程费为计算基础。

$$\text{企业管理费费率}(\%)=\frac{\text{生产工人年平均管理费}}{\text{年有效施工天数}\times\text{人工单价}}\times\text{人工费占分部分项目工程费比例}(\%)$$

b. 以人工费和机械费合计为计算基础。

$$\frac{企业管理费}{费率(\%)} = \frac{生产工人年平均管理费}{年有效施工天数 \times (人工单价 + 每一工日机械使用费)} \times 100\%$$

c. 以人工费为计算基础。

$$\frac{企业管理费}{费率(\%)} = \frac{生产工人年平均管理费}{年有效施工天数 \times 人工单价} \times 100\%$$

注：上述公式适用于施工企业投标报价时自主确定管理费，是工程造价管理机构编制计价定额确定企业管理费的参考依据。

工程造价管理机构在确定计价定额中企业管理费时，应以定额人工费或（定额人工费+定额机械费）作为计算基数，其费率根据历年工程造价积累的资料，辅以调查数据确定，列入分部分项工程和措施项目中。

5) 利润。利润指施工企业完成所承包工程获得的盈利。利润的计算方法：

①施工企业根据企业自身需求并结合建筑市场实际自主确定，列入报价中。

②工程造价管理机构在确定计价定额中利润时，应以定额人工费或（定额人工费+定额机械费）作为计算基数，其费率根据历年工程造价积累的资料并结合建筑市场实际确定，以单位（单项）工程测算，利润在税前建筑安装工程费的比重可按不低于5%且不高于7%的费率计算。利润应列入分部分项工程和措施项目中。

6) 规费。规费指按国家法律、法规规定，由省级政府和省级有关权力部门规定必须缴纳或计取的费用。

①规费构成要素包括：

a. 社会保险费：

（a）养老保险费是指企业按照规定标准为职工缴纳的基本养老保险费。

（b）失业保险费是指企业按照规定标准为职工缴纳的失业保险费。

（c）医疗保险费是指企业按照规定标准为职工缴纳的基本医疗保险费。

（d）生育保险费是指企业按照规定标准为职工缴纳的生育保险费。

（e）工伤保险费是指企业按照规定标准为职工缴纳的工伤保险费。

b. 住房公积金是指企业按规定标准为职工缴纳的住房公积金。

c. 工程排污费是指按规定缴纳的施工现场工程排污费。

其他应列而未列入的规费，按实际发生计取。

②规费的计算方法：

a. 社会保险费和住房公积金应以定额人工费为计算基础，根据工程所在地省、自治区、直辖市或行业建设主管部门规定费率计算。

$$\frac{社会保险费和}{住房公积金} = \sum \left(\frac{工程定额}{人工费} \times \frac{社会保险费和}{住房公积金费率} \right)$$

社会保险费和住房公积金费率可以每万元发承包价的生产工人人工费和管理

人员工资含量与工程所在地规定的缴纳标准综合分析取定。

b. 工程排污费等其他应列而未列入的规费应按工程所在地环境保护等部门规定的标准缴纳，按实计取列入。

7) 税金。税金指国家税法规定的应计入建筑安装工程造价内的营业税、城市维护建设税、教育费附加以及地方教育附加。

①税金计算公式：

$$税金 = 税前造价 \times 综合税率(\%)$$

②综合税率：

a. 纳税地点在市区的企业：

$$综合税率(\%) = \frac{1}{1-3\%-(3\%\times7\%)-(3\%\times3\%)-(3\%\times2\%)} - 1$$

b. 纳税地点在县城、镇的企业：

$$综合税率(\%) = \frac{1}{1-3\%-(3\%\times5\%)-(3\%\times3\%)-(3\%\times2\%)} - 1$$

c. 纳税地点不在市区、县城、镇的企业：

$$综合税率(\%) = \frac{1}{1-3\%-(3\%\times1\%)-(3\%\times3\%)-(3\%\times2\%)} - 1$$

d. 实行营业税改增值税的，按纳税地点现行税率计算。

3. 工程建设其他费用

工程建设其他费用是指从工程筹建到工程竣工验收交付使用止的整个建设期间，除建筑安装工程费用和设备、工器具购置费以外，为保证工程建设顺利完成和交付使用后能够正常发挥效用而发生的一些费用。

(1) 土地使用费。任何一个建设项目都固定于一定地点与地面相连接，必须占用一定量的土地，必然就要发生为获得建设用地而支付的费用，这就是土地使用费。土地使用费是指通过划拨方式取得土地使用权而支付的土地征用及迁移补偿费，或者通过土地使用权出让方式取得土地使用权而支付的土地使用权出让金。

(2) 与项目建设有关的其他费用。根据项目的不同，与项目建设有关的其他费用的构成也不尽相同，一般包括以下各项。在进行工程估算及概算中可根据实际情况进行计算。内容包括：建设单位管理费；勘察设计费；研究试验费；建设单位临时设施费；工程监理费；工程保险费；引进技术和进口设备其他费用；工程承包费。

(3) 与未来企业生产经营有关的其他费用。与未来企业生产经营有关的其他费用有联合试运转费、生产准备费、办公和生产家具购置费等。

1) 联合试运转费。联合试运转是指新建企业或改扩建企业在工程竣工验收前，按照设计的生产工艺流程和质量标准对整个企业进行联合试运转所发生的费用支出与联合试运转期间的收入部分的差额部分。联合试运转费用一般根据不同性质的项目，按需进行试运转的工艺设备购置费的百分比计算。

2）生产准备费。生产准备费是指新建企业或新增生产能力的企业，为保证竣工交付使用进行必要的生产准备所发生的费用。

3）办公和生活家具购置费。办公和生活家具购置费是指为保证新建、改建、扩建项目初期正常生产、使用和管理所必须购置的办公和生活家具、用具的费用。

4. 预备费、建设期贷款利息

（1）预备费

1）基本预备费。基本预备费是指在初步设计及概算内难以预料的工程费用。基本预备费是按设备及工具、器具购置费，建筑安装工程费用和工程建设其他费用三者之和为计取基础，乘以基本预备费率进行计算。

$$\genfrac{}{}{0pt}{}{\text{基本}}{\text{预备费}} = \left(\genfrac{}{}{0pt}{}{\text{设备及工具、}}{\text{器具购置费}} + \genfrac{}{}{0pt}{}{\text{建筑安装}}{\text{工程费用}} + \genfrac{}{}{0pt}{}{\text{工程建设}}{\text{其他费用}} \right) \times \genfrac{}{}{0pt}{}{\text{基本}}{\text{预备费率}}$$

基本预备费率的取值应执行国家及部门的有关规定。

2）涨价预备费。涨价预备费是指建设项目在建设期间内由于价格等变化引起工程造价变化的预测留费用。费用内容包括人工、设备、材料、施工机械的价差费；建筑安装工程费及工程建设其他费用调整；利率、汇率调整等增加的费用。

涨价预备的测算方法，一般根据国家规定的投资综合价格指数，按估算年份价格水平的投资额为基数，采用复利方法计算，计算公式为：

$$PF = \sum_{t=1}^{n} I_t \left[(1+f)^t - 1 \right]$$

式中　PF——涨价预备费；

　　　　n——建设期年份数；

　　　　I_t——建设期中第 t 年的投资计划额，包括设备及工具、器具购置费、建筑安装工程费、工程建设其他费用及基本预备费；

　　　　f——年均投资价格上涨率。

（2）建设期贷款利息

为了筹措建设项目资金所发生的各项费用，包括工程建设期间投资贷款利息、企业债券发行费、国外借款手续费和承诺费、汇兑净损失及调整外汇手续费、金融机构手续费以及为筹措建设资金发生的其他财务费用等，统称财务费。其中，最主要的是在工程项目建设期投资贷款而产生的利息。

建设期投资贷款利息是指建设项目使用银行或其他金融机构的贷款，在建设期应归还的借款的利息，可按下式计算：

$$q_j = \left(P_{j-1} + \frac{1}{2}A_j\right) \cdot i$$

式中　q_j——建设期第 j 年应计利息；

　　P_{j-1}——建设期第（$j-1$）年末贷款累计金额与利息累计金额之和；

　　A_j——建设期第 j 年贷款金额；

　　i——年利率。

5. 固定资产投资方向调节税

为了贯彻国家产业政策、控制投资规模、引导投资方向、调整投资结构、加强重点建设，促进国民经济稳定发展，国家将根据国民经济的运行趋势和全社会固定资产投资状况，对进行固定资产投资的单位和个人开征或暂缓征收固定资产投资方的调节税（该税征收对象不含中外合资经营企业、中外合作经营企业和外资企业）。

投资方向调节税根据国家产业政策和项目经济规模实行差别税率，各固定资产投资项目按其单位工程分别确定适用的税率。计税依据为固定资产投资项目实际完成的投资额，其中更新改造项目为建筑工程实际完成的投资额。投资方向调节税按固定资产投资项目的单位工程年度计划投资额预缴。年度终了后按年度实际投资结算，多退少补。项目竣工后，按全部实际投资进行清算，多退少补。

6. 铺底流动资金

流动资金是指生产经营性项目投产后，为进行正常生产运营，用于购买原材料、燃料，支付工资及其他经营费用等所需的周转资金。流动资金估算一般是参照现有同类企业的状况采用分项详细估算法，个别情况或者小型项目可采用扩大指标法。

（1）分项详细估算法

对计算流动资金需要掌握的流动资产和流动负债这两类因素应分别进行估算。在可行性研究中，为简化计算，仅对存货、现金、应收账款这三项流动资产和应付账款这项流动负债进行估算。

（2）扩大指标估算法

1）按建设投资的一定比例估算，例如国外化工企业的流动资金，一般是按建设投资的 15%～20% 计算。

2）按经营成本的一定比例估算。

3）按年销售收入的一定比例估算。

4）按单位产量占用流动资金的比例估算。

流动资金一般在投产前开始筹措。在投产第一年开始按生产负荷进行安排，其借款部分按全年计算利息。流动资金利息应计入财务费用。项目计算期末回收全部流动资金。

三、市政工程预算方法

1. 市政工程定额计价基本方法

（1）市政工程额定的概念

从字面上理解，定即规定，额即额度或限额。定额就是生产产品和生产消耗之间数量的标准。从广义的角度理解，市政工程定额，即市政工程施工中的标准或尺度。具体而言，市政工程定额是指在正常的生产条件下，完成一定计量单位、合格的市政产品所必须消耗的人工、材料、机具设备、能源、时间及资金等的数量标准或限额。

所谓正常的施工条件，是指施工过程按生产工艺和施工验收规范操作，施工条件完善，劳动组织合理，机械运转正常，材料储备合理等。

（2）工程定额的类型

按照不同的分类方法可将工程定额分成不同的类型，见表 1-15。

表 1-15　　　　　　　　　　工　程　定　额　分　类

分类方法	类型	特　　点
按定额反映的生产要素分	劳动消耗定额	简称劳动定额，也称为人工定额，是指完成一定数量的合格产品（工程实体或劳务）规定劳动消耗的数量标准。劳动定额的主要表现形式是时间定额，但同时也表现为产量定额。时间定额与产量定额互为倒数
	机械消耗定额	是以一台机械一个工作班为计量单位，所以又称为机械台班使用定额。机械消耗定额是指为完成一定数量的合格产品（工程实体或劳务）所规定的施工机械消耗的数量标准。机械消耗定额的主要表现形式是机械时间定额，同时也以产量定额表现
	材料消耗定额	简称材料定额，是指完成一定数量的合格产品所需消耗的原材料、成品、半成品、构（配）件、燃料以及水、电等动力资源的数量标准
按定额的用途分类	施工定额	是施工企业为组织生产和加强管理在企业内部使用的一种定额，属于企业定额的性质。施工定额是以同一性质的施工过程——工序作为对象编制，表示生产产品数量与生产要素消耗综合关系的定额。为了适应组织生产和管理的需要，施工定额的项目划分很细，是工程定额中分项最细、定额子目最多的一种定额，也是工程定额中的基础性定额
	预算定额	是在编制施工图预算阶段，以工程中的分项工程和结构构件为对象编制，用来计算工程造价和工程中的劳动、机械台班、材料需要量的定额。预算定额是一种计价性定额。从编制程序上看，预算定额以施工定额为基础综合扩大编制，同时它也是编制概算定额的基础

分类方法	类型	特　点
按定额的 用途分类	概算定额	以扩大的分项工程或扩大的结构构件为对象编制，是计算和确定劳动、机械台班、材料消耗量所使用的定额，也是一种计价性定额。概算定额是编制扩大初步设计概算、确定建设项目投资的依据。概算定额的项目划分粗细，与扩大初步设计的深度相适应，一般是在预算定额的基础上综合扩大而成，每一综合分项概算定额都包含了数项预算定额
	概算指标	概算指标的设定和初步设计的深度相适应，比概算定额更加综合。概算指标是概算定额的扩大与合并，它是以整个建筑物或构筑物为对象，以更为扩大的计量单位来编制。概算指标的内容包括劳动、机械台班和材料定额三个基本部分，同时还列出了各结构分部的工程量及单位建筑工程（以体积计或面积计）的造价，是一种计价定额
	投资估算指标	是在项目建议书和可行性研究阶段编制投资估算、计算投资需要量时使用的一种定额。它非常概略，往往以独立的单项工程或完整的工程项目为计算对象，编制内容是所有项目费用之和。它的概略程度与可行性研究阶段相适应。投资估算指标往往根据历史的预算、决算资料和价格变动等资料编制，但其编制基础仍然离不开预算、概算定额。各种定额的相互联系见表 1-16
按专业性质 分类	全国通用定额	是指在部门间和地区间都可以使用的定额
	行业通用定额	是指具有专业特点，在行业部门内可以通用的定额
	专业专用定额	是特殊专业的定额，只能在指定的范围内使用
按主编单位和 管理权限分类	全国统一定额	是由国家建设行政主管部门综合全国工程建设中技术和施工组织管理的情况编制，并在全国范围内执行的定额
	行业统一定额	是考虑到各行业部门专业工程技术特点，以及施工生产和管理水平编制，一般只在本行业和相同专业性质的范围内使用的定额
	地区统一定额	包括省、自治区、直辖市定额。地区统一定额主要是考虑地区性特点和全国统一定额水平作适当调整和补充编制的
	企业定额	是指由施工企业考虑本企业具体情况，参照国家、部门或地区定额的水平制定的定额。企业定额只在企业内部使用，是企业素质的一个标志。企业定额水平一般应高于国家现行定额，才能满足生产技术发展、企业管理和市场竞争的需要。在工程量清单计价方式下，企业定额作为施工企业进行建设工程投标报价的计价依据，正发挥着越来越大的作用
	补充定额	是指随着设计、施工技术的发展，现行定额不能满足需要的情况下，为了补充缺项所编制的定额。补充定额只能在指定的范围内使用，可以作为以后修订定额的基础

表 1-16　　　　　　　　　各 种 定 额 关 系 比 价

项目	施工定额	预算定额	概算定额	概算指标	投标估算指标
对象	工序	分项工程或结构构件	扩大的分项工程或扩大的结构构件	整个建筑物或构筑物	独立的单项工程或完整的工程项目
用途	编制施工预算	编制施工图预算	编制扩大初步设计概算	编制初步设计概算	编制投资估算
项目划分	最细	细	较粗	粗	很粗
定额水平	平均先进	平均	平均	平均	平均
定额性质	生产性定额	计价性定额			

（3）市政工程定额计价的基本程序

我国在很长一段时间内采用单一的工程定额计价模式形成工程价格，即按预算定额规定的分部分项子目，逐项计算工程量，套用预算定额单价（或单位估价表）确定直接工程费，然后按规定的取费标准确定措施费、间接费、利润和税金，加上材料调差系数和适当的不可预见费，经汇总后即为工程预算或标底，而标底则作为评标定标的主要依据。

以预算定额单价法确定工程造价是我国采用的一种与计划经济相适应的工程造价管理制度。工程定额计价模式实际上是国家通过颁布统一的计价定额或指标，对建筑产品价格进行有计划的管理。国家以假定的建筑安装产品为对象，制定统一的预算和概算定额，计算出每一单元子项的费用后，再综合形成整个工程的价格。工程定额计价的基本程序如图 1-7 所示。

从图 1-7 中可以看出，编制建设工程造价最基本的过程有两个：工程量计算和工程计价。为统一口径，工程量的计算均按照统一的项目划分和工程量计算规则计算。工程量确定后，就可以按照一定的方法确定出工程的成本及盈利，最终就可以确定出工程预算造价（或投标报价）。定额计价方法的特点就是量与价的结合。概预算单位价格的形成过程就是依据概预算定额所确定的消耗量乘以定额单价或市场价，经过不同层次的计算，达到量与价的最优结合过程。

2. 工程量清单计价基本方法

（1）工程量清单计价的适用范围

工程量清单是列示拟建工程的分部分项工程项目、措施项目、其他项目的名称和相应数量的明细清单。

全部使用国有资金（含国家融资资金）投资或国有资金投资为主（以下两者简称国有资金投资）的工程建设项目，应按工程量清单计价方式确定和计算工程造价。

1）国有资金投资的工程建设项目。国有资金投资的工程建设项目包括：使

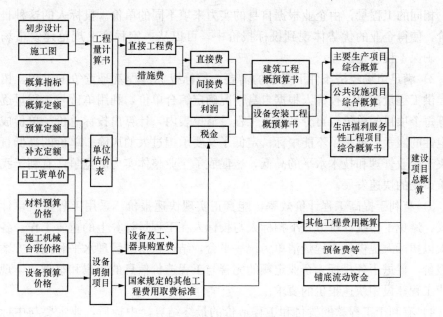

图 1-7　工程定额计价程序示意图

用各级财政预算资金的项目；使用纳入财政管理的各种政府性专项建设资金的项目；使用国有企事业单位自有资金，并且国有资产投资者实际拥有控制权的项目。

　　2）国家融资资金投资的工程建设项目。国家融资资金投资的工程建设项目包括：使用国家发行债券所筹资金的项目；使用国家对外借款或者担保所筹资金的项目；使用国家政策性贷款的项目；国家授权投资主体融资的项目；国家特许的融资项目。

　　3）国有资金（含国家融资资金）为主的工程建设项目。国有资金（含国家融资资金）为主的工程建设项目是指国有资金占投资总额 50％以上，或虽不足 50％但国有投资者实质上拥有控股权的工程建设项目。

　　（2）工程量清单计价的操作过程

　　工程量清单计价活动涵盖施工招标、合同管理以及竣工交付全过程，主要包括：工程量清单的编制，招标控制价、投标报价的编制，工程合同价款的约定，竣工结算的办理以及施工过程中的工程计量、工程价款支付、索赔与现场签证、工程价款调整和工程计价争议处理等活动。

　　（3）工程量清单计价的作用

　　1）提供一个平等的竞争条件。采用施工图预算来投标报价，由于设计图纸的缺陷，不同施工企业的人员理解不一，计算出的工程量也不同，报价存在较大差异，也容易产生纠纷。而工程量清单报价就为投标者提供了一个平等竞争的条件，相同的工程量，由企业根据自身的实力来填不同的单价。投标人的这种自主报价，使得企业的优势体现到投标报价中，可以从一定程度上规范建筑市场秩序，确保工程质量。

2）满足市场经济条件下竞争的需要。招标投标过程就是竞争的过程，招标人提供工程量清单，投标人根据自身情况确定综合单价，利用单价与工程量逐项计算每个项目的单价，再分别填入工程量清单表内，计算出投标总价。单价成了决定性的因素，定高了不能中标；定低了又要承担过大的风险。单价的高低直接取决于企业管理和技术水平的高低，这促成了企业整体实力的竞争，有利于我国建筑市场的快速发展。

3）有利于提高工程计价效率，能真正实现快速报价。采用工程量清单计价方式，避免了传统计价方式下招标人与投标人在工程量计算上的重复工作，各投标人以招标人提供的工程量清单为统一平台，结合自身的管理水平和施工方案进行报价，促进了各投标人企业定额的完善与工程造价信息的积累和整理，体现了现代工程建设中快速报价的要求。

4）有利于工程款的拨付和工程造价的最终结算。中标后，业主要与中标单位签订施工合同，中标价就是确定合同价的基础，投标清单上的单价就成了拨付工程款的依据。业主根据施工企业完成的工程量，可以很容易地确定进度款的拨付额。工程竣工后，根据设计变更、工程量增减等，业主也很容易确定工程的最终造价，因而能在某种程度上减少业主与施工单位之间的纠纷。

5）有利于业主对投资的控制。采用现在的施工图预算形式，业主对因设计变更、工程量的增减所引起的工程造价变化不敏感，往往等到竣工结算时才知道这些变更对项目投资的影响有多大，但常常为时已晚。而采用工程量清单报价的方式则可对投资变化一目了然，在欲进行设计变更时，就能马上知道它对工程造价的影响，业主就能根据投资情况来决定是否变更或进行方案比较，以决定最恰当的处理方法。

（4）基本方法与程序

工程量清单计价的基本过程：在统一的工程量清单项目设置的基础上，制定工程量清单计量规则，根据具体工程的施工图纸计算出各个清单项目的工程量，再根据各种渠道所获得的工程造价信息和经验数据计算得到工程造价（图1-8）。

从图1-8中可以看出，其编制过程可以分为两个阶段：工程量清单的编制和利用工程量清单来编制投标报价（或招标控制价）。投标报价是在业主提供的工程量计算结果的基础上，根据企业自身所掌握的各种信息、资料，结合企业定额编制得出的。

$$分部分项工程费＝\sum 分部分项工程量×相应分部分项综合单价$$
$$措施项目费＝\sum 各措施项目费$$

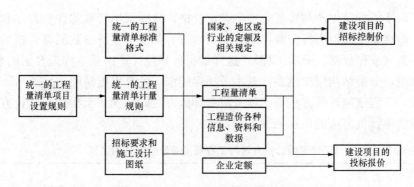

图 1-8 工程量清单计价过程示意图

其他项目费＝暂列金额＋暂估价＋计日工＋总承包服务费

单位工程报价＝分部分项工程费＋措施项目费＋其他项目费＋规费＋税金

单项工程报价＝∑单位工程报价

建设项目总报价＝∑单项工程报价

公式中，综合单价是指完成一个规定计量单位的分部分项工程量清单项目或措施清单项目所需的人工费、材料费、施工机械使用费和企业管理费与利润，以及一定范围内的保险费用。

暂列金额是指招标人在工程量清单中暂定并包括存合同价款中的一笔款项。用于施工合同签订时尚未确定或者不可预见的所需材料、设备、服务的采购，施工中可能发生的工程变更、合同约定调整因素出现时的工程价款调整以及发生的索赔、现场签证确认等费用。

暂估价是指招标人在工程量清单中提供的用于支付必然发生但暂时不能确定价格的材料的单价以及专业工程的金额。

计日工是指在施工过程中对完成发包人提出的施工图纸以外的零星项目或工作，按合同中约定的综合单价计价的一种计价方式。

总承包服务费是指总承包人为配合协调发包人进行的工程分包，对自行采购的设备和材料等进行管理、提供相关服务以及施工现场管理、竣工资料汇总整理等服务所需的费用。

3. 工程定额计价方法与工程量清单计价方法的联系与区别

（1）工程定额计价方法与工程量清单计价方法的联系。工程造价的计价就是指按照规定的计算程序和方法，用货币的数量表示建设项目（包括拟建、在建和已建的项目）的价值。无论是工程定额计价方法还是工程量清单计价方法，它们的工程造价计价都是一种从下而上的分部组合计价方法。

工程造价计价的基本原理就在于项目的分解与组合。建设项目是兼具单件性与多样性的集合体。每一个建设项目都需要按业主的特定需要进行单独设计、单独施工，不能批量生产和按整个项目确定价格，只能采用特殊的计价程序和计价方法，即将整个项目进行分解，划分为可以按有关技术经济参数测算价格的基本构造要素（或称分部、分项工程），这样就很容易地计算出基本构造要素的费用。一般来说，分解结构层次越多，基本子项也越细，计算也更精确。

（2）工程定额计价方法与工程量清单计价方法的区别。工程定额计价方法与工程量清单计价方法的区别见表 1-17。

表 1-17   工程定额计价方法与工程量清单计价方法的区别

要点	内容
体现了我国建设市场发展过程中的不同定价阶段	我国建筑产品价格市场化经历了"国家定价——国家指导价——国家调控价"三个阶段。定额计价是以概预算定额、各种费用定额为基础依据，按照规定的计算程序确定工程造价的特殊计价方法。因此，利用工程建设定额计算工程造价就价格形成而言，介于国家定价和国家指导价之间。在工程定额计价模式下，工程价格或直接由国家决定，或是由国家给出一定的指导性标准，承包商可以在该标准的允许幅度内实现有限竞争。例如，在我国的招投标制度中，一度严格限定投标人的报价必须在限定标底的一定范围内波动，超出此范围即为废标，这一阶段的工程招标投标价格即属于国家指导性价格，体现在国家宏观计划控制下的市场有限竞争 工程量清单计价模式则反映了市场定价阶段。在该阶段中，工程价格是在国家有关部门间接调控和监督下，由工程承包发包双方根据工程市场中建筑产品供求关系变化自主确定工程价格。其价格的形成可以不受国家工程造价管理部门的直接干预，而此时的工程造价是根据市场的具体情况，有竞争形成、自发波动和自发调节的特点
主要计价依据及性质不同	工程定额计价模式的主要计价依据为国家、省、有关专业部门制定的各种定额，具有指导性，定额的项目划分一般按施工工序分项，每个分项工程项目所含的工程内容一般是单一的 工程量清单计价模式的主要计价依据为"清单计价规范"，其性质是含有强制性条文的国家标准，清单的项目划分一般按"综合实体"进行分项，每个分项工程一般包含多项工程内容编制工程量的主体不同
编制工程量的主体不同	在定额计价方法中，建设工程的工程量由招标人和投标人分别按图计算。而在清单计价方法中，工程量由招标人统一计算或委托有相应资质的工程造价咨询单位统一计算，工程量清单是招标文件的重要组成部分，各投标人根据招标人提供的工程量清单，根据自身的技术装备、施工经验、企业成本、企业定额、管理水平自主填写单价与合价
单价与报价的组成不同	定额计价法的单价包括人工费、材料费、机械台班费，而清单计价方法采用综合单价形式，综合单价包括人工费、材料费、机械使用费、管理费、利润，并考虑风险因素。工程量清单计价法的报价除包括定额计价法的报价外，还包括预留金、材料购置费和零星工作项目费等

要点	内 容
适用阶段不同	从目前我国现状来看，工程定额主要用于在项目建设前期备阶段对于建设投资的预测和估计，在工程建设交易阶段，工程定额通常只能作为建设产品价格形成的辅助依据，而工程量清单计价依据主要适用于合同价格形成以及后续的合同价格管理阶段。体现出我国对于工程造价的一词两义采用了不同的管理方法
合同价格的调整方式不同	定额计价方法形成的合同价格，其主要调整方式有：变更签证、定额解释、政策性调整。而在一般情况下，工程量清单计价方法的单价相对固定，减少了在合同实施过程中的调整活口。通常情况下，如果清单项目的数量没有增减，能够保证合同价格基本没有调整，保证了其稳定性，也便于业主进行资金准备和筹划
工程量清单计价把施工措施性消耗单列并纳入了竞争的范畴	定额计价未区分施工实体性损耗和施工措施性损耗，而工程量清单计价把施工措施与工程实体项目进行分离，这项改革的意义在于突出了施工措施费用的市场竞争性。工程量清单计价规范的工程量计算规则的编制原则一般以工程实体的净尺寸计算，也没有包含工程量合理损耗，这一特点也就是定额计价的工程量计算规则与工程量清单计价规范的工程量计算规则的本质区别

第二章 市政工程预算定额

第一节 市政工程预算定额基础

一、预算定额的概念及作用

1. 概念

预算定额是指在合理的施工组织设计、正常施工条件下，生产一个规定计量单位合格结构件、分项工程所需的人工、材料和机械台班的社会平均消耗量标准。预算定额是工程建设中一项重要的技术经济文件，是编制施工图预算的主要依据，是确定和控制工程造价的基础。

2. 作用

（1）预算定额是编制施工图预算、确定市政工程造价的基础。施工图设计一经确定，工程预算造价就取决于预算定额水平和人工、材料及机械台班的价格。预算定额起着控制劳动消耗、材料消耗和机械台班使用的作用，进而起着控制建筑产品价格的作用。

（2）预算定额是编制施工组织设计的依据。施工组织设计的重要任务之一是确定施工中所需人力、物力的供求量，并做出最佳安排。施工单位在缺乏本企业施工定额的情况下，根据预算定额也能够比较精确地计算出施工中各项资源的需要量，为有计划地组织材料采购和预制件加工、劳动力和施工机械的调配，提供可靠的计算依据。

（3）预算定额是工程结算的依据。工程结算是建设单位和施工单位按照工程进度，对已完成的分部分项工程实现货币支付的行为。按进度支付工程款，需根据预算定额将已完分项工程的造价算出。单位工程验收后，再按竣工工程量、预算定额和施工合同规定进行结算，以保证建设单位建设资金的合理使用和施工单位的经济收入。

（4）预算定额是施工单位进行经济活动分析的依据。预算定额规定的物化劳动和劳动消耗指标，是施工单位在生产经营中允许消耗的最高标准。施工单位必须以预算定额作为评价企业工作的重要标准，作为努力实现的目标。施工单位可根据预算定额对施工中的劳动、材料、机械的消耗情况进行具体的分析，以便找出并克服低功效、高消耗的薄弱环节，提高竞争能力。只有在施工中尽量降低劳动消耗，采用新技术，提高劳动者素质，提高劳动生产率，才能取得较好的经济效益。

（5）预算定额是编制概算定额的基础。概算定额是在预算定额基础上综合扩大编制的。利用预算定额作为编制依据，不但可以节省编制工作的大量人力、物力和时间，收到事半功倍的效果，还可以使概算定额在水平上与预算定额保持一致，以免造成执行中的不一致。

（6）预算定额是合理编制招标控制价、投标报价的基础。在深化改革中，预算定额的指令性作用将日益削弱，而对施工单位按照工程个别成本报价的指导性作用仍然存在，因此，预算定额作为编制招标控制价的依据和施工企业报价的基础性作用仍将存在，这也是由预算定额本身的科学性和指导性所决定的。

二、预算定额的内容和编排形式

1. 预算定额的内容

预算定额主要由文字说明、定额项目表和附录三部分组成，如图 2-1 所示。

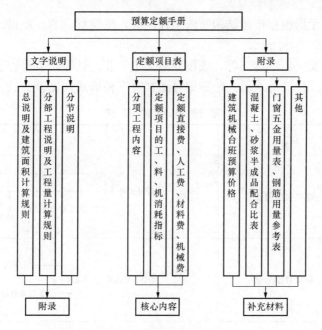

图 2-1　预算定额示意图

（1）文字说明部分

1）总说明：在总说明中，主要阐述定额的用途、编制依据、适用范围、定额中已考虑的因素和未考虑的因素、使用中应注意的事项和有关问题的说明。

2）分册说明：主要阐述了定额的适用范围和应用方法。

3）章说明：主要阐述本分部工程所包括的主要项目、编制中有关问题的说明、定额应用时的具体规定和处理方法等。

（2）定额项目表

定额项目表列出每一单位分项工程中人工、材料、机械台班消耗量及相应的各项费用，是预算定额手册的核心内容。一般由工程内容、定额计量单位、定额编号、预算单价、人工、材料消耗量及相应的费用、机械费、附注等组成。

在项目列表中，人工表现形式是按工日数及合计工日数表示，工资等级按总（综合）平均等级编制；材料栏内只列重要材料消耗量，零星材料以"其他材料"表示。凡须机械的分部分项工程列出施工机械台班数量，即分项工程人工、材料、机械台班的定额指标。

（3）附录、附件

附录列在定额的最后，其主要内容有建筑机械台班预算价格，材料名称规格表，混凝土、砂浆配合比表，门窗五金用量表及钢筋用量参考表等。这些资料供定额换算之用，是定额应用的重要补充资料。

2. 预算定额项目的编排形式

预算定额手册根据市政结构及施工程序等，按照章、节、项目、子目等顺序排列。

章号用中文一、二、三等，或用罗马文Ⅰ、Ⅱ、Ⅲ等，节号、子目号一般用阿拉伯数字1、2、3等表示。定额编号通常有三种形式，见表2-1。

表 2-1 定 额 编 号 的 形 式

形　式	特　点
三个符号定额项目编号法	三个符号编号 3-1-4 第一节 第三章分部工程 第四个子目
两个符号定额项目编号法	两个符号编号 4-200 子目 第四章分部工程
阿拉伯数字连写的定额项目编号法	如　05　006 子目 第五章分部工程

（1）预算定额的编制原则

1）按社会平均水平确定预算定额。预算定额是确定和控制市政工程造价的主要依据。因此，它必须遵照价值规律的客观要求，即按生产过程中所消耗的社会必要劳动时间确定定额水平。所以，预算定额的平均水平是在正常的施工条件下，合理的施工组织和工艺条件、平均劳动熟练程度和劳动强度下，完成单位分项工程基本构造要素所需要的劳动时间。

2）简明适用的原则。简明适用，一是指在编制预算定额时，对于那些主要、常用、价值量大的项目，分项工程划分宜细；次要、不常用、价值量相对较小的项目，则可以粗一些。二是指预算定额要项目齐全。要注意补充那些因采用新技术、新结构、新材料而出现的新的定额项目。如果项目不全、缺项多，就会使计价工作缺少充足、可靠的依据。三是指要求合理确定预算定额的计算单位，简化工程量的计算，尽可能地避免同一种材料用不同的计量单位和一量多用，尽量减少定额附注和换算系数。

3）坚持统一性和差别性相结合原则。所谓统一性，就是从培育全国统一市场规范计价行为出发，计价定额的制订规划和组织实施由国务院建设行政主管部门归口管理，由其负责全国统一定额制定或修订，颁发有关工程造价管理的规章制度办法等。所谓差别性，就是在统一性的基础上，各部门和省、自治区、直辖市主管部门可以在自己的管辖范围内，根据本部门和地区的具体情况，制定部门和地区性定额、补充性制度和管理办法，以适应我国幅员辽阔、地区间部门发展不平衡和差异大的实际情况。

（2）预算定额的编制依据

1）现行劳动定额和施工机械台班使用定额及施工材料消耗定额。

2）现行设计规范、施工及验收规范，质量评定标准和安全操作规程。

3）具有代表性的典型工程施工图及有关标准图。对这些图纸进行仔细的分析研究，并计算出工程数量，作为编制定额时选择施工方法、确定定额含量的依据。

4）新技术、新结构、新材料和先进的施工方法等。这类资料是调整定额水平和增加新定额项目所必需的依据。

5）有关科学试验、技术测定和统计、经验资料。这类文件是确定定额水平的重要依据。

6）现行的预算定额基础资料，人工工资标准、材料预算价格和机械台班预算价格。

（3）预算定额的编制程序

1）确定编制细则。编制细则主要包括：统一编制表格及编制方法；统一计算口径、计量单位和小数点位数的要求；有关统一性规定，名称统一、用字统一、专业用语统一、符号代码统一，简化字要规范，文字要简练、明确。

预算定额与施工定额计量单位往往不同。施工定额的计量单位一般按照工序或施工过程确定；而预算定额的计量单位主要是根据分部分项工程和结构构件的形体特征及其变化确定。由于工作内容综合，预算定额的计量单位也具有综合的性质。工程量计算规则的规定应确切反映定额项目所包含的工作内容。预算定额的计量单位关系到预算工作的繁简和准确性。因此，要正确地确定各分部分项工程的计量单位。一般依据建筑结构构件形状的特点确定。

2）确定定额的项目划分和工程量计算规则。计算工程数量，是为了通过计算出典型设计图纸所包括的施工过程的工程量，以便在编制预算定额时，有可能利用施工定额的人工、机械台班和材料消耗指标确定预算定额所含工序的消耗量。

3）定额人工、材料、机械台班耗用量的计算、复核和测算。

三、预算定额消耗指标的确定

1. 人工消耗指标的确定

（1）人工消耗指标的组成。预算定额中的人工消耗指标包括一定计量单位的分项工程所必需的各种用工，由基本工和其他工两部分组成。具体内容见表 2-2。

表 2-2　　　　　　　　　　　　　人工消耗指标的组成

组成部分	内　　　容
基本工	是完成某个分项工程所需的主要用工。此外，还应包括属于预算定额项目工程内容范围内的一些基本用工
其他工	指辅助基本用工消耗的工日，按其工作内容不同又分为以下几种 人工幅度差用工：指在劳动定额中未包括而在一般正常施工情况下不可避免，但无法计量的用工。包括在正常施工组织条件下，施工过程中各工种间的工序搭接及土建工程与水电工程之间的交叉配合所需的停歇时间；场内施工机械，在单位工程之间变换位置以及临时水电线路移动所引起的人的停歇时间；工程检查及隐蔽工程验收而影响工人的操作时间；场内单位工程操作地点的转移而影响工人的操作时间；施工中不可避免的少数零星用工 超运距用工：指超过劳动定额规定的材料、半成品运距的用工 辅助用工：指材料需要在现场加工的用工，如筛沙子、淋石灰膏等

（2）人工消耗指标的计算。包括计算定额子目的用工数量和工人平均技术等级两项内容。

1）定额子目用工数量的计算方法。预算定额子目的用工数量，是根据它的工程内容、范围及综合取定的工程数值，在劳动定额相应子目的人工工日基础上，经过综合，加上人工幅度差计算出来的。基本公式如下：

$$基本工用工数量＝\sum（工序或工作过程工程量×时间定额）$$

$$超运距用工数量＝\sum（超运距材料数量×时间定额）$$

$$辅助工用工数量＝\sum（加工材料数量×时间定额）$$

人工幅度差＝(基本工＋超运距用工＋辅助工用工)×人工幅度差系数

2) 工人平均等级的计算方法。计算步骤是首先计算出各种用工的工资等级系数和等级总系数，除以汇总后用工日数，求得定额项目各种用工的平均等级系数，再查对工资等级系数表，求出预算定额用工的平均工资等级。

2. 材料消耗指标的确定

(1) 预算定额材料消耗指标的组成。预算定额内的材料，按其使用性质、用途和用量大小划分为以下四类：

1) 主要材料，指直接构成工程实体的材料。

2) 辅助材料，也是直接构成工程实体的材料，但比重较小。

3) 周转性材料，又称工具性材料。施工中多次使用但并不构成工程实体的材料，如模板、脚手架等。

4) 次要材料，指用量小、价值不大、不便计算的零星用材料，可用估算法计算，以"其他材料费"表示，单位为元。

预算定额内材料用量由材料的净用量和材料的损耗量所组成。

(2) 材料消耗指标的确定方法。材料消耗指标是在编制预算定额方案中已经确定的有关因素，如在工程项目划分、工程内容范围、计算单位和工程量计算基础上，首先确定出材料的净用量，然后确定材料的损耗率，计算材料的消耗量，并结合测定材料，采用加权平均的方法，计算测定材料消耗指标。

(3) 周转性材料消耗量的确定。周转性材料是指那些不是一次消耗完，可以多次使用、反复周转的材料。在预算定额中，周转性材料消耗指标分别用一次使用量和摊销量指标表示。一次使用量是在不重复使用条件下的使用量，一般供申请备料和编制计划用；摊销量是按照多次使用、分次摊销的方法计算，定额表中是使用一次应摊销的实物量。

3. 机械台班消耗的确定

(1) 预算定额机械台班消耗指标编制方法

预算定额机械台班消耗指标编制方法如下：

1) 预算定额机械台班消耗指标，应根据全国统一劳动定额中的机械台班产量编制。

2) 以手工操作为主的工人班组所配备的施工机械，如砂浆、混凝土搅拌机，垂直运输用塔式起重机，为小组配用，应以小组产量计算机械台班。

3) 机动施工过程，如机械化土石方工程、机械打桩工程、机械化运输及吊装工程所用的大型机械及其他专用机械，应在劳动定额中的台班定额基础上另加机械幅度差。

(2) 机械幅度差

机械幅度差是指在劳动定额中未包括而在合理的施工组织条件下，机械所必需的停歇时间。其内容包括以下六个方面：

1）施工机械转移工作面及配套机械互相影响损失的时间。

2）在正常施工情况下，机械施工中不可避免的工序间歇时间。

3）工程结尾时，工作量不饱满所损失的时间。

4）检查工程质量影响机械操作的时间。

5）临时水电线路在施工过程中移动所发生的不可避免的工序间歇时间。

6）配合机械的人工在人工幅度差范围内的工作间歇，从而影响机械操作的时间。

机械幅度差系数一般根据测定和统计资料取定。

（3）基本计算公式

1）按工人小组产量计算。按工人小组配用的机械，应按工人小组日产量计算预算定额内机械台班量，不另增加机械幅度差。计算公式为：

小组总产量＝小组总人数×∑分项计算取定的比重（劳动定额每工综合产量）

分项定额机械台班使用量＝预算定额项目计量单位值/小组总产量

2）按机械台班产量计算。

总产量＝（预算定额项目计量单位值×机械幅度差系数）/机械台班产量

在确定定额项目的用工、用料和机械台班三项指标的基础上，再分别根据人工日工资单价、材料预算价格和机械台班费，计算出定额项目的人工费、材料费、施工机械台班、使用费，再汇总成定额项目的基价，组成完整的定额项目表。

第二节　市政工程预算的编制

一、编制的依据和步骤

1. 编制的依据

（1）经过会审批准的施工图纸、标准图、通用图等有关资料。这些资料规定了工程的具体内容、结构尺寸、技术特性、规格、数量，是计算工程量和进行预算的主要依据。

（2）市政工程预算定额、地区材料预算价格及有关材料调价的规定、人工工资标准、施工机械台班单价。这些资料是计价的主要依据。

（3）施工组织设计。施工组织设计是确定单位工程施工方法主要技术措施以及现场平面布置的技术文件，经过批准的施工组织设计也是编制工程预算不可缺少的依据。

（4）市政工程经费用定额以及其他有关取费文件。

（5）预算工作手册。手册中包括各种单位的换算比例，各种形体的面积、体积公式，金属材料的相对密度，各种混合材料的配合比，以及材料手册、五金手册、木材材积表面等资料。有了这些资料能加快工程量的计算速度，提高工作效率和准确程度。

（6）国家及地区颁发的有关文件。国家或地区各有关主管部门制定颁发的有关编制工程预算的各种文件和规定，如人工与材料的调价、新增某种取费项目的文件等，都是编制工程预算时必须遵照的依据。

（7）其他。甲、乙双方签订的合同或协议书以及市政工程费用定额和其他有关取费文件。

2. 编制的步骤

（1）准备材料。准备材料包括：全套市政工程施工图、市政工程施工组织设计或施工方案、有关编制市政工程预算的文件等、市政工程预算书所应用的表格。

（2）识读施工图。仔细识读市政工程施工图，参考有关图例符号。

（3）学习定额。认真学习现行市政预算定额，必须认真地熟悉现行预算定额的全部内容，了解和掌握定额子目的工程内容、施工方法、材料规格、质量要求、计量单位、工程量计算规则等，以便熟练查找和正确应用。

（4）列示分部分项子目名称。根据施工图，参照预算定额的分部分项工程划分，列出分部分项子目的名称及其编号。

（5）计算工程量。参照工程量计算规则，运用数学公式，逐个顺序计算各分项子目的工程量，并标注出其计算单位。

（6）编制预算书。编制预算书的步骤为：

1）套用预算定额并计算定额直接费、其他直接费和人工、材料用量。把确定的分项工程项目及相应的工程数量抄入工程预算书中，然后从地区统一定额中套用相应的分项工程项目，并将其定额编号、计量单位、预算定额基价，以及其中的人工费、材料费、机械费填入表中。将工程量和单价相乘汇总，即得出分项工程的定额直接费；最后，将各分项工程定额直接费填入工程直接费汇总表中。人工与主要材料的定额用量分别与工程量相乘，即得到人工和材料用量，填入人工与主要材料统计表。

$$定额直接费＝人工费＋材料费＋施工机械使用费$$

①人工费，定额计价法人工费的计算可用下面公式表示。

$$人工费＝\sum(定额中人工消耗量×人工单价×项目工程量)$$

②材料费，定额计价法材料费的计算可用下面公式表示。

$$材料费＝\sum(定额中材料消耗量×材料单价×项目工程量)$$

③施工机械使用费，定额计价法施工机械使用费的计算可用下面公式表示。

$$施工机械使用费＝\sum(定额中机械台班消耗量×项目工程量)$$

④其他直接费。其他直接费是指在施工过程中发生的具有直接费性质但未包括在预算定额之内的费用。其计算公式如下：

其他直接费＝(人工费＋材料费＋机械使用费)×其他直接费率

⑤材料差价。定量计算情况下，原材料实际价格常与预算价格不符，因此在确定单位工程造价时需调整差价。清单计价情况时，通常不含此项。

材料差价是指材料的预算价格与实际价格的差额，材料差价一般采用两种方法计算，见表2-3。

表 2-3 材料差价的计算方法

方法	内 容
国拨材料差价的计算	国拨材料（如钢材、木材、水泥、玻璃等）差价计算是在编制施工图预算时，在各分项工程量计算出来后，按预算定额中相应项目给定的材料消耗定额计算出材料使用的数量，经过汇总，用实际购入单价减去预算单价再乘以材料数量即为某材料的差价。将各种找差的材料差价汇总，即为该工程的材料差价，列入工程造价。材料差价的计算式如下： 某材料差价＝(实际购入单价－预算定额单价材料)×材料数量
地方材料差价的计算	地方材料差价的计算通常采用调价系数进行调整（调价系数由各地自行测定）。其计算可用下式表示： 差价＝定额直接费×调价系数

2) 计算工程造价。计算出直接工程费后，根据与该地区市政工程预算定额相配套的费用定额（取费标准），以定额直接费或人工费为基数，计算出其他直接费、间接费、利润、税金等，最后汇总出工程总造价。

3) 计算材料量。按各分部分项子目名称及其工程量，查预算定额表中材料消耗用定额，计算出分项子目所耗用的材料名称及其数量，同品种、同规格材料归在一起。

(7) 预算审核。市政工程预算书编制完成后，需经过自审、复审，再送建设单位进行审核，纠正预算书中的差错。审核通过，此份预算书作为工程拨款依据。如市政工程施工过程中有所变更，按工程签证单及此份预算书编制市政工程决算。

二、市政工程预算书的格式

1. 封面

工程预算书的封面需要填写的内容有：工程编号及名称、建设单位名称、施工单位名称、建设规模、工程预算造价、编制单位及日期、编制人及其资格章等，见表2-4。

表 2-4 **工程预算书封面**

市政安装工程预算书

建设单位：_____

工程名称：_____

结构类型：_____

工程造价：_____ 工程造价：_____ 元/m²

建设单位： 施工单位：

（公章） （公章）

负责人：_____ 审核人：_____

证　号：_____

经手人：_____ 编制人：_____

证　号：_____

开户银行：_____ 开户银行：_____

　年　月　日 　年　月　日

2. 工程预算说明

预算编制说明的内容包括：绘制图纸的依据、所采用的定额、工程概况、对计算过程中图纸不明确之处如何处理的说明、补充定额和换算定额的说明、建设单位供应的加工半成品的预算处理、其他必须说明的有关问题等。

3. 工程取费表

工程取费表见表 2-5。

表 2-5 **工 程 取 费 表**

工程名称： 年　月　日

序号	编号	名称	公　　式	金额
1	（一）	定额直接费	工程直接费汇总表中的直接费合计	
2	（二）	其他直接费	(1)＋(2)＋(3)	
3	(1)	施工附加费	（一）×相应工程类别费率	
4	(2)	施工包干费	（一）×相应工程类别费率	
5	(3)	供求因果增加费	a＋b＋c＋d	
6	a	优良工程增加费	（一）×相应工程类别费率	
7	b	提前竣工增加费	（一）×相应工程类别费率	
8	c	远地工程增加费	（一）×相应工程类别费率	

续表

序号	编号	名称	公　式	金额
9	d	文明施工增加费	(一)×相应工程类别费率	
10	(三)	现场经费	(一)×相应工程类别费率	
11	(四)	工程直接费	(一)+(二)+(三)	
12	(五)	间接费	(四)×相应工程类别费率	
13	(六)	利润	[(四)+(五)]×相应工程类别费率	
14	(七)	价外差	(4)+(5)	
15	(4)	主要材料价外差		
16	(5)	次要材料(含水电)价外差	(一)×相应工程类别费率	
17	(八)	其他计税不计费项目		
18	(九)	税金	[(四)+(五)+(六)+(七)+(八)]×相应工程类别费率	
19	(十)	工程造价	(四)+(五)+(六)+(七)+(八)+(九)	
20	(十一)	不计税不计费项目		
21	(十二)	工程总费用	(十)+(十一)	
	(十三)	大写		

4. 分项工程预算表

分项工程预算表见表 2-6。

表 2-6　　　　　　　**分 项 工 程 预 算 表**

工程名称：　　　　　　　　　　　　　　　　　　　　　　　　　年　月　日

序号	定额编号	分部分项工程名称	工程量		造价/元		其中			备注
			单位	数量	单价	合价	工人费/元	材料费/元	机械费/元	

5. 工程直接费汇总

工程直接费汇总表见表 2-7。

表 2-7 工程 预 算 费 汇 总 表

工程名称： 年 月 日

序号	分项工程项目	直接费合计/元	其 中		
			人工费/元	材料费/元	机械费/元

6. 人工与主要材料统计表

人工与主要材料统计表见表 2-8。

表 2-8 人工与主要材料统计表

序号	分项工程项目	直接费合计/元	其 中		
			人工费/元	材料费/元	机械费/元

第三章　市政工程工程量计算

第一节　工程量计算概述

一、工程量计算依据

（1）经审定的施工设计图纸及其说明。

（2）工程施工合同、招标文件的商务条款。

（3）经审定的施工组织设计（项目管理实施规划）或施工技术措施方案。施工图纸主要表现拟建工程的实体项目，分项工程的具体施工方法及措施，应按施工组织设计（项目管理实施规划）或施工技术措施方案确定。

（4）工程量计算规则。工程量计算规则是规定在计算工程实物数量时，从设计文件和图纸中摘取数值取定原则的方法。

（5）经审定的其他有关技术经济文件。

二、工程量计算规范

工程量计算规范是工程量计算的主要依据之一，按照现行规定，对于建设工程采用工程量清单计价的，其工程量计算应执行《房屋建筑与装饰工程工程量计算规范》（GB 50854—2013）、《仿古建筑工程工程量计算规范》（GB 50855—2013）、《通用安装工程工程量计算规范》（GB 50856—2013）、《市政工程工程量计算规范》（GB 50857—2013）、《园林绿化工程工程量计算规范》（GB 50858—2013）、《矿山工程工程量计算规范》（GB 50859—2013）、《构筑物工程工程量计算规范》（GB 50860—2013）、《城市轨道交通工程工程量计算规范》（GB 50861—2013）、《爆破工程工程量计算规范》（GB 50862—2013）（以下简称《工程量计算规范》）。

《工程量计算规范》包括正文、附录和条文说明三部分。正文部分共四章，包括总则、术语、工程计量和工程量清单编制。附录包括分部分项工程项目（实体项目）和措施项目（非实体项目）的项目设置与工程量计算规则。

《工程量计算规范》是正确计算工程量编制工程量清单的依据，工程量清单是载明建设工程分部分项工程项目、措施项目和其他项目的名称和相应数量以及规范和税金项目等内容的明细清单。

三、工程量计算顺序

（1）单位工程计算顺序：一般按计价规范清单列项顺序计算，即按照计价规范上的分章或分部分项工程顺序来计算工程量。

（2）单个分部分项工程计算顺序：按照顺时针方向计算法，即先从平面图的左上角开始，自左至右，然后再由上而下，最后转回到左上角为止，这样按顺时针方向，转圈依次进行计算；按"先横后竖、先上后下、先左后右"计算法；按图纸分项编号顺序计算法。即按照图纸上所注结构构件、配件的编号顺序进行计算。

注：按一定顺序计算工程量的目的是防止漏项少算或重复多算的现象发生，具体方法可因人而异。

四、工程量计算方法

运用统筹法计算工程量，就是分析工程量计算中各分部分项工程量计算之间的固有规律和相互之间的依赖关系，运用统筹法原理和统筹图图解来合理安排工程量的计算程序，以达到节约时间、简化计算、提高工效、为及时且准确地编制工程预算提供科学数据的目的。

（1）基本要点。运用统筹法计算工程量的基本要点，见表3-1。

表 3-1 运用统筹法计算工程量的基本要点

项目	内 容
统筹程序，合理安排	工程量计算程序的安排是否合理，关系着计量工作的效率高低、进度快慢。按施工顺序进行计算工程量，往往不能充分利用数据间的内在联系而形成重复计算，浪费时间和精力，有时还易出现计算差错
利用基数，连续计算	就是以"线"或"面"为基数，利用连乘或加减，算出与它有关的分部分项工程量
一次算出，多次使用	在工程量计算过程中，往往有一些不能用"线"、"面"基数进行连续计算的项目，如木门窗、屋架、钢筋混凝土预制标准构件等
结合实际，灵活机动	用"线"、"面"、"册"计算工程量，是一般常用的工程量基本计算方法，实践证明，在一般工程上完全可以利用。但在特殊工程上，由于基础断面、墙厚、砂浆强度等级和各楼层的面积不同，就不能完全用"线"或"面"的一个数作为基数，而必须结合实际灵活地计算。一般常遇到的几种情况及采用的方法如下： （1）分段计算法。当基础断面不同，在计算基础工程量时，就应分段计算 （2）分层计算法。如遇多层建筑物，各楼层的建筑面积或砌体砂浆强度等级不同时，均可分层计算 （3）补加计算法。即在同一分项工程中，遇到局部外形尺寸或结构不同时，为便于利用基数进行计算，可先将其看作相同条件计算，然后再加上多出部分的工程量 （4）补减计算法。与补加计算法相似，只是在原计算结果上减去局部不同部分工程量

（2）统筹图。运用统筹法计算工程量，就是要根据统筹法原理对计价规范中清单列项和工程量计算规则，设计出"计算工程量程序统筹图"。

统筹图以"三线一面"作为基数，连续计算与之有共性关系的分部分项工程量，而与基数共性关系的分部分项工程量，则用"册"或图示尺寸进行计算。

1）统筹图主要由计算工程量的主次程序线、基数、分部分项工程量计算式及计算单位组成。主要程序线是指在"线"、"面"基数上连续计算项目的线，次要程序线是指在分部分项项目上连续计算的线。

2）统筹图的计算程序安排原则：共性合在一起，个性分别处理；先主后次，统筹安排；独立项目单独处理。

3）用统筹法计算工程量的步骤，如图 3-1 所示。

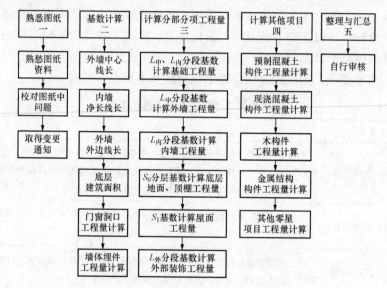

图 3-1　利用统筹法计算分部分项工程量步骤图

第二节　市政工程工程量的计算

一、市政工程工程量的计算原则

市政工程工程量的计算原则见表 3-2。

表 3-2　　　　市政工程工程量的计算原则

原则	内　　容
计算口径要一致	计算工程量时，施工图列出的分项工程口径（指分项工程包括的工作内容和范围）必须与预算定额中相应分项工程的口径一致

原则	内　　容
计算规则要一致	工程量计算必须与预算定额中规定的工程量计算规则相一致，以保证计算结果准确
计量单位要一致	各分项工程的计量单位，必须与预算定额中相应项目的计量单位一致
计算顺序要合理	计算工程量时要按照一定的顺序逐一计算。一般先划分单项或单位工程项目，再确定工程的分部分项内容。针对定额和施工图纸确定分部分项工程项目后，对于每一个分项工程项目的计算都要按照统一的顺序进行 按顺时针方向计算：即计算时从图纸的左上方一点起，由左至右环绕一周，再回到左上方这一点止 按"先横后竖"计算：即在图纸上先计算横向内容，后计算竖向内容，按从上到下、从左向右的顺序进行 切忌按图纸上的内容看到哪里算哪里，这样容易漏项或重复计算

二、市政工程工程量的计算步骤

1. 列示分项工程项目

在熟悉施工图纸和施工组织设计的基础上，依据一定的计算顺序，严格按照定额的项目，逐一列出单位工程施工图预算的分项工程项目名称。为防止多项、漏项现象发生，在确定项目时，应首先将工程划分为若干分部工程。

2. 计算工程量

工程量是编制预算所需的基本数据，直接关系到工程造价的准确性。计算工程量是把设计图纸的内容转化成按定额的分项工程项目划分的工程数量。应依据预算定额规定的工程量计算规则，列出工程量计算公式，根据施工图纸所示的部位、尺寸和数量，依次计算出各分项工程量，并填入工程量计算表中。工程量计算表见表 3-3。

表 3-3　　　　　　　　**工　程　量　计　算　表**

工程名称：　　　　　　　　　　　　　　　　　　　　　年　月　日

序号	项目说明		单位	工程数量	计算式	备注
	分项工程名称	规格				

3. 调整计量单位

通常，计算的工程量都以 m、m^2、m^3 等为单位，但预算定额中往往以 10m、$10m^2$、$10m^3$ 等为计量单位。因此，还需将计算的工程量单位按预算定额中相应项目规定的计量单位进行调整，使计量单位一致，便于以后的计算。

三、市政工程工程量计算应注意的问题

（1）严格遵守规范。在根据施工图纸和预算定额确定工程项目的基础上，必须严格按照定额规定的工程量计算规则，以施工图所注位置与尺寸为依据进行计算，不能人为地加大或缩小构件尺寸。

（2）准确套用定额。计算单位必须与定额的计算单位相一致，才能准确地套用预算定额中的预算单价。因此，套用计算定额中的项目尺寸和规格要准确，要认真核实，以便准确套用。

（3）设计合理的计算顺序。为便于计算和审核工程量，防止遗漏或重复计算，计算工程量时除了按照定额项目的顺序进行计算外，也可以采用先外后内或先横后竖等不同的计算顺序。取定的尺寸要准确且便于核对。

（4）确保单位一致。计算单位必须与定额中相应项目规定的计量单位相一致，才能准确地套用定额中的预算单价。如果施工图中给定的单位是非标准单位，在列入工程量计算时应先转换成定额中规定的单位。

（5）要求精度正确。计算底稿要整齐，数字清楚，数值要准确，切忌草率、零乱，辨认不清。对数字精确度的要求是，工程量算至小数点后两位，钢材、木材及使用贵重材料的项目可算至小数点后三位，余数四舍五入，等等。

（6）利用基数连续计算。有些"线"和"面"是计算许多分项工程的基数，在整个工程量计算中，要反复多次地运算，在运算中找出共性因素，再根据预算定额分项工程的有关规定找出计算过程中各分项工程量的内在联系，就可以把繁琐的计算简化，从而迅速完成大量的工程量计算工作。

第三节　市政工程工程量的计算规则

一、土石方工程量计算规则

（1）土方工程。土方工程项目的工程量清单项目设置及工程量计算规则见表 3-4。

表 3-4 土方工程（编码：040101）

项目编码	项目名称	项目特征	计量单位	工程量计算规则	工程内容
040101001	挖一般土方	1. 土壤类别 2. 挖土深度	m³	按设计图示尺寸以体积计算	1. 排地表水 2. 土方开挖 3. 围护（挡土板）及拆除 4. 基底钎探 5. 场内运输
040101002	挖沟槽土方			按设计图示尺寸以基础垫层底面积乘以挖土深度计算	
040101003	挖基坑土方				
040101004	暗挖土方	1. 土壤类别 2. 平洞、斜洞（坡度） 3. 运距		按设计图示断面乘以长度以体积计算	1. 排地表水 2. 土方开挖 3. 场内运输
040101005	挖淤泥、流砂	1. 挖掘深度 2. 运距		按设计图示位置、界限以体积计算	1. 开挖 2. 运输

注：1. 沟槽、基坑、一般土方的划分为：底宽≤7m且底长>3倍底宽为沟槽，底长≤3倍底宽且底面积≤150m² 为基坑。超出上述范围则为一般土方。

2. 土壤的分类应按《市政工程工程量计算规范》（GB 50857—2013）表 A.1-1 确定。

3. 如土壤类别不能准确划分时，招标人可注明为综合，由投标人根据地质勘察报告决定报价。

4. 土方体积应按挖掘前的天然密实体积计算。

5. 挖沟槽、基坑土方中的挖土深度，一般指原地面标高至槽、坑底的平均高度。

6. 挖沟槽、基坑、一般土方因工作面和放坡增加的工程量，是否并入各土方工程量中，按各省、自治区、直辖市或行业建设主管部门的规定实施。如并入各土方工程量中，编制工程量清单时，可按《市政工程工程量计算规范》（GB 50857—2013）中表 A.1-2 和表 A.1-3 的规定计算；办理工程结算时，应按经发包人认可的施工组织设计规定计算。

7. 挖沟槽、基坑、一般土方和暗挖土方清单项目的工作内容中仅包括了土方场内平衡所需的运输费用，如需土方外运时，按 040103002 "余方弃置"项目编码列项。

8. 挖方出现流砂、淤泥时，如设计未明确，在编制工程量清单时，其工程数量可为暂估值。结算时，应根据实际情况由发包人与承包人双方现场签证确认工程量。

9. 挖淤泥、流砂的运距可以不描述，但应注明由投标人根据施工现场实际情况自行考虑决定报价。

（2）石方工程。石方工程项目的工程量清单项目设置及工程量计算规则见表 3-5。

表 3-5   **石方工程（编码：040102）**

项目编码	项目名称	项目特征	计量单位	工程量计算规则	工程内容
040102001	挖一般石方			按设计图示尺寸以体积计算	
040102002	挖沟槽石方	1. 岩石类别 2. 开凿深度	m³	按设计图示尺寸以基础垫层底面积乘以挖石深度计算	1. 排地表水 2. 石方开凿 3. 修整底、边 4. 场内运输
040102003	挖基坑石方				

注：1. 沟槽、基坑、一般石方的划分为：底宽≤7m且底长>3倍底宽为沟槽；底长≤3倍底宽且底面积≤150m² 为基坑；超出上述范围则为一般石方。

2. 岩石的分类应按《市政工程工程量计算规范》（GB 50857—2013）表 A. 2-1 确定。

3. 石方体积应按挖掘前的天然密实体积计算。

4. 挖沟槽、基坑、一般石方因工作面和放坡增加的工程量，是否并入各石方工程量中，按各省、自治区、直辖市或行业建设主管部门的规定实施。如并入各石方工程量中，编制工程量清单时，其所需增加的工程数量可为暂估值，且在清单项目中予以注明；办理工程结算时，按经发包人认可的施工组织设计规定计算。

5. 挖沟槽、基坑、一般石方清单项目的工作内容中仅包括了石方场内平衡所需的运输费用，如需石方外运时，按 040103002 "余方弃置"项目编码列项。

6. 石方爆破按现行国家标准《爆破工程工程量计算规范》（GB 50862—2013）相关项目编码列项。

（3）回填方及土石方运输。回填方及土石方运输项目的工程量清单项目设置及工程量计算规则见表 3-6。

表 3-6   **回填方及土石方运输（编码：040103）**

项目编码	项目名称	项目特征	计量单位	工程量计算规则	工程内容
040103001	回填方	1. 密实度要求 2. 填方材料品种 3. 填方粒径要求 4. 填方来源、运距	m³	1. 按挖方清单项目工程量加原地面线至设计要求标高间的体积，减基础、构筑物等埋入体积计算 2. 按设计图示尺寸以体积计算	1. 运输 2. 回填 3. 压实

项目编码	项目名称	项目特征	计量单位	工程量计算规则	工程内容
040103002	余方弃置	1. 废弃料品种 2. 运距	m³	按挖方清单项目工程量减利用回填方体积（正数）计算	余方点装料运输至弃置点

注：1. 填方材料品种为土时，可以不描述。

2. 填方粒径，在无特殊要求情况下，项目特征可以不描述。

3. 对于沟、槽坑等开挖后在进行回填方的清单项目，其工程量计算规则按第 1 条确定；场地填方等按第 2 条确定。其中，对工程量计算规则的第 1 条，当原地面线高于设计要求标高时，则其体积为负值。

4. 回填方总工程量中若包括场内平衡和缺方内运两部分时，应分别编码列项。

5. 余方弃置和回填方的运距可以不描述，但应注明由投标人根据施工现场实际情况，自行考虑决定报价。

6. 回填方如需缺方内运且填方材料品种为土方时，是否在综合单价中计入购买土方的费用，由投标人根据工程实际情况，自行考虑决定报价。

二、道路工程量计算规则

（1）路基处理。路基处理项目的工程量清单项目设置及工程量计算规则见表 3-7。

表 3-7　　　　　　　　　　路基处理（编码：040201）

项目编码	项目名称	项目特征	计量单位	工程量计算规则	工程内容
040201001	预压地基	1. 排水竖井种类、断面尺寸、排列方式、间距、深度 2. 预压方法 3. 预压荷载、时间 4. 砂垫层厚度			1. 设置排水竖井、盲沟、滤水管 2. 铺设砂垫层、密封膜 3. 堆载、卸载或抽气设备安拆、抽真空 4. 材料运输
040201002	强夯地基	1. 夯击能量 2. 夯击遍数 3. 地耐力要求 4. 夯填材料种类	m²	按设计图示尺寸以加固面积计算	1. 铺设夯填材料 2. 强夯 3. 夯填材料运输
040201003	振冲密实（不填料）	1. 地层情况 2. 振密深度 3. 孔距 4. 振冲器功率			1. 振冲加密 2. 泥浆运输

项目编码	项目名称	项目特征	计量单位	工程量计算规则	工程内容
040201004	掺石灰	含灰量	m³	按设计图示尺寸以体积计算	1. 掺石灰 2. 夯实
040201005	掺干土	1. 密实度 2. 掺土率			1. 掺干土 2. 夯实
040201006	掺石	1. 材料品种、规格 2. 掺石率			1. 掺石 2. 夯实
040201007	抛石挤淤	材料品种、规格			1. 抛石挤淤 2. 填塞垫平、压实
040201008	袋装砂井	1. 直径 2. 填充料品种 3. 深度	m	按设计图示尺寸以长度计算	1. 制作砂袋 2. 定位沉管 3. 下砂袋 4. 拔管
040201009	塑料排水板	材料品种、规格			1. 安装排水板 2. 沉管插板 3. 拔管
040201010	振冲桩（填料）	1. 地层情况 2. 空桩长度、桩长 3. 桩径 4. 填充材料种类	1. m 2. m³	1. 以米计量，按设计图示尺寸以桩长计算 2. 以立方米计量，按设计桩截面乘以桩长以体积计算	1. 振冲成孔、填料、振实 2. 材料运输 3. 泥浆运输
040201011	砂石桩	1. 地层情况 2. 空桩长度、桩长 3. 桩径 4. 成孔方法 5. 材料种类、级配		1. 以米计量，按设计图示尺寸以桩长（包括桩尖）计算 2. 以立方米计量，按设计桩截面乘以桩长（包括桩尖）以体积计算	1. 成孔 2. 填充、振实 3. 材料运输

续表

项目编码	项目名称	项目特征	计量单位	工程量计算规则	工程内容
040201012	水泥粉煤灰碎石桩	1. 地层情况 2. 空桩长度、桩长 3. 桩径 4. 成孔方法 5. 混合料强度等级	m	按设计图示尺寸以桩长（包括桩尖）计算	1. 成孔 2. 混合料制作、灌注、养护 3. 材料运输
040201013	深层水泥搅拌桩	1. 地层情况 2. 空桩长度、桩长 3. 桩截面尺寸 4. 水泥强度等级、掺量			1. 预搅下钻、水泥浆制作、喷浆搅拌提升成桩 2. 材料运输
040201014	粉喷桩	1. 地层情况 2. 空桩长度、桩长 3. 桩径 4. 粉体种类、掺量 5. 水泥强度等级、石灰粉要求		按设计图示尺寸以桩长计算	1. 预搅下钻、喷粉搅拌提升成桩 2. 材料运输
040201015	高压水泥旋喷桩	1. 地层情况 2. 空桩长度、桩长 3. 桩截面 4. 旋喷类型、方法 5. 水泥强度等级、掺量			1. 成孔 2. 水泥浆制作、高压旋喷注浆 3. 材料运输
040201016	石灰桩	1. 地层情况 2. 空桩长度、桩长 3. 桩径 4. 成孔方法 5. 掺和料种类、配合比		按设计图示尺寸以桩长（包括桩尖）计算	1. 成孔 2. 混合料制作、运输、夯填
040201017	灰土（土）挤密桩	1. 地层情况 2. 空桩长度、桩长 3. 桩径 4. 成孔方法 5. 灰土级配			1. 成孔 2. 灰土拌和、运输、填充、夯实
040201018	柱锤冲扩桩	1. 地层情况 2. 空桩长度、桩长 3. 桩径 4. 成孔方法 5. 桩体材料种类、配合比		按设计图示尺寸以桩长计算	1. 安拔套管 2. 冲孔、填料、夯实 3. 桩体材料制作、运输

续表

项目编码	项目名称	项目特征	计量单位	工程量计算规则	工程内容
040201019	地基注浆	1. 地层情况 2. 成孔深度、间距 3. 浆液种类及配合比 4. 注浆方法 5. 水泥强度等级、用量	1. m 2. m³	1. 以米计量，按设计图示尺寸以深度计算 2. 以立方米计量，按设计图示尺寸以加固体积计算	1. 成孔 2. 注浆导管制作、安装 3. 浆液制作、压浆 4. 材料运输
040201020	褥垫层	1. 厚度 2. 材料品种、规格及比例	1. m² 2. m³	1. 以平方米计量，按设计图示尺寸以铺设面积计算 2. 以立方米计量，按设计图示尺寸以铺设体积计算	1. 材料拌和、运输 2. 铺设 3. 压实
040201021	土工合成材料	1. 材料品种、规格 2. 搭接方式	m²	按设计图示尺寸以面积计算	1. 基层整平 2. 铺设 3. 固定
040201022	排水沟、截水沟	1. 断面尺寸 2. 基础、垫层：材料品种、厚度 3. 砌体材料 4. 砂浆强度等级 5. 伸缩缝填塞 6. 盖板材质、规格	m	按设计图示以长度计算	1. 模板制作、安装、拆除 2. 基础、垫层铺筑 3. 混凝土拌和、运输、浇筑 4. 侧墙浇捣或砌筑 5. 勾缝、抹面 6. 盖板安装
040201023	盲沟	1. 材料品种、规格 2. 断面尺寸			铺筑

注：1. 地层情况按《市政工程工程量计算规范》（GB 50857—2013）表 A.1-1、表 A.2-1 的规定，并根据岩土工程勘察报告按单位工程各地层所占比例（包括范围值）进行描述。对无法准确描述的地层情况，可注明由投标人根据岩土工程勘察报告自行决定报价。

　　2. 项目特征中的桩长应包括桩尖，空桩长度=孔深—桩长，孔深为自然地面至设计桩底的深度。

　　3. 如采用碎石、粉煤灰、砂等作为路基处理的填方材料时，应按《市政工程工程量计算规范》（GB 50857—2013）附录 A 土石方工程中"回填方"项目编码列项。

　　4. 排水沟、截水沟清单项目中，当侧墙为混凝土时，还应描述侧墙的混凝土强度等级。

　　（2）道路基层。道路基层项目的工程量清单项目设置及工程量计算规则，见表 3-8。

表 3-8　　　　　　　　　　道路基层（编码：040202）

项目编码	项目名称	项目特征	计量单位	工程量计算规则	工程内容
040202001	路床（槽）整形	1. 部位 2. 范围		按设计道路底基层图示尺寸以面积计算，不扣除各类井所占面积	1. 放样 2. 整修路拱 3. 碾压成型
040202002	石灰稳定土	1. 含灰量 2. 厚度			
040202003	水泥稳定土	1. 水泥含量 2. 厚度			
040202004	石灰、粉煤灰、土	1. 配合比 2. 厚度			
040202005	石灰、碎石、土	1. 配合比 2. 碎石规格 3. 厚度			
040202006	石灰、粉煤灰、碎（砾）石	1. 配合比 2. 碎（砾）石规格 3. 厚度	m²	按设计图示尺寸以面积计算，不扣除各类井所占面积	1. 拌和 2. 运输 3. 铺筑 4. 找平 5. 碾压 6. 养护
040202007	粉煤灰	厚度			
040202008	矿渣				
040202009	砂砾石				
040202010	卵石	1. 石料规格 2. 厚度			
040202011	碎石				
040202012	块石				
040202013	山皮石				
040202014	粉煤灰三渣	1. 配合比 2. 厚度			
040202015	水泥稳定土（砾）石	1. 水泥含量 2. 石料规格 3. 厚度			
040202016	沥青稳定碎石	1. 沥青品种 2. 石料规格 3. 厚度			

注：1. 道路工程厚度应以压实后为准。
　　2. 道路基层设计截面如为梯形时，应按其截面平均宽度计算面积，并在项目特征中对截面参数加以描述。

（3）道路面层。道路面层项目的工程量清单项目设置及工程量计算规则见表 3-9。

表 3-9　　　　　　　　　　　　　**道路面层（编码：040203）**

项目编码	项目名称	项目特征	计量单位	工程量计算规则	工程内容
040203001	沥青表面处治	1. 沥青品种 2. 层数			1. 喷油、布料 2. 碾压
040203002	沥青贯入式	1. 沥青品种 2. 石料规格 3. 厚度			1. 摊铺碎石 2. 喷油、布料 3. 碾压
040203004	封层	1. 材料品种 2. 喷油量 3. 厚度			1. 清理下承面 2. 喷油、布料 3. 压实
040203005	黑色碎石	1. 材料品种 2. 石料规格 3. 厚度			
040203006	沥青混凝土	1. 沥青品种 2. 沥青混凝土种类 3. 石料粒径 4. 掺和料 5. 厚度	m^2	按设计图示尺寸以面积计算，不扣除各种井所占面积，带平石的面层应扣除平石所占面积	1. 清理下承面 2. 拌和、运输 3. 摊铺、整型 4. 压实
040203007	水泥混凝土	1. 混凝土强度等级 2. 掺和料 3. 厚度 4. 嵌缝材料			1. 模板制作、安装、拆除 2. 混凝土拌和、运输、浇筑 3. 拉毛 4. 压痕或刻防滑槽 5. 伸缝 6. 缩缝 7. 锯缝、嵌缝 8. 路面养护
040203008	块料面层	1. 块料品种、规格 2. 垫层：材料品种、厚度、强度等级			1. 铺筑垫层 2. 铺砌块料 3. 嵌缝、勾缝
040203009	弹性面层	1. 材料品种 2. 厚度			1. 配料 2. 铺贴

注：水泥混凝土路面中传力杆和拉杆的制作、安装应按钢筋工程中相关项目编码列项。

（4）人行道及其他。人行道及其他项目的工程量清单项目设置及工程量计算规则，见表 3-10。

表 3-10 人行道及其他（编码：040204）

项目编码	项目名称	项目特征	计量单位	工程量计算规则	工程内容
040204001	人行道整形碾压	1. 部位 2. 范围		按设计人行道图示尺寸以面积计算，不扣除侧石、树池和各类井所占面积	1. 放样 2. 碾压
040204002	人行道块料铺设	1. 块料品种、规格 2. 基础、垫层：材料品种、厚度 3. 图形	m²	按设计图示尺寸以面积计算，不扣除各类井所占面积，但应扣除侧石、树池所占面积	1. 基础、垫层铺筑 2. 块料铺设
040204003	现浇混凝土人行道及进口坡	1. 混凝土强度等级 2. 厚度 3. 基础、垫层：材料品种、厚度			1. 模板制作、安装、拆除 2. 基础、垫层铺筑 3. 混凝土拌和、运输、浇筑
040204004	安砌侧（平、缘）石	1. 材料品种、规格 2. 基础、垫层：材料品种、厚度		按设计图示中心线长度计算	1. 开槽 2. 基础、垫层铺筑 3. 侧（平、缘）石安砌
040204005	现浇侧（平、缘）石	1. 材料品种 2. 尺寸 3. 形状 4. 混凝土强度等级 5. 基础、垫层：材料品种、厚度	m		1. 模板制作、安装、拆除 2. 开槽 3. 基础、垫层铺筑 4. 混凝土拌和、运输、浇筑
040204006	检查井升降	1. 材料品种 2. 检查井规格 3. 平均升（降）高度	座	按设计图示路面标高与原有的检查井发生正负高差的检查井的数量计算	1. 提升 2. 降低
040204007	树池砌筑	1. 材料品种、规格 2. 树池尺寸 3. 树池盖面材料品种	个	按设计图示数量计算	1. 基础、垫层铺筑 2. 树池砌筑 3. 盖面材料运输、安装

续表

项目编码	项目名称	项目特征	计量单位	工程量计算规则	工程内容
040204008	预制电缆沟铺设	1. 材料品种 2. 规格尺寸 3. 基础、垫层：材料品种、厚度 4. 盖板品种、规格	m	按设计图示中心线长度计算	1. 基础、垫层铺筑 2. 预制电缆沟安装 3. 盖板安装

（5）交通管理设施。交通管理设施项目的工程量清单项目设置及工程量计算规则见表 3-11。

表 3-11　　　　　　　　交通管理设施（编码：040205）

项目编码	项目名称	项目特征	计量单位	工程量计算规则	工程内容
040205001	人（手）孔井	1. 材料品种 2. 规格尺寸 3. 盖板材质、规格 4. 基础、垫层：材料品种、厚度	座	按设计图示数量计算	1. 基础、垫层铺筑 2. 井身砌筑 3. 勾缝（抹面） 4. 井盖安装
040205002	电缆保护管	1. 材料品种 2. 规格	m	按设计图示以长度计算	敷设
040205003	标杆	1. 类型 2. 材质 3. 规格尺寸 4. 基础、垫层：材料品种、厚度 5. 油漆品种	根	按设计图示数量计算	1. 基础、垫层铺筑 2. 制作 3. 喷漆或镀锌 4. 底盘、拉盘、卡盘及杆件安装
040205004	标志板	1. 类型 2. 材质、规格尺寸 3. 板面反光膜等级	块		制作、安装
040205005	视线诱导器	1. 类型 2. 材料品种	只		安装

项目编码	项目名称	项目特征	计量单位	工程量计算规则	工程内容
040205006	标线	1. 材料品种 2. 工艺 3. 线型	1. m 2. m²	1. 以米计量，按设计图示以长度计算 2. 以平方米计量，按设计图示尺寸以面积计算	1. 清扫 2. 放样 3. 画线 4. 护线
040205007	标记	1. 材料品种 2. 类型 3. 规格尺寸	1. 个 2. m²	1. 以个计量，按设计图示数量计算 2. 以平方米计量，按设计图示尺寸以面积计算	
040205008	横道线	1. 材料品种 2. 形式	m²	按设计图示尺寸以面积计算	
040205009	清除标线	清除方法			清除
040205010	环形检测线圈	1. 类型 2. 规格、型号	个	按设计图示数量计算	1. 安装 2. 调试
040205011	值警亭	1. 类型 2. 规格 3. 基础、垫层：材料品种、厚度	座		1. 基础、垫层铺筑 2. 安装
040205012	隔离护栏	1. 类型 2. 规格、型号 3. 材料品种 4. 基础、垫层：材料品种、厚度	m	按设计图示以长度计算	1. 基础、垫层铺筑 2. 制作、安装
040205013	架空走线	1. 类型 2. 规格、型号			架线

项目编码	项目名称	项目特征	计量单位	工程量计算规则	工程内容
040205014	信号灯	1. 类型 2. 灯架材质、规格 3. 基础、垫层：材料品种、厚度 4. 信号灯规格、型号、组数	套	按设计图示数量计算	1. 基础、垫层铺筑 2. 灯架制作、镀锌、喷漆 3. 底盘、拉盘、卡盘及杆件安装 4. 信号灯安装、调试
040205015	设备控制机箱	1. 类型 2. 材质、规格尺寸 3. 基础、垫层：材料品种、厚度 4. 配置要求	台		1. 基础、垫层铺筑 2. 安装 3. 调试
040205016	管内配线	1. 类型 2. 材质 3. 规格、型号	m	按设计图示以长度计算	配线
040205017	防撞筒（墩）	1. 材料品种 2. 规格、型号	个	按设计图示数量计算	制作、安装
040205018	警示柱	1. 类型 2. 材料品种 3. 规格、型号	根		
040205019	减速垄	1. 材料品种 2. 规格、型号	m	按设计图示以长度计算	

续表

项目编码	项目名称	项目特征	计量单位	工程量计算规则	工程内容
040205020	监控摄像机	1. 类型 2. 规格、型号 3. 支架形式 4. 防护罩要求	台	按设计图示数量计算	1. 安装 2. 调试
040205021	数码相机	1. 规格、型号 2. 立杆材质、形式 3. 基础、垫层：材料品种、厚度	套		1. 基础、垫层铺筑 2. 安装 3. 调试
040205022	道闸机	1. 类型 2. 规格、型号 3. 基础、垫层：材料品种、厚度			
040205023	可变信息情报板	1. 类型 2. 规格、型号 3. 立（横）杆材质、形式 4. 配置要求 5. 基础、垫层：材料品种、厚度			
040205024	交通智能系统调试	系统类别	系统		系统调试

注：1. 本表清单项目如发生破除混凝土路面、土石方开挖、回填夯实等，应分别按《市政工程工程量计算规范》（GB 50857—2013）附录 K 拆除工程及附录 A 土石方工程中相关项目编码列项。

2. 除清单项目特殊注明外，各类垫层应按《市政工程工程量计算规范》（GB 50857—2013）中相关项目编码列项。

3. 立电杆按《市政工程工程量计算规范》（GB 50857—2013）附录 H 路灯工程中相关项目编码列项。

4. 值警亭按半成品现场安装考虑，实际采用砖砌等形式的，按现行国家标准《房屋建筑与装饰工程工程量计算规范》（GB 50854—2013）中相关项目编码列项。

5. 与标杆相连的，用于安装标志板的配件应计入标志板清单项目内。

三、桥涵工程量计算规则

（1）桩基。桩基项目的工程量清单项目设置及工程量计算规则见表 3-12。

表 3-12 桩基（编码：040301）

项目编码	项目名称	项目特征	计量单位	工程量计算规则	工程内容
040301001	预制钢筋混凝土方桩	1. 地层情况 2. 送桩深度、桩长 3. 桩截面 4. 桩倾斜度 5. 混凝土强度等级	1. m 2. m³ 3. 根	1. 以米计量，按设计图示尺寸以桩长（包括桩尖）计算 2. 以立方米计量，按设计图示桩长（包括桩尖）乘以桩的断面积计算 3. 以根计量，按设计图示数量计算	1. 工作平台搭拆 2. 桩就位 3. 桩机移位 4. 沉桩 5. 接桩 6. 送桩
040301002	预制钢筋混凝土管桩	1. 地层情况 2. 送桩深度、桩长 3. 桩外径、壁厚 4. 桩倾斜度 5. 桩尖设置及类型 6. 混凝土强度等级 7. 填充材料种类			1. 工作平台搭拆 2. 桩就位 3. 桩机移位 4. 桩尖安装 5. 沉桩 6. 接桩 7. 送桩 8. 桩芯填充
040301003	钢管桩	1. 地层情况 2. 送桩深度、桩长 3. 材质 4. 管径、壁厚 5. 桩倾斜度 6. 填充材料种类 7. 防护材料种类	1. t 2. 根	1. 以吨计量，按设计图示尺寸以质量计算 2. 以根计量，按设计图示数量计算	1. 工作平台搭拆 2. 桩就位 3. 桩机移位 4. 沉桩 5. 接桩 6. 送桩 7. 切割钢管、精割盖帽 8. 管内取土、余土弃置 9. 管内填芯、刷防护材料
040301004	泥浆护壁成孔灌注桩	1. 地层情况 2. 空桩长度、桩长 3. 桩径 4. 成孔方法 5. 混凝土种类、强度等级	1. m 2. m³ 3. 根	1. 以米计量，按设计图示尺寸以桩长（包括桩尖）计算 2. 以立方米计量，按不同截面在桩长范围内以体积计算 3. 以根计量，按设计图示数量计算	1. 工作平台搭拆 2. 桩机移位 3. 护筒埋设 4. 成孔、固壁 5. 混凝土制作、运输、灌注、养护 6. 土方、废浆外运 7. 打桩场地硬化及泥浆池、泥浆沟

续表

项目编码	项目名称	项目特征	计量单位	工程量计算规则	工程内容
040301005	沉管灌注桩	1. 地层情况 2. 空桩长度、桩长 3. 复打长度 4. 桩径 5. 沉管方法 6. 桩尖类型 7. 混凝土种类、强度等级	1. m 2. m³ 3. 根	1. 以米计量,按设计图示尺寸以桩长(包括桩尖)计算 2. 以立方米计量,按设计图示桩长(包括桩尖)乘以桩的断面积计算 3. 以根计量,按设计图示数量计算	1. 工作平台搭拆 2. 桩机移位 3. 打(沉)拔钢管 4. 桩尖安装 5. 混凝土制作、运输、灌注、养护
040301006	干作业成孔灌注桩	1. 地层情况 2. 空桩长度、桩长 3. 桩径 4. 扩孔直径、高度 5. 成孔方法 6. 混凝土种类、强度等级			1. 工作平台搭拆 2. 桩机移位 3. 成孔、扩孔 4. 混凝土制作、运输、灌注、振捣、养护
040301007	挖孔桩土(石)方	1. 土(石)类别 2. 挖孔深度 3. 弃土(石)运距	m³	按设计图示尺寸(含护壁)截面积乘以挖孔深度以立方米计算	1. 排地表水 2. 挖土、凿石 3. 基底钎探 4. 土(石)方外运
040301008	人工挖孔灌注桩	1. 桩芯长度 2. 桩芯直径、扩底直径、扩底高度 3. 护壁厚度、高度 4. 护壁材料种类、强度等级 5. 桩芯混凝土种类、强度等级	1. m³ 2. 根	1. 以立方米计量,按桩芯混凝土体积计算 2. 以根计量,按设计图示数量计算	1. 护壁制作、安装 2. 混凝土制作、运输、灌注、振捣、养护
040301009	钻孔压浆桩	1. 地层情况 2. 桩长 3. 钻孔直径 4. 骨料品种、规格 5. 水泥强度等级	1. m 2. 根	1. 以米计量,按设计图示尺寸以桩长计算 2. 以根计量,按设计图示数量计算	1. 钻孔、下注浆管、投放骨料 2. 浆液制作、运输、压浆

续表

项目编码	项目名称	项目特征	计量单位	工程量计算规则	工程内容
040301010	灌注桩后注浆	1. 注浆导管材料、规格 2. 注浆导管长度 3. 单孔注浆量 4. 水泥强度等级	孔	按设计图示以注浆孔数计算	1. 注浆导管制作、安装 2. 浆液制作、运输、压浆
040301011	截桩头	1. 桩类型 2. 桩头截面、高度 3. 混凝土强度等级 4. 有无钢筋	1. m³ 2. 根	1. 以立方米计量，按设计桩截面乘以桩头长度以体积计算 2. 以根计量，按设计图示数量计算	1. 截桩头 2. 凿平 3. 废料外运
040301012	声测管	1. 材质 2. 规格型号	1. t 2. m	1. 按设计图示尺寸以质量计算 2. 按设计图示尺寸以长度计算	1. 检测管截断、封头 2. 套管制作、焊接 3. 定位、固定

注：1. 地层情况按《市政工程工程量计算规范》（GB 50857—2013）表 A. 1-1、表 A. 2-1 的规定，并根据岩土工程勘察报告按单位工程各地层所占比例（包括范围值）进行描述。对无法准确描述的地层情况，可注明由投标人根据岩土工程勘察报告自行决定报价。

2. 各类混凝土预制桩以成品桩考虑，应包括成品桩购置费，如果用现场预制，应包括现场预制桩的所有费用。

3. 项目特征中的桩截面、混凝土强度等级、桩类型等可直接用标准图代号或设计桩型进行描述。

4. 打试验桩和打斜桩应按相应项目编码单独列项，并应在项目特征中注明试验桩或斜桩（斜率）。

5. 项目特征中的桩长应包括桩尖，空桩长度＝孔深－桩长，孔深为自然地面至设计桩底的深度。

6. 泥浆护壁成孔灌注桩是指在泥浆护壁条件下成孔，采用水下灌注混凝土的桩。其成孔方法包括冲击钻成孔、冲抓锥成孔、回旋钻成孔、潜水钻成孔、泥浆护壁的旋挖成孔等。

7. 沉管灌注桩的沉管方法包括锤击沉管法、振动沉管法、振动冲击沉管法、内夯沉管法等。

8. 干作业成孔灌注桩是指不用泥浆护壁和套管护壁的情况下，用钻机成孔后，下钢筋笼，灌注混凝土的桩，适用于地下水位以上的土层使用。其成孔方法包括螺旋钻成孔、螺旋钻成孔扩底、干作业的旋挖成孔等。

9. 混凝土灌注桩的钢筋笼制作、安装，按《市政工程工程量计算规范》（GB 50857—2013）附录 J 钢筋工程中相关项目编码列项。

10. 本表工作内容未含桩基础的承载力检测、桩身完整性检测。

（2）基坑与边坡支护。基坑与边坡支护项目的工程量清单项目设置及工程量计算规则见表 3-13。

表 3-13 **基坑与边坡支护（编码：040302）**

项目编码	项目名称	项目特征	计量单位	工程量计算规则	工程内容
040302001	圆木桩	1. 地层情况 2. 桩长 3. 材质 4. 尾径 5. 桩倾斜度	1. m 2. 根	1. 以米计量，按设计图示尺寸以桩长（包括桩尖）计算 2. 以根计量，按设计图示数量计算	1. 工作平台搭拆 2. 桩机移位 3. 桩制作、运输、就位 4. 桩靴安装 5. 沉桩
040302002	预制钢筋混凝土板桩	1. 地层情况 2. 送桩深度、桩长 3. 桩截面 4. 混凝土强度等级	1. m³ 2. 根	1. 以立方米计量，按设计图示桩长（包括桩尖）乘以桩的断面积计算 2. 以根计量，按设计图示数量计算	1. 工作平台搭拆 2. 桩就位 3. 桩机移位 4. 沉桩 5. 接桩 6. 送桩
040302003	地下连续墙	1. 地层情况 2. 导墙类型、截面 3. 墙体厚度 4. 成槽深度 5. 混凝土种类、强度等级 6. 接头形式	m³	按设计图示墙中心线长乘以厚度乘以槽深，以体积计算	1. 导墙挖填、制作、安装、拆除 2. 挖土成槽、固壁、清底置换 3. 混凝土制作、运输、灌注、养护 4. 接头处理 5. 土方、废浆外运 6. 打桩场地硬化及泥浆池、泥浆沟
040302004	咬合灌注桩	1. 地层情况 2. 桩长 3. 桩径 4. 混凝土种类、强度等级 5. 部位	1. m 2. 根	1. 以米计量，按设计图示尺寸以桩长计算 2. 以根计量，按设计图示数量计算	1. 桩机移位 2. 成孔、固壁 3. 混凝土制作、运输、灌注、养护 4. 套管压拔 5. 土方、废浆外运 6. 打桩场地硬化及泥浆池、泥浆沟
040302005	型钢水泥土搅拌墙	1. 深度 2. 桩径 3. 水泥掺量 4. 型钢材质、规格 5. 是否拔出	m³	按设计图示尺寸以体积计算	1. 钻机移位 2. 钻进 3. 浆液制作、运输、压浆 4. 搅拌、成桩 5. 型钢插拔 6. 土方、废浆外运

续表

项目编码	项目名称	项目特征	计量单位	工程量计算规则	工程内容
040302006	锚杆（索）	1. 地层情况 2. 锚杆（索）类型、部位 3. 钻孔直径、深度 4. 杆体材料品种、规格、数量 5. 是否预应力 6. 浆液种类、强度等级	1. m 2. 根	1. 以米计量，按设计图示尺寸以钻孔深度计算 2. 以根计量，按设计图示数量计算	1. 钻孔、浆液制作、运输、压浆 2. 锚杆（索）制作、安装 3. 张拉锚固 4. 锚杆（索）施工平台搭设、拆除
040302007	土钉	1. 地层情况 2. 钻孔直径、深度 3. 置入方法 4. 杆体材料品种、规格、数量 5. 浆液种类、强度等级			1. 钻孔、浆液制作、运输、压浆 2. 土钉制作、安装 3. 土钉施工平台搭设、拆除
040302008	喷射混凝土	1. 部位 2. 厚度 3. 材料种类 4. 混凝土类别、强度等级	m²	按设计图示尺寸以面积计算	1. 修整边坡 2. 混凝土制作、运输、喷射、养护 3. 钻排水孔、安装排水管 4. 喷射施工平台搭设、拆除

注：1. 地层情况按《市政工程工程量计算规范》（GB 50857—2013）表 A.1-1、表 A.2-1 的规定，并根据岩土工程勘察报告按单位工程各地层所占比例（包括范围值）进行描述。对无法准确描述的地层情况，可注明由投标人根据岩土工程勘察报告自行决定报价。

　　2. 地下连续墙和喷射混凝土的钢筋网制作、安装，按《市政工程工程量计算规范》（GB 50857—2013）附录 J 钢筋工程中相关项目编码列项。基坑与边坡支护的排桩按《市政工程工程量计算规范》（GB 50857—2013）附录 C.1 中相关项目编码列项。水泥土墙、坑内加固按《市政工程工程量计算规范》（GB 50857—2013）附录 B 道路工程中的 B.1 相关项目编码列项。混凝土挡土墙、桩顶冠梁、支撑体系按《市政工程工程量计算规范》（GB 50857—2013）中附录 D 隧道工程的相关项目编码列项。

（3）现浇混凝土构件。现浇混凝土构件项目的工程量清单项目设置及工程量计算规则见表 3-14。

表 3-14 现浇混凝土构件（编码：040303）

项目编码	项目名称	项目特征	计量单位	工程量计算规则	工程内容
040303001	混凝土垫层	混凝土强度等级	m³	按设计图示尺寸以体积计算	1. 模板制作、安装、拆除 2. 混凝土拌和、运输、浇筑 3. 养护
040303002	混凝土基础	1. 混凝土强度等级 2. 嵌料（毛石）比例			
040303003	混凝土承台	混凝土强度等级			
040303004	混凝土墩（台）帽				
040303005	混凝土墩（台）身	1. 部位 2. 混凝土强度等级			
040303006	混凝土支撑梁及横梁				
040303007	混凝土墩（台）盖梁				
040303008	混凝土拱桥拱座	混凝土强度等级			
040303009	混凝土拱桥拱肋				
040303010	混凝土拱上构件	1. 部位 2. 混凝土强度等级			
040303011	混凝土箱梁				
040303012	混凝土连续板	1. 部位 2. 结构形式 3. 混凝土强度等级			
040303013	混凝土板梁				
040303014	混凝土板拱	1. 部位 2. 混凝土强度等级			
040303015	混凝土挡墙墙身	1. 混凝土强度等级 2. 泄水孔材料品种、规格 3. 滤水层要求 4. 沉降缝要求			1. 模板制作、安装、拆除 2. 混凝土拌和、运输、浇筑 3. 养护 4. 抹灰 5. 泄水孔制作、安装 6. 滤水层铺筑 7. 沉降缝
040303016	混凝土挡墙压顶	1. 混凝土强度等级 2. 沉降缝要求			

续表

项目编码	项目名称	项目特征	计量单位	工程量计算规则	工程内容
040303017	混凝土楼梯	1. 结构形式 2. 底板厚度 3. 混凝土强度等级	1. m² 2. m³	1. 以平方米计量，按设计图示尺寸以水平投影面积计算 2. 以立方米计量，按设计图示尺寸以体积计算	1. 模板制作、安装、拆除 2. 混凝土拌和、运输、浇筑 3. 养护
040303018	混凝土防撞护栏	1. 断面 2. 混凝土强度等级	m	按设计图示尺寸以长度计算	
040303019	桥面铺装	1. 混凝土强度等级 2. 沥青品种 3. 沥青混凝土种类 4. 厚度 5. 配合比	m	按设计图示尺寸以面积计算	1. 模板制作、安装、拆除 2. 混凝土拌和、运输、浇筑 3. 养护 4. 沥青混凝土铺装 5. 碾压
040303020	混凝土桥头搭板	混凝土强度等级	m³	按设计图示尺寸以体积计算	1. 模板制作、安装、拆除 2. 混凝土拌和、运输、浇筑 3. 养护
040303021	混凝土搭板枕梁				
040303022	混凝土桥塔身	1. 形状 2. 混凝土强度等级			
040303023	混凝土连系梁				
040303024	混凝土其他构件	1. 名称、部位 2. 混凝土强度等级			混凝土拌和、运输、压注
040303025	钢管拱混凝土	混凝土强度等级			

注：台帽、台盖梁均应包括耳墙、背墙。

（4）预制混凝土构件。预制混凝土构件项目的工程量清单项目设置及工程量计算规则见表 3-15。

表 3-15 预制混凝土构件（编码：040304）

项目编码	项目名称	项目特征	计量单位	工程量计算规则	工程内容
040304001	预制混凝土梁	1. 部位 2. 图集、图纸名称 3. 构件代号、名称 4. 混凝土强度等级 5. 砂浆强度等级			1. 模板制作、安装、拆除 2. 混凝土拌和、运输、浇筑 3. 养护 4. 构件安装 5. 接头灌缝 6. 砂浆制作 7. 运输
040304002	预制混凝土柱				
040304003	预制混凝土板				
040304004	预制混凝土挡土墙墙身	1. 图集、图纸名称 2. 构件代号、名称 3. 结构形式 4. 混凝土强度等级 5. 泄水孔材料种类、规格 6. 滤水层要求 7. 砂浆强度等级	m³	按设计图示尺寸以体积计算	1. 模板制作、安装、拆除 2. 混凝土拌和、运输、浇筑 3. 养护 4. 构件安装 5. 接头灌缝 6. 泄水孔制作、安装 7. 滤水层铺设 8. 砂浆制作 9. 运输
040304005	预制混凝土其他构件	1. 部位 2. 图集、图纸名称 3. 构件代号、名称 4. 混凝土强度等级 5. 砂浆强度等级			1. 模板制作、安装、拆除 2. 混凝土拌和、运输、浇筑 3. 养护 4. 构件安装 5. 接头灌浆 6. 砂浆制作 7. 运输

（5）砌筑。砌筑项目的工程量清单项目设置及工程量计算规则见表 3-16。

表 3-16　　　　　　　　　砌筑（编码：040305）

项目编码	项目名称	项目特征	计量单位	工程量计算规则	工程内容
040305001	垫层	1. 材料品种、规格 2. 厚度			垫层铺筑
040305002	干砌块料	1. 部位 2. 材料品种、规格 3. 泄水孔材料品种、规格 4. 滤水层要求 5. 沉降缝要求	m³	按设计图示尺寸以体积计算	1. 砌筑 2. 砌体勾缝 3. 砌体抹面 4. 泄水孔制作、安装 5. 滤层铺设 6. 沉降缝
040305003	浆砌块料	1. 部位 2. 材料品种、规格 3. 砂浆强度等级 4. 泄水孔材料品种、规格 5. 滤水层要求 6. 沉降缝要求			
040305004	砖砌体				
040305005	护坡	1. 材料品种 2. 结构形式 3. 厚度 4. 砂浆强度等级	m²	按设计图示尺寸以面积计算	1. 修整边坡 2. 砌筑 3. 砌体勾缝 4. 砌体抹面

注：1. 干砌块料、浆砌块料和砖砌体应根据工程部位不同，分别设置清单编码。

2. 本表清单项目中"垫层"指碎石、块石等非混凝土类垫层。

（6）立交箱涵。立交箱涵项目的工程量清单项目设置及工程量计算规则见表 3-17。

表 3-17　　　　　　　　立交箱涵（编码：040306）

项目编码	项目名称	项目特征	计量单位	工程量计算规则	工程内容
040306001	透水管	1. 材料品种、规格 2. 管道基础形式	m	按设计图示尺寸以长度计算	1. 基础铺筑 2. 管道铺设、安装

续表

项目编码	项目名称	项目特征	计量单位	工程量计算规则	工程内容
040306002	滑板	1. 混凝土强度等级 2. 石蜡层要求 3. 塑料薄膜品种、规格	m³	按设计图示尺寸以体积计算	1. 模板制作、安装、拆除 2. 混凝土拌和、运输、浇筑 3. 养护 4. 涂石蜡层 5. 铺塑料薄膜
040306003	箱涵底板	1. 混凝土强度等级 2. 混凝土抗渗要求 3. 防水层工艺要求			1. 模板制作、安装、拆除 2. 混凝土拌和、运输、浇筑 3. 养护 4. 防水层铺涂
040306004	箱涵侧墙				1. 模板制作、安装、拆除 2. 混凝土拌和、运输、浇筑 3. 养护 4. 防水砂浆 5. 防水层铺涂
040306005	箱涵顶板				1. 模板制作、安装、拆除 2. 混凝土拌和、运输、浇筑 3. 养护 4. 防水砂浆 5. 防水层铺涂
040306006	箱涵顶进	1. 断面 2. 长度 3. 弃土运距	kt·m	按设计图示尺寸以被顶箱涵的质量，乘以箱涵的位移距离分节累计计算	1. 顶进设备安装、拆除 2. 气垫安装、拆除 3. 气垫使用 4. 钢刃角制作、安装、拆除 5. 挖土实顶 6. 土方场内外运输 7. 中继间安装、拆除

续表

项目编码	项目名称	项目特征	计量单位	工程量计算规则	工程内容
040306007	箱涵接缝	1. 材质 2. 工艺要求	m	按设计图示止水带长度计算	接缝

注：除箱涵顶进土方外，顶进工作坑等土方应按《市政工程工程量计算规范》（GB 50857—2013）中附录 A 土石方工程中相关项目编码列项。

（7）钢结构。钢结构项目的工程量清单项目设置及工程量计算规则见表 3-18。

表 3-18　　　　　　　　　钢结构（编码：040307）

项目编码	项目名称	项目特征	计量单位	工程量计算规则	工程内容
040307001	钢箱梁	1. 材料品种、规格 2. 部位 3. 探伤要求 4. 防火要求 5. 补刷油漆品种、色彩、工艺要求	t	按设计图示尺寸以质量计算。不扣除孔眼的质量，焊条、铆钉、螺栓等不另增加质量	1. 拼装 2. 安装 3. 探伤 4. 涂刷防火涂料 5. 补刷油漆
040307002	钢板梁				
040307003	钢桁梁				
040307004	钢拱				
040307005	劲性钢结构				
040307006	钢结构叠合梁				
040307007	其他钢结构				
040307008	悬（斜拉）索	1. 材料品种、规格 2. 直径 3. 抗拉强度 4. 防护方式		按设计图示尺寸以质量计算	1. 拉索安装 2. 张拉、索力调整、锚固 3. 防护壳制作、安装
040307009	钢拉杆				1. 连接、紧锁件安装 2. 钢拉杆安装 3. 钢拉杆防腐 4. 钢拉杆防护壳制作、安装

（8）装饰。装饰项目的工程量清单项目设置及工程量计算规则，应按表 3-19。

表 3-19   装饰（编码：040308）

项目编码	项目名称	项目特征	计量单位	工程量计算规则	工程内容
040308001	水泥砂浆抹面	1. 砂浆配合比 2. 部位 3. 厚度	m²	按设计图示尺寸以面积计算	1. 基层清理 2. 砂浆抹面
040308002	剁斧石饰面	1. 材料 2. 部位 3. 形式 4. 厚度			1. 基层清理 2. 饰面
040308003	镶贴面层	1. 材质 2. 规格 3. 厚度 4. 部位			1. 基层清理 2. 镶贴面层 3. 勾缝
040308004	涂料	1. 材料品种 2. 部位			1. 基层清理 2. 涂料涂刷
040308005	油漆	1. 材料品种 2. 部位 3. 工艺要求			1. 除锈 2. 刷油漆

注：如遇本清单项目缺项时，可按现行国家标准《房屋建筑与装饰工程工程量计算规范》（GB 50854—2013）中相关项目编码列项。

（9）其他。其他项目的工程量清单项目设置及工程量计算规则见表 3-20。

表 3-20   其他（编码：040309）

项目编码	项目名称	项目特征	计量单位	工程量计算规则	工程内容
040309001	金属栏杆	1. 栏杆材质、规格 2. 油漆品种、工艺要求	1. t 2. m	1. 按设计图示尺寸以质量计算 2. 按设计图示尺寸以延长米计算	1. 制作、运输、安装 2. 除锈、刷油漆
040309002	石质栏杆	材料品种、规格	m	按设计图示尺寸以长度计算	制作、运输、安装
040309003	混凝土栏杆	1. 混凝土强度等级 2. 规格尺寸			

续表

项目编码	项目名称	项目特征	计量单位	工程量计算规则	工程内容
040309004	橡胶支座	1. 材质 2. 规格、型号 3. 形式	个	按设计图示数量计算	支座安装
040309005	钢支座	1. 规格、型号 2. 形式			
040309006	盆式支座	1. 材质 2. 承载力			
040309007	桥梁伸缩装置	1. 材料品种 2. 规格、型号 3. 混凝土种类 4. 混凝土强度等级	m	以米计量，按设计图示尺寸以延长米计算	1. 制作、安装 2. 混凝土拌和、运输、浇筑
040309008	隔声屏障	1. 材料品种 2. 结构形式 3. 油漆品种、工艺要求	m²	按设计图示尺寸以面积计算	1. 制作、安装 2. 除锈、刷油漆
040309009	桥面排（泄）水管	1. 材料品种 2. 管径	m	按设计图示以长度计算	进水口、排（泄）水管制作、安装
040309010	防水层	1. 部位 2. 材料品种、规格 3. 工艺要求	m²	按设计图示尺寸以面积计算	防水层铺涂

注：支座垫石混凝土按《市政工程工程量计算规范》（GB 50857—2013）附录 C.3 混凝土基础中项目编码列项。

四、隧道工程量计算规则

（1）隧道岩石开挖。隧道岩石开挖项目的工程量清单项目设置及工程量计算规则见表 3-21。

表 3-21　　　　　　　　　隧道岩石开挖（编码：040401）

项目编码	项目名称	项目特征	计量单位	工程量计算规则	工程内容
040401001	平洞开挖	1. 岩石类别 2. 开挖断面 3. 爆破要求 4. 弃碴运距	m³	按设计图示结构断面尺寸乘以长度以体积计算	1. 爆破或机械开挖 2. 施工面排水 3. 出碴 4. 弃碴场内堆放、运输 5. 弃碴外运
040401002	斜井开挖				
040401003	竖井开挖				
040401004	地沟开挖	1. 断面尺寸 2. 岩石类别 3. 爆破要求 4. 弃碴运距			
040401005	小导管	1. 类型 2. 材料品种 3. 管径、长度	m	按设计图示尺寸以长度计算	1. 制作 2. 布眼 3. 钻孔 4. 安装
040401006	管棚				
040401007	注浆	1. 浆液种类 2. 配合比	m³	按设计注浆量以体积计算	1. 浆液制作 2. 钻孔注浆 3. 堵孔

注：弃碴运距可以不描述，但应注明有投标人根据施工现场实际情况自行考虑决定报价。

（2）岩石隧道衬砌。岩石隧道衬砌项目的工程量清单项目设置及工程量计算规则见表 3-22。

表 3-22　　　　　　　　　岩石隧道衬砌（编码：040402）

项目编码	项目名称	项目特征	计量单位	工程量计算规则	工程内容
040402001	混凝土仰拱衬砌	1. 拱跨径 2. 部位 3. 厚度 4. 混凝土强度等级	m³	按设计图示尺寸以体积计算	1. 模板制作、安装、拆除 2. 混凝土拌和、运输、浇筑 3. 养护
040402002	混凝土顶拱衬砌				
040402003	混凝土边墙衬砌	1. 部位 2. 厚度 3. 混凝土强度等级			
040402004	混凝土竖井衬砌	1. 厚度 2. 混凝土强度等级			
040402005	混凝土沟道	1. 断面尺寸 2. 混凝土强度等级			

续表

项目编码	项目名称	项目特征	计量单位	工程量计算规则	工程内容
040402006	拱部喷射混凝土	1. 结构形式 2. 厚度 3. 混凝土强度等级 4. 掺加材料品种、用量	m²	按设计图示尺寸以面积计算	1. 清洗基层 2. 混凝土拌和、运输、浇筑、喷射 3. 收回弹料 4. 喷射施工平台搭设、拆除
040402007	边墙喷射混凝土				
040402008	拱圈砌筑	1. 断面尺寸 2. 材料品种、规格 3. 砂浆强度等级	m³	按设计图示尺寸以体积计算	1. 砌筑 2. 勾缝 3. 抹灰
040402009	边墙砌筑	1. 厚度 2. 材料品种、规格 3. 砂浆强度等级			
040402010	砌筑沟道	1. 断面尺寸 2. 材料品种、规格 3. 砂浆强度等级			
040402011	洞门砌筑	1. 形状 2. 材料品种、规格 3. 砂浆强度等级			
040402012	锚杆	1. 直径 2. 长度 3. 锚杆类型 4. 砂浆强度等级	t	按设计图示尺寸以质量计算	1. 钻孔 2. 锚杆制作、安装 3. 压浆
040402013	充填压浆	1. 部位 2. 浆液成分强度	m³	按设计图示尺寸以体积计算	1. 打孔、安装 2. 压浆
040402014	仰拱填充	1. 填充材料 2. 规格 3. 强度等级		按设计图示回填尺寸以体积计算	1. 配料 2. 填充

续表

项目编码	项目名称	项目特征	计量单位	工程量计算规则	工程内容
040402015	透水管	1. 材质 2. 规格	m	按设计图示尺寸以长度计算	安装
040402016	沟道盖板	1. 材质 2. 规格尺寸 3. 强度等级			制作、安装
040402017	变形缝	1. 类别 2. 材料品种、规格 3. 工艺要求			
040402018	施工缝				
040402019	柔性防水层	材料品种、规格	m²	按设计图示尺寸以面积计算	铺设

注：如遇本表清单项目未列的砌筑构筑物时，应按《市政工程工程量计算规范》（GB 50857—2013）中附录C桥涵工程的相关项目编码列项。

（3）盾构掘进。盾构掘进项目的工程量清单项目设置及工程量计算规则见表 3-23。

表 3-23　　　　　　　　盾构掘进（编码：040403）

项目编码	项目名称	项目特征	计量单位	工程量计算规则	工程内容
040403001	盾构吊装及吊拆	1. 直径 2. 规格型号 3. 始发方式	台·次	按设计图示数量计算	1. 盾构机安装、拆除 2. 车架安装、拆除 3. 管线连接、调试、拆除
040403002	盾构掘进	1. 直径 2. 规格 3. 形式 4. 掘进施工段类别 5. 密封舱材料品种 6. 弃土（浆）运距	m	按设计图示掘进长度计算	1. 掘进 2. 管片拼装 3. 密封舱添加材料 4. 负环管片拆除 5. 隧道内管线路铺设、拆除 6. 泥浆制作 7. 泥浆处理 8. 土方、废浆外运

续表

项目编码	项目名称	项目特征	计量单位	工程量计算规则	工程内容
040403003	衬砌壁后压浆	1. 浆液品种 2. 配合比	m³	按管片外径和盾构壳体外径所形成的充填体积计算	1. 制浆 2. 送浆 3. 压浆 4. 封堵 5. 清洗 6. 运输
040403004	预制钢筋混凝土管片	1. 直径 2. 厚度 3. 宽度 4. 混凝土强度等级		按设计图示尺寸以体积计算	1. 运输 2. 试拼装 3. 安装
040403005	管片设置密封条	1. 管片直径、宽度、厚度 2. 密封条材料 3. 密封条规格	环	按设计图示数量计算	密封条安装
040403006	隧道洞口柔性接缝环	1. 材料 2. 规格 3. 部位 4. 混凝土强度等级	m	按设计图示以隧道管片外径周长计算	1. 制作、安装临时防水环板 2. 制作、安装、拆除临时止水缝 3. 拆除临时钢环板 4. 拆除洞口环管片 5. 安装钢环板 6. 柔性接缝环 7. 洞口钢筋混凝土环圈
040403007	管片嵌缝	1. 直径 2. 材料 3. 规格	环	按设计图示数量计算	1. 管片嵌缝槽表面处理、配料嵌缝 2. 管片手孔封堵

续表

项目编码	项目名称	项目特征	计量单位	工程量计算规则	工程内容
040403008	盾构机调头	1. 直径 2. 规格型号 3. 始发方式	台·次	按设计图示数量计算	1. 钢板、基座铺设 2. 盾构拆卸 3. 盾构调头、平行移运定位 4. 盾构拼装 5. 连接管线、调试
040403009	盾构机转场运输				1. 盾构机安装、拆除 2. 车架安装、拆除 3. 盾构机、车架转场运输
040403010	盾构基座	1. 材质 2. 规格 3. 部位	t	按设计图示尺寸以质量计算	1. 制作 2. 安装 3. 拆除

注：1. 衬砌壁后压浆清单项目在编制工程量清单时，其工程数量可为暂估量，结算时按现场签证数量计算。

　2. 盾构基座系指常用的钢结构，如果是钢筋混凝土结构，应按《市政工程工程量计算规范》（GB 50857—2013）中沉管隧道的相关项目进行列项。

　3. 钢筋混凝土管片按成品编制，购置费用应计入综合单价中。

（4）管节顶升、旁通道。管节顶升、旁通道项目的工程量清单项目设置及工程量计算规则见表 3-24。

表 3-24　　　　　　　管节顶升、旁通道（编码：040404）

项目编码	项目名称	项目特征	计量单位	工程量计算规则	工程内容
040404001	钢筋混凝土顶升管节	1. 材质 2. 混凝土强度等级	m^3	按设计图示尺寸以体积计算	1. 钢模板制作 2. 混凝土拌和、运输、浇筑 3. 养护 4. 管节试拼装 5. 管节场内外运输
040404002	垂直顶升设备安装、拆除	规格、型号	套	按设计图示数量计算	1. 基座制作和拆除 2. 车架、设备吊装就位 3. 拆除、堆放

续表

项目编码	项目名称	项目特征	计量单位	工程量计算规则	工程内容
040404003	管节垂直顶升	1. 断面 2. 强度 3. 材质	m	按设计图示以顶升长度计算	1. 管节吊运 2. 首节顶升 3. 中间节顶升 4. 尾节顶升
040404004	安装止水框、连系梁	材质	t	按设计图示尺寸以质量计算	制作、安装
040404005	阴极保护装置	1. 型号 2. 规格	组	按设计图示数量计算	1. 恒电位仪安装 2. 阳极安装 3. 阴极安装 4. 参变电极安装 5. 电缆敷设 6. 接线盒安装
040404006	安装取、排水头	1. 部位 2. 尺寸	个		1. 顶升口揭顶盖 2. 取排水头部安装
040404007	隧道内旁通道开挖	1. 土壤类别 2. 土体加固方式	m³	按设计图示尺寸以体积计算	1. 土体加固 2. 支护 3. 土方暗挖 4. 土方运输
040404008	旁通道结构混凝土	1. 断面 2. 混凝土强度等级			1. 模板制作、安装 2. 混凝土拌和、运输、浇筑 3. 洞门接口防水
040404009	隧道内集水井	1. 部位 2. 材料 3. 形式	座	按设计图示数量计算	1. 拆除管片建集水井 2. 不拆管片建集水井
040404010	防爆门	1. 形式 2. 断面	扇		1. 防爆门制作 2. 防爆门安装
040404011	钢筋混凝土复合管片	1. 图集、图纸名称 2. 构件代号、名称 3. 材质 4. 混凝土强度等级	m³	按设计图示尺寸以体积计算	1. 构件制作 2. 试拼装 3. 运输、安装

续表

项目编码	项目名称	项目特征	计量单位	工程量计算规则	工程内容
040404012	钢管片	1. 材质 2. 探伤要求	t	按设计图示以质量计算	1. 钢管片制作 2. 试拼装 3. 探伤 4. 运输、安装

（5）隧道沉井。隧道沉井项目的工程量清单项目设置及工程量计算规则见表 3-25。

表 3-25　　　　　　　　隧道沉井（编码：040405）

项目编码	项目名称	项目特征	计量单位	工程量计算规则	工程内容
040405001	沉井井壁混凝土	1. 形状 2. 规格 3. 混凝土强度等级	m³	按设计尺寸以外围井筒混凝土体积计算	1. 模板制作、安装、拆除 2. 刃脚、框架、井壁混凝土浇筑 3. 养护
040405002	沉井下沉	1. 下沉深度 2. 弃土运距		按设计图示井壁外围面积乘以下沉深度以体积计算	1. 垫层凿除 2. 排水挖土下沉 3. 不排水下沉 4. 触变泥浆制作、输送 5. 弃土外运
040405003	沉井混凝土封底			按设计图示尺寸以体积计算	1. 混凝土干封底 2. 混凝土水下封底
040405004	沉井混凝土底板	混凝土强度等级			1. 模板制作、安装、拆除 2. 混凝土拌和、运输、浇筑 3. 养护
040405005	沉井填心	材料品种			1. 排水沉井填心 2. 不排水沉井填心
040405006	沉井混凝土隔墙	混凝土强度等级			1. 模板制作、安装、拆除 2. 混凝土拌和、运输、浇筑 3. 养护

续表

项目编码	项目名称	项目特征	计量单位	工程量计算规则	工程内容
040405007	钢封门	1. 材质 2. 尺寸	t	按设计图示尺寸以质量计算	1. 钢封门安装 2. 钢封门拆除

注：沉井垫层按《市政工程工程量计算规范》（GB 50857—2013）中附录 C 桥涵工程的相关项目编码列项。

（6）混凝土结构。混凝土结构项目的工程量清单项目设置及工程量计算规则见表 3-26。

表 3-26　　　　　　　　　**混凝土结构（编码：040406）**

项目编码	项目名称	项目特征	计量单位	工程量计算规则	工程内容
040406001	混凝土地梁				
040406002	混凝土底板				
040406003	混凝土柱	1. 类别、部位 2. 混凝土强度等级	m³	按设计图示尺寸以体积计算	1. 模板制作、安装、拆除 2. 混凝土拌和、运输、浇筑 3. 养护
040406004	混凝土墙				
040406005	混凝土梁				
040406006	混凝土平台、顶板				
040406007	圆隧道内架空路面	1. 厚度 2. 混凝土强度等级			
040406008	隧道内其他结构混凝土	1. 部位、名称 2. 混凝土强度等级			

注：1. 隧道洞内道路路面铺装应按《市政工程工程量计算规范》（GB 50857—2013）中附录 B 道路工程的相关清单项目编码列项。

2. 隧道洞内顶部和边墙内衬的装饰应按《市政工程工程量计算规范》（GB 50857—2013）中附录 C 桥涵工程的相关清单项目编码列项。

3. 隧道内其他结构混凝土包括楼梯、电缆沟、车道侧石等。

4. 垫层、基础应按《市政工程工程量计算规范》（GB 50857—2013）中附录 C 桥涵工程的相关清单项目编码列项。

5. 隧道内衬弓形底板、侧墙、支承墙应按本表混凝土底板、混凝土墙的相关清单项目编码列项，并在项目特征中描述其类别、部位。

（7）沉管隧道。沉管隧道项目的工程量清单项目设置及工程量计算规则见表 3-27。

表 3-27　　　　　　　　　沉管隧道（编码：040407）

项目编码	项目名称	项目特征	计量单位	工程量计算规则	工程内容
040407001	预制沉管底垫层	1. 材料品种、规格 2. 厚度	m³	按设计图示沉管底面积乘以厚度以体积计算	1. 场地平整 2. 垫层铺设
040407002	预制沉管钢底板	1. 材质 2. 厚度	t	按设计图示尺寸以质量计算	钢底板制作、铺设
040407003	预制沉管混凝土板底	混凝土强度等级	m³	按设计图示尺寸以体积计算	1. 模板制作、安装、拆除 2. 混凝土拌和、运输、浇筑 3. 养护 4. 底板预埋注浆管
040407004	预制沉管混凝土侧墙				
040407005	预制沉管混凝土顶板				1. 模板制作、安装、拆除 2. 混凝土拌和、运输、浇筑 3. 养护
040407006	沉管外壁防锚层	1. 材质品种 2. 规格	m²	按设计图示尺寸以面积计算	铺设沉管外壁防锚层
040407007	鼻托垂直剪力键	材质			1. 钢剪力键制作 2. 剪力键安装
040407008	端头钢壳	1. 材质、规格 2. 强度	t	按设计图示尺寸以质量计算	1. 端头钢壳制作 2. 端头钢壳安装 3. 混凝土浇筑
040407009	端头钢封门	1. 材质 2. 尺寸			1. 端头钢封门制作 2. 端头钢封门安装 3. 端头钢封门拆除

项目编码	项目名称	项目特征	计量单位	工程量计算规则	工程内容
040407010	沉管管段浮运临时供电系统	规格	套	按设计图示管段数量计算	1. 发电机安装、拆除 2. 配电箱安装、拆除 3. 电缆安装、拆除 4. 灯具安装、拆除
040407011	沉管管段浮运临时供排水系统				1. 泵阀安装、拆除 2. 管路安装、拆除
040407012	沉管管段浮运临时通风系统				1. 进排风机安装、拆除 2. 风管路安装、拆除
040407013	航道疏浚	1. 河床土质 2. 工况等级 3. 疏浚深度	m³	按河床原断面与管段浮运时设计断面之差以体积计算	1. 挖泥船开收工 2. 航道疏浚挖泥 3. 土方驳运、卸泥
040407014	沉管河床基槽开挖	1. 河床土质 2. 工况等级 3. 挖土深度		按河床原断面与槽设计断面之差以体积计算	1. 挖泥船开收工 2. 沉管基槽挖泥 3. 沉管基槽清淤 4. 土方驳运、卸泥
040407015	钢筋混凝土块沉石	1. 工况等级 2. 沉石深度		按设计图示尺寸以体积计算	1. 预制钢筋混凝土块 2. 装船、驳运、定位沉石 3. 水下铺平石块
040407016	基槽抛铺碎石	1. 工况等级 2. 石料厚度 3. 沉石深度			1. 石料装运 2. 定位抛石、水下铺平石块

续表

项目编码	项目名称	项目特征	计量单位	工程量计算规则	工程内容
040407017	沉管管节浮运	1. 单节管段质量 2. 管段浮运距离	kt·m	按设计图示尺寸和要求以沉管管节质量和浮运距离的复合单位计算	1. 干坞放水 2. 管段起浮定位 3. 管段浮运 4. 加载水箱制作、安装、拆除 5. 系缆柱制作、安装、拆除
040407018	管段沉放连接	1. 单节管段重量 2. 管段下沉深度	节	按设计图示数量计算	1. 管段定位 2. 管段压水下沉 3. 管段端面对接 4. 管节拉合
040407019	砂肋软体排覆盖	1. 材料品种 2. 规格	m²	按设计图示尺寸以沉管顶面积加侧面外表面积计算	水下覆盖软体排
040407020	沉管水下压石		m³	按设计图示尺寸以顶、侧压石的体积计算	1. 装石船开收工 2. 定位抛石、卸石 3. 水下铺石
040407021	沉管接缝处理	1. 接缝连接形式 2. 接缝长度	条	按设计图示数量计算	1. 按缝拉合 2. 安装止水带 3. 安装止水钢板 4. 混凝土拌和、运输、浇筑
040407022	沉管底部压浆固封充填	1. 压浆材料 2. 压浆要求	m³	按设计图示尺寸以体积计算	1. 制浆 2. 管底压浆 3. 封孔

五、管网工程量计算规则

（1）管道铺设。管道铺设项目的工程量清单项目设置及工程量计算规则见表 3-28。

表 3-28　　　　　　　　　　**管道铺设（编码：040501）**

项目编码	项目名称	项目特征	计量单位	工程量计算规则	工程内容
040501001	混凝土管	1. 垫层、基础材质及厚度 2. 管座材质 3. 规格 4. 接口方式 5. 铺设深度 6. 混凝土强度等级 7. 管道检验及试验要求			1. 垫层、基础铺筑及养护 2. 模板制作、安装、拆除 3. 混凝土拌和、运输、浇筑、养护 4. 预制管枕安装 5. 管道铺设 6. 管道接口 7. 管道检验及试验
040501002	钢管	1. 垫层、基础材质及厚度 2. 材质及规格 3. 接口方式 4. 铺设深度 5. 管道检验及试验要求 6. 集中防腐运距	m	按设计图示中心线长度以延长米计算。不扣除附属构筑物、管件及阀门等所占长度	1. 垫层、基础铺筑及养护 2. 模板制作、安装、拆除 3. 混凝土拌和、运输、浇筑、养护 4. 管道铺设 5. 管道检验及试验 6. 集中防腐运输
040501003	铸铁管				
040501004	塑料管	1. 垫层、基础材质及厚度 2. 材质及规格 3. 连接形式 4. 铺设深度 5. 管道检验及试验要求			1. 垫层、基础铺筑及养护 2. 模板制作、安装、拆除 3. 混凝土拌和、运输、浇筑、养护 4. 管道铺设 5. 管道检验及试验
040501005	直埋式预制保温管	1. 垫层材质及厚度 2. 材质及规格 3. 接口方式 4. 铺设深度 5. 管道检验及试验的要求			1. 垫层铺筑及养护 2. 管道铺设 3. 接口处保温 4. 管道检验及试验

续表

项目编码	项目名称	项目特征	计量单位	工程量计算规则	工程内容
040501006	管道架空跨越	1. 管道架设高度 2. 管道材质及规格 3. 接口方式 4. 管道检验及试验要求 5. 集中防腐运距		按设计图示中心线长度以延长米计算。不扣除管件及阀门等所占长度	1. 管道架设 2. 管道检验及试验 3. 集中防腐运输
040501007	隧道（沟、管）内管道	1. 基础材质及厚度 2. 混凝土强度等级 3. 材质及规格 4. 接口方式 5. 管道检验及试验要求 6. 集中防腐运距		按设计图示中心线长度以延长米计算。不扣除附属构筑物、管件及阀门等所占长度	1. 基础铺筑、养护 2. 模板制作、安装、拆除 3. 混凝土拌和、运输、浇筑、养护 4. 管道铺设 5. 管道检测及试验 6. 集中防腐运输
040501008	水平导向钻进	1. 土壤类别 2. 材质及规格 3. 一次成孔长度 4. 接口方式 5. 泥浆要求 6. 管道检验及试验要求 7. 集中防腐运距	m	按设计图示长度以延长米计算。扣除附属构筑物（检查井）所占的长度	1. 设备安装、拆除 2. 定位、成孔 3. 管道接口 4. 拉管 5. 纠偏、监测 6. 泥浆制作、注浆 7. 管道检测及试验 8. 集中防腐运输 9. 泥浆、土方外运
040501009	夯管	1. 土壤类别 2. 材质及规格 3. 一次夯管长度 4. 接口方式 5. 管道检验及试验要求 6. 集中防腐运距			1. 设备安装、拆除 2. 定位、夯管 3. 管道接口 4. 纠偏、监测 5. 管道检测及试验 6. 集中防腐运输 7. 土方外运

续表

项目编码	项目名称	项目特征	计量单位	工程量计算规则	工程内容
040501010	顶（夯）管工作坑	1. 土壤类别 2. 工作坑平面尺寸及深度 3. 支撑、围护方式 4. 垫层、基础材质及厚度 5. 混凝土强度等级 6. 设备、工作台主要技术要求	座	按设计图示数量计算	1. 支撑、围护 2. 模板制作、安装、拆除 3. 混凝土拌和、运输、浇筑、养护 4. 工作坑内设备、工作台安装及拆除
040501011	预制混凝土工作坑	1. 土壤类别 2. 工作坑平面尺寸及深度 3. 垫层、基础材质及厚度 4. 混凝土强度等级 5. 设备、工作台主要技术要求 6. 混凝土构件运距			1. 混凝土工作坑制作 2. 下沉、定位 3. 模板制作、安装、拆除 4. 混凝土拌和、运输、浇筑、养护 5. 工作坑内设备、工作台安装及拆除 6. 混凝土构件运输
040501012	顶管	1. 土壤类别 2. 顶管工作方式 3. 管道材质及规格 4. 中继间规格 5. 工具管材质及规格 6. 触变泥浆要求 7. 管道检验及试验要求 8. 集中防腐运距	m	按设计图示长度以延长米计算。扣除附属构筑物（检查井）所占的长度	1. 管道顶进 2. 管道接口 3. 中继间、工具管及附属设备安装拆除 4. 管内挖、运土及土方提升 5. 机械顶管设备调向 6. 纠偏、监测 7. 触变泥浆制作、注浆 8. 洞口止水 9. 管道检测及试验 10. 集中防腐运输 11. 泥浆、土方外运

续表

项目编码	项目名称	项目特征	计量单位	工程量计算规则	工程内容
040501013	土壤加固	1. 土壤类别 2. 加固填充材料 3. 加固方式	1. m 2. m³	1. 按设计图示加固段长度以延长米计算 2. 按设计图示加固段体积以立方米计算	打孔、调浆、灌注
040501014	新旧管连接	1. 材质及规格 2. 连接方式 3. 带（不带）介质连接	处	按设计图示数量计算	1. 切管 2. 钻孔 3. 连接
040501015	临时放水管线	1. 材质及规格 2. 铺设方式 3. 接口形式	m	按放水管线长度以延长米计算，不扣除管件、阀门所占长度	管线铺设、拆除
040501016	砌筑方沟	1. 断面规格 2. 垫层、基础材质及厚度 3. 砌筑材料品种、规格、强度等级 4. 混凝土强度等级 5. 砂浆强度等级、配合比 6. 勾缝、抹面要求 7. 盖板材质及规格 8. 伸缩缝（沉降缝）要求 9. 防渗、防水要求 10. 混凝土构件运距	m	按设计图示尺寸以延长米计算	1. 模板制作、安装、拆除 2. 混凝土拌和、运输、浇筑、养护 3. 砌筑 4. 勾缝、抹面 5. 盖板安装 6. 防水、止水 7. 混凝土构件运输
040501017	混凝土方沟	1. 断面规格 2. 垫层、基础材质及厚度 3. 混凝土强度等级 4. 伸缩缝（沉降缝）要求 5. 盖板材质、规格 6. 防渗、防水要求 7. 混凝土构件运距			1. 模板制作、安装、拆除 2. 混凝土拌和、运输、浇筑、养护 3. 盖板安装 4. 防水、止水 5. 混凝土构件运输

续表

项目编码	项目名称	项目特征	计量单位	工程量计算规则	工程内容
040501018	砌筑渠道	1. 断面规格 2. 垫层、基础材质及厚度 3. 砌筑材料品种、规格、强度等级 4. 混凝土强度等级 5. 砂浆强度等级、配合比 6. 勾缝、抹面要求 7. 伸缩缝（沉降缝）要求 8. 防渗、防水要求	m	按设计图示尺寸以延长米计算	1. 模板制作、安装、拆除 2. 混凝土拌和、运输、浇筑、养护 3. 渠道砌筑 4. 勾缝、抹面 5. 防水、止水
040501019	混凝土渠道	1. 断面规格 2. 垫层、基础材质及厚度 3. 混凝土强度等级 4. 伸缩缝（沉降缝）要求 5. 防渗、防水要求 6. 混凝土构件运距		按设计图示尺寸以延长米计算	1. 模板制作、安装、拆除 2. 混凝土拌和、运输、浇筑、养护 3. 防水、止水 4. 混凝土构件运输
040501020	警示（示踪）带铺设	规格		按铺设长度以延长米计算	铺设

注：1. 管道架空跨越铺设的支架制作、安装及支架基础、垫层应按《市政工程工程量计算规范》（GB 50857—2013）中附录 E.3 支架制作及安装的相关清单项目编码列项。

2. 管道铺设项目中的做法如为标准设计，也可在项目特征中标注标准图集号。

（2）管件、阀门及附件安装。管件、阀门及附件安装项目的工程量清单项目设置及工程量计算规则见表 3-29。

表 3-29　　　　　　　管件、阀门及附件安装（编码：040502）

项目编码	项目名称	项目特征	计量单位	工程量计算规则	工程内容
040502001	铸铁管管件	1. 种类 2. 材质及规格 3. 接口形式			安装
040502002	钢管管件制作、安装				制作、安装
040502003	塑料管管件	1. 种类 2. 材质及规格 3. 连接方式			
040502004	转换件	1. 材质及规格 2. 接口形式			
040502005	阀门	1. 种类 2. 材质及规格 3. 连接方式 4. 试验要求	个	按设计图示数量计算	安装
040502006	法兰	1. 材质、规格、结构形式 2. 连接方式 3. 焊接方式 4. 垫片材质			
040502007	盲堵板制作、安装	1. 材质及规格 2. 连接方式			制作、安装
040502008	套管制作、安装	1. 形式、材质及规格 2. 管内填料材质			
040502009	水表	1. 规格 2. 安装方式			
040502010	消火栓	1. 规格 2. 安装部位、方式			安装
040502011	补偿器（波纹管）				
040502012	除污器组成、安装	1. 规格 2. 安装方式	套		组成、安装

续表

项目编码	项目名称	项目特征	计量单位	工程量计算规则	工程内容
040502013	凝水缸	1. 材料品种 2. 型号及规格 3. 连接方式			1. 制作 2. 安装
040502014	调压器	1. 规格 2. 型号 3. 连接方式	组	按设计图示数量计算	
040502015	过滤器				
040502016	分离器				
040502017	安全水封				安装
040502018	检漏（水）管	规格			

注：040502013项目的凝水井应按《市政工程工程量计算规范》（GB 50857—2013）中附录 E. 4 管道附属构筑物的相关清单项目编码列项。

（3）支架制作及安装。支架制作及安装项目的工程量清单项目设置及工程量计算规则见表 3-30。

表 3-30   支架制作及安装（编码：040503）

项目编码	项目名称	项目特征	计量单位	工程量计算规则	工程内容
040503001	砌筑支墩	1. 垫层材质、厚度 2. 混凝土强度等级 3. 砌筑材料、规格、强度等级 4. 砂浆强度等级、配合比	m³	按设计图示尺寸以体积计算	1. 模板制作、安装、拆除 2. 混凝土拌和、运输、浇筑、养护 3. 砌筑 4. 勾缝、抹面
040503002	混凝土支墩	1. 垫层材质、厚度 2. 混凝土强度等级 3. 预制混凝土构件运距			1. 模板制作、安装、拆除 2. 混凝土拌和、运输、浇筑、养护 3. 预制混凝土支墩安装 4. 混凝土构件运输

续表

项目编码	项目名称	项目特征	计量单位	工程量计算规则	工程内容
040503003	金属支架制作、安装	1. 垫层、基础材质及厚度 2. 混凝土强度等级 3. 支架材质 4. 支架形式 5. 预埋件材质及规格	t	按设计图示质量计算	1. 模板制作、安装、拆除 2. 混凝土拌和、运输、浇筑、养护 3. 支架制作、安装
040503004	金属吊架制作、安装	1. 吊架形式 2. 吊架材质 3. 预埋件材质及规格			制作、安装

（4）管道附属构筑物。管道附属构筑物项目的工程量清单项目设置及工程量计算规则见表 3-31。

表 3-31　　　　　　　　管道附属构筑物（编码：040504）

项目编码	项目名称	项目特征	计量单位	工程量计算规则	工程内容
040504001	砌筑井	1. 垫层、基础材质及厚度 2. 砌筑材料品种、规格、强度等级 3. 勾缝、抹面要求 4. 砂浆强度等级、配合比 5. 混凝土强度等级 6. 盖板材质、规格 7. 井盖、井圈材质及规格 8. 踏步材质、规格 9. 防渗、防水要求	座	按设计图示数量计算	1. 垫层铺筑 2. 模板制作、安装、拆除 3. 混凝土拌和、运输、浇筑、养护 4. 砌筑、勾缝、抹面 5. 井圈、井盖安装 6. 盖板安装 7. 踏步安装 8. 防水、止水

续表

项目编码	项目名称	项目特征	计量单位	工程量计算规则	工程内容
040504002	混凝土井	1. 垫层、基础材质及厚度 2. 混凝土强度等级 3. 盖板材质、规格 4. 井盖、井圈材质及规格 5. 踏步材质、规格 6. 防渗、防水要求	座	按设计图示数量计算	1. 垫层铺筑 2. 模板制作、安装、拆除 3. 混凝土拌和、运输、浇筑、养护 4. 井圈、井盖安装 5. 盖板安装 6. 踏步安装 7. 防水、止水
040504003	塑料检查井	1. 垫层、基础材质及厚度 2. 检查井材质、规格 3. 井筒、井盖、井圈材质及规格			1. 垫层铺筑 2. 模板制作、安装、拆除 3. 混凝土拌和、运输、浇筑、养护 4. 检查井安装 5. 井筒、井圈、井盖安装
040504004	砖砌井筒	1. 井筒规格 2. 砌筑材料品种、规格 3. 砌筑、勾缝、抹面要求 4. 砂浆强度等级、配合比 5. 踏步材质、规格 6. 防渗、防水要求	m	按设计图示尺寸以延长米计算	1. 砌筑、勾缝、抹面 2. 踏步安装
040504005	预制混凝土井筒	1. 井筒规格 2. 踏步规格			1. 运输 2. 安装

续表

项目编码	项目名称	项目特征	计量单位	工程量计算规则	工程内容
040504006	砌体出水口	1. 垫层、基础材质及厚度 2. 砌筑材料品种、规格 3. 砌筑、勾缝、抹面要求 4. 砂浆强度等级及配合比			1. 垫层铺筑 2. 模板制作、安装、拆除 3. 混凝土拌和、运输、浇筑、养护 4. 砌筑、勾缝、抹面
040504007	混凝土出水口	1. 垫层、基础材质及厚度 2. 混凝土强度等级	座	按设计图示数量计算	1. 垫层铺筑 2. 模板制作、安装、拆除 3. 混凝土拌和、运输、浇筑、养护
040504008	整体化粪池	1. 材质 2. 型号、规格			安装
040504009	雨水口	1. 雨水算子及圈口材质、型号、规格 2. 垫层、基础材质及厚度 3. 混凝土强度等级 4. 砌筑材料品种、规格 5. 砂浆强度等级及配合比			1. 垫层铺筑 2. 模板制作、安装、拆除 3. 混凝土拌和、运输、浇筑、养护 4. 砌筑、勾缝、抹面 5. 雨水算子安装

注：管道附属构筑物为标准定型附属构筑物时，在项目特征中应标注标准图集编号及页码。

六、水处理工程量计算规则

（1）水处理构筑物。水处理构筑物项目的工程量清单项目设置及工程量计算规则见表 3-32。

表 3-32　　　　　　　　水处理构筑物（编码：040601）

项目编码	项目名称	项目特征	计量单位	工程量计算规则	工程内容
040601001	现浇混凝土沉井井壁及隔墙	1. 混凝土强度等级 2. 防水、抗渗要求 3. 断面尺寸		按设计图示尺寸以体积计算	1. 垫木铺设 2. 模板制作、安装、拆除 3. 混凝土拌和、运输、浇筑 4. 养护 5. 预留孔封口
040601002	沉井下沉	1. 土壤类别 2. 断面尺寸 3. 下沉深度 4. 减阻材料种类		按自然面标高至设计垫层底标高间的高度乘以沉井外壁最大断面面积以体积计算	1. 垫木拆除 2. 挖土 3. 沉井下沉 4. 填充减阻材料 5. 余方弃置
040601003	沉井混凝土底板	1. 混凝土强度等级 2. 防水、抗渗要求			
040601004	沉井内地下混凝土结构	1. 部位 2. 混凝土强度等级 3. 防水、抗渗要求	m³		
040601005	沉井混凝土顶板				
040601006	现浇混凝土池底				1. 模板制作、安装、拆除 2. 混凝土拌和、运输、浇筑 3. 养护
040601007	现浇混凝土池壁（隔墙）	1. 混凝土强度等级 2. 防水、抗渗要求		按设计图示尺寸以体积计算	
040601008	现浇混凝土池柱				
040601009	现浇混凝土池梁				
040601010	现浇混凝土池盖板				
040601011	现浇混凝土板	1. 名称、规格 2. 混凝土强度等级 3. 防水、抗渗要求			

续表

项目编码	项目名称	项目特征	计量单位	工程量计算规则	工程内容
040601012	池槽	1. 混凝土强度等级 2. 防水、抗渗要求 3. 池槽断面尺寸 4. 盖板材质	m	按设计图示尺寸以长度计算	1. 模板制作、安装、拆除 2. 混凝土拌和、运输、浇筑 3. 养护 4. 盖板安装 5. 其他材料铺设
040601013	砌筑导流壁、筒	1. 砌体材料、规格 2. 断面尺寸 3. 砌筑、勾缝、抹面砂浆强度等级	m³	按设计图示尺寸以体积计算	1. 砌筑 2. 抹面 3. 勾缝
040601014	混凝土导流壁、筒	1. 混凝土强度等级 2. 防水、抗渗要求 3. 断面尺寸			1. 模板制作、安装、拆除 2. 混凝土拌和、运输、浇筑 3. 养护
040601015	混凝土楼梯	1. 结构形式 2. 底板厚度 3. 混凝土强度等级	1. m² 2. m³	1. 以平方米计量，按设计图示尺寸以水平投影面积计算 2. 以立方米计量，按设计图示尺寸以体积计算	1. 模板制作、安装、拆除 2. 混凝土拌和、运输、浇筑或预制 3. 养护 4. 楼梯安装
040601016	金属扶梯、栏杆	1. 材质 2. 规格 3. 防腐刷油材质、工艺要求	1. t 2. m	1. 以吨计量，按设计图示尺寸以质量计算 2. 以米计量，按设计图示尺寸以长度计算	1. 制作、安装 2. 除锈、防腐、刷油

续表

项目编码	项目名称	项目特征	计量单位	工程量计算规则	工程内容
040601017	其他现浇混凝土构件	1. 构件名称、规格 2. 混凝土强度等级	m³	按设计图示尺寸以体积计算	1. 模板制作、安装、拆除 2. 混凝土拌和、运输、浇筑 3. 养护
040601018	预制混凝凝土板	1. 图集、图纸名称 2. 构件代号、名称 3. 混凝土强度等级 4. 防水、抗渗要求			1. 模板制作、安装、拆除 2. 混凝土拌和、运输、浇筑 3. 养护 4. 构件安装 5. 接头灌浆 6. 砂浆制作 7. 运输
040601019	预制混凝土槽				
040601020	预制混凝土支墩				
040601021	其他预制混凝土构件	1. 部位 2. 图集、图纸名称 3. 构件代号、名称 4. 混凝土强度等级 5. 防水、抗渗要求			
040601022	滤板	1. 材质 2. 规格 3. 厚度 4. 部位	m²	按设计图示尺寸以面积计算	1. 制作 2. 安装
040601023	折板				
040601024	壁板				
040601025	滤料铺设	1. 滤料品种 2. 滤料规格	m³	按设计图示尺寸以体积计算	铺设
040601026	尼龙网板	1. 材料品种 2. 材料规格	m²	按设计图示尺寸以面积计算	1. 制作 2. 安装
040601027	刚性防水	1. 工艺要求 2. 材料品种、规格			1. 配料 2. 铺筑
040601028	柔性防水				涂、贴、粘、刷防水材料
040601029	沉降（施工）缝	1. 材料品种 2. 沉降缝规格 3. 沉降缝部位	m	按设计图示尺寸以长度计算	铺、嵌沉降（施工）缝

续表

项目编码	项目名称	项目特征	计量单位	工程量计算规则	工程内容
040601030	井、池渗漏试验	构筑物名称	m³	按设计图示储水尺寸以体积计算	渗漏试验

注：1. 沉井混凝土地梁工程量，应并入底板内计算。

2. 各类垫层应按《市政工程工程量计算规范》（GB 50857—2013）中附录C桥涵工程的相关编码列项。

（2）水处理设备。水处理设备项目的工程量清单项目设置及工程量计算规则见表3-33。

表3-33   水处理设备（编码：040602）

项目编码	项目名称	项目特征	计量单位	工程量计算规则	工程内容
040602001	格栅	1. 材质 2. 防腐材料 3. 规格	1. t 2. 套	1. 以吨计量，按设计图示尺寸以质量计算 2. 以套计量，按设计图示数量计算	1. 制作 2. 防腐 3. 安装
040602002	格栅除污机	1. 类型 2. 材质 3. 规格、型号 4. 参数	台	按设计图示数量计算	1. 安装 2. 无负荷试运转
040602003	滤网清污机				
040602004	压榨机				
040602005	刮砂机				
040602006	吸砂机				
040602007	刮泥机				
040602008	吸泥机				
040602009	刮吸泥机				
040602010	撇渣机				
040602011	砂（泥）水分离器				
040602012	曝气机				
040602013	曝气器		个		
040602014	布气管	1. 材质 2. 直径	m	按设计图示以长度计算	1. 钻孔 2. 安装

续表

项目编码	项目名称	项目特征	计量单位	工程量计算规则	工程内容
040602015	滗水器		套		
040602016	生物转盘				
040602017	搅拌机	1. 类型 2. 材质 3. 规格、型号 4. 参数	台		
040602018	推进机				
040602019	加药设备		套		
040602020	加氯机				
040602021	氯吸收装置				
040602022	水射器	1. 材质 2. 公称直径	个	按设计图示数量计算	1. 安装 2. 无负荷试运转
040602023	管式混合器				
040602024	冲洗装置		套		
040602025	带式压滤机				
040602026	污泥脱水机	1. 类型 2. 材质 3. 规格、型号 4. 参数	台		
040602027	污泥浓缩机				
040602028	污泥浓缩脱水一体机				
040602029	污泥输送机				
040602030	污泥切割机				
040602031	闸门	1. 类型 2. 材质 3. 形式 4. 规格、型号	1. 座 2. t	1. 以座计量，按设计图示数量计算 2. 以吨计量，按设计图示尺寸以质量计算	1. 安装 2. 操纵装置安装 3. 调试
040602032	旋转门				
040602033	堰门				
040602034	拍门				
040602035	启闭机		台	按设计图示数量计算	
040602036	升杆式铸铁泥阀	公称直径	座	按设计图示数量计算	1. 安装 2. 操纵装置安装 3. 调试
040602037	平底盖闸				

续表

项目编码	项目名称	项目特征	计量单位	工程量计算规则	工程内容
040602038	集水槽	1. 材质 2. 厚度	m²	按设计图示尺寸以面积计算	1. 制作 2. 安装
040602039	堰板	3. 形式 4. 防腐材料			
040602040	斜板	1. 材料品种 2. 厚度			安装
040602041	斜管	1. 斜管材料品种 2. 斜管规格	m	按设计图示以长度计算	
040602042	紫外线消毒设备				
040602043	臭氧消毒设备	1. 类型 2. 材质 3. 规格、型号 4. 参数	套	按设计图示数量计算	1. 安装 2. 无负荷试运转
040602044	除臭设备				
040602045	膜处理设备				
040602046	在线水质检测设备				

七、生活垃圾工程量计算规则

（1）垃圾卫生填埋。垃圾卫生填埋项目的工程量清单项目设置及工程量计算规则见表3-34。

表 3-34   垃圾卫生填埋（编码：040701）

项目编码	项目名称	项目特征	计量单位	工程量计算规则	工程内容
040701001	场地平整	1. 部位 2. 坡度 3. 压实度	m²	按设计图示尺寸以面积计算	1. 找坡、平整 2. 压实

项目编码	项目名称	项目特征	计量单位	工程量计算规则	工程内容
040701002	垃圾坝	1. 结构类型 2. 土石种类、密实度 3. 砌筑形式、砂浆强度等级 4. 混凝土强度等级 5. 断面尺寸	m³	按设计图示尺寸以体积计算	1. 模板制作、安装、拆除 2. 地基处理 3. 摊铺、夯实、碾压、整形、修坡 4. 砌筑、填缝、铺浆 5. 浇筑混凝土 6. 沉降缝 7. 养护
040701003	压实黏土防渗层	1. 厚度 2. 压实度 3. 渗透系数			1. 填筑、平整 2. 压实
040701004	高密度聚乙烯（HDPD）膜				
040701005	钠基膨润土防水毯（GCL）	1. 铺设位置 2. 厚度、防渗系数 3. 材料规格、强度、单位重量 4. 连（搭）接方式	m²	按设计图示尺寸以面积计算	1. 裁剪 2. 铺设 3. 连（搭）接
040701006	土工合成材料				
040701007	袋装土保护层	1. 厚度 2. 材料品种、规格 3. 铺设位置			1. 运输 2. 土装袋 3. 铺设或铺筑 4. 袋装土放置
040701008	帷幕灌浆垂直防渗	1. 地质参数 2. 钻孔孔径、深度、间距 3. 水泥浆配比	m	按设计图示尺寸以长度计算	1. 钻孔 2. 清孔 3. 压力注浆
040701009	碎（卵）石导流层	1. 材料品种 2. 材料规格 3. 导流层厚度或断面尺寸	m³	按设计图示尺寸以体积计算	1. 运输 2. 铺筑

续表

项目编码	项目名称	项目特征	计量单位	工程量计算规则	工程内容
040701010	穿孔管铺设	1. 材质、规格、型号 2. 直径、壁厚 3. 穿孔尺寸、间距 4. 连接方式 5. 铺设位置	m	按设计图示尺寸以长度计算	1. 铺设 2. 连接 3. 管件安装
040701011	无孔管铺设	1. 材质、规格 2. 直径、壁厚 3. 连接方式 4. 铺设位置			
040701012	盲沟	1. 材质、规格 2. 垫层、粒料规格 3. 断面尺寸 4. 外层包裹材料性能指标			1. 垫层、粒料铺筑 2. 管材铺设、连接 3. 粒料填充 4. 外层材料包裹
040701013	导气石笼	1. 石笼直径 2. 石料粒径 3. 导气管材质、规格 4. 反滤层材料 5. 外层包裹材料性能指标	1. m 2. 座	1. 以米计量，按设计图示尺寸以长度计算 2. 以座计量，按设计图示数量计算	1. 外层材料包裹 2. 导气管铺设 3. 石料填充
040701014	浮动覆盖膜	1. 材质、规格 2. 锚固方式	m²	按设计图示尺寸以面积计算	1. 浮动膜安装 2. 布置重力压管 3. 四周锚固
040701015	燃烧火炬装置	1. 基座形式、材质、规格、强度等级 2. 燃烧系统类型、参数	套	按设计图示数量计算	1. 浇筑混凝土 2. 安装 3. 调试
040701016	监测井	1. 地质参数 2. 钻孔孔径、深度 3. 监测井材料、直径、壁厚、连接方式 4. 滤料材质	口		1. 钻孔 2. 井筒安装 3. 填充滤料

续表

项目编码	项目名称	项目特征	计量单位	工程量计算规则	工程内容
040701017	堆体整形处理	1. 压实度 2. 边坡坡度	m²	按设计图示尺寸以面积计算	1. 挖、填及找坡 2. 边坡整形 3. 压实
040701018	覆盖植被层	1. 材料品种 2. 厚度 3. 渗透系数			1. 铺筑 2. 压实
040701019	防风网	1. 材质、规格 2. 材料性能指标			安装
040701020	垃圾压缩设备	1. 类型、材质 2. 规格、型号 3. 参数	套	按设计图示数量计算	1. 安装 2. 调试

注：1. 边坡处理应按《市政工程工程量计算规范》（GB 50857—2013）附录 C 桥涵工程中相关项目编码列项。

2. 填埋场渗沥处理系统应按《市政工程工程量计算规范》（GB 50857—2013）附录 F 水处理工程中相关项目编码列项。

（2）垃圾焚烧。垃圾焚烧项目的工程量清单项目设置及工程量计算规则见表 3-35。

表 3-35　　　　　　　　　垃圾焚烧（编码：040702）

项目编码	项目名称	项目特征	计量单位	工程量计算规则	工程内容
040702001	汽车衡	1. 规格、型号 2. 精度	台	按设计图示数量计算	1. 安装 2. 调试
040702002	自动感应洗车装置	1. 类型 2. 规格、型号 3. 参数	套		
040702003	破碎机		台		
040702004	垃圾卸料门	1. 尺寸 2. 材质 3. 自动开关装置	m²	按设计图示尺寸以面积计算	

续表

项目编码	项目名称	项目特征	计量单位	工程量计算规则	工程内容
040702005	垃圾抓斗起重机	1. 规格、型号、精度 2. 跨度、高度 3. 自动称重、控制系统要求	套	按设计图示数量计算	1. 安装 2. 调试
040702006	焚烧炉体	1. 类型 2. 规格、型号 3. 处理能力 4. 参数			

八、路灯工程量计算规则

（1）变配电设备工程。变配电设备工程项目的工程量清单项目设置及工程量计算规则见表 3-36。

表 3-36　　　　　　　　变配电设备工程（编码：040801）

项目编码	项目名称	项目特征	计量单位	工程量计算规则	工程内容
040801001	杆上变压器	1. 名称 2. 型号 3. 容量/(kV·A) 4. 电压/kV 5. 支架材质、规格 6. 网门、保护门材质、规格 7. 油过滤要求 8. 干燥要求	台	按设计图示数量计算	1. 支架制作、安装 2. 本体安装 3. 油过滤 4. 干燥 5. 网门、保护门制作、安装 6. 补刷（喷）油漆 7. 接地
040801002	地上变压器	1. 名称 2. 型号 3. 容量/(kV·A) 4. 电压/kV 5. 基础形式、材质、规格 6. 网门、保护门材质、规格 7. 油过滤要求 8. 干燥要求			1. 基础制作、安装 2. 本体安装 3. 油过滤 4. 干燥 5. 网门、保护门制作、安装 6. 补刷（喷）油漆 7. 接地

项目编码	项目名称	项目特征	计量单位	工程量计算规则	工程内容
040801003	组合型成套箱式变电站	1. 名称 2. 型号 3. 容量/(kV·A) 4. 电压/kV 5. 组合形式 6. 基础形式、材质、规格			1. 基础制作、安装 2. 本体安装 3. 进箱母线安装 4. 补刷（喷）油漆 5. 接地
040801004	高压成套配电柜	1. 名称 2. 型号 3. 规格 4. 母线配置方式 5. 种类 6. 基础形式、材质、规格			1. 基础制作、安装 2. 本体安装 3. 补刷（喷）油漆 4. 接地
040801005	低压成套控制柜	1. 名称 2. 型号 3. 规格 4. 种类 5. 基础形式、材质、规格 6. 接线端子材质、规格 7. 端子板外部接线材质、规格	台	按设计图示数量计算	1. 基础制作、安装 2. 本体安装 3. 附件安装 4. 焊、压接线端子 5. 端子接线 6. 补刷（喷）油漆 7. 接地
040801006	落地式控制箱	1. 名称 2. 型号 3. 规格 4. 基础形式、材质、规格 5. 回路 6. 附件种类、规格 7. 接线端子材质、规格 8. 端子板外部接线材质、规格			

项目编码	项目名称	项目特征	计量单位	工程量计算规则	工程内容
040801007	杆上控制箱	1. 名称 2. 型号 3. 规格 4. 回路 5. 附件种类、规格 6. 支架材质、规格 7. 进出线管管架材质、规格、安装高度 8. 接线端子材质、规格 9. 端子板外部接线材质、规格			1. 支架制作、安装 2. 本体安装 3. 附件安装 4. 焊、压接线端子 5. 端子接线 6. 进出线管管架安装 7. 补刷（喷）油漆 8. 接地
040801008	杆上配电箱	1. 名称 2. 型号 3. 规格 4. 安装方式 5. 支架材质、规格 6. 接线端子材质、规格 7. 端子板外部接线材质、规格	台	按设计图示数量计算	1. 支架制作、安装 2. 本体安装 3. 焊、压接线端子 4. 端子接线 5. 补刷（喷）油漆 6. 接地
040801009	悬挂嵌入式配电箱				
040801010	落地式配电箱	1. 名称 2. 型号 3. 规格 4. 基础形式、材质、规格 5. 接线端子材质、规格 6. 端子板外部接线材质、规格			1. 基础制作、安装 2. 本体安装 3. 焊、压接线端子 4. 端子接线 5. 补刷（喷）油漆 6. 接地

项目编码	项目名称	项目特征	计量单位	工程量计算规则	工程内容
040801011	控制屏				
040801012	继电、信号屏	1. 名称 2. 型号 3. 规格 4. 种类 5. 基础形式、材质、规格 6. 接线端子材质、规格 7. 端子板外部接线材质、规格 8. 小母线材质、规格 9. 屏边规格	台	按设计图示数量计算	1. 基础制作、安装 2. 本体安装 3. 端子板安装 4. 焊、压接线端子 5. 盘柜配线、端子接线 6. 小母线安装 7. 屏边安装 8. 补刷（喷）油漆 9. 接地
040801013	低压开关柜（配电屏）				1. 基础制作、安装 2. 本体安装 3. 端子板安装 4. 焊、压接线端子 5. 盘柜配线、端子接线 6. 屏边安装 7. 补刷（喷）油漆 8. 接地
040801014	弱电控制返回屏				1. 基础制作、安装 2. 本体安装 3. 端子板安装 4. 焊、压接线端子 5. 盘柜配线、端子接线 6. 小母线安装 7. 屏边安装 8. 补刷（喷）油漆 9. 接地

项目编码	项目名称	项目特征	计量单位	工程量计算规则	工程内容
040801015	控制台	1. 名称 2. 型号 3. 规格 4. 种类 5. 基础形式、材质、规格 6. 接线端子材质、规格 7. 端子板外部接线材质、规格 8. 小母线材质、规格	台	按设计图示数量计算	1. 基础制作、安装 2. 本体安装 3. 端子板安装 4. 焊、压接线端子 5. 盘柜配线、端子接线 6. 小母线安装 7. 补刷（喷）油漆 8. 接地
040801016	电力电容器	1. 名称 2. 型号 3. 规格 4. 质量	个		1. 本体安装、调试 2. 接线 3. 接地
040801017	跌落式熔断器	1. 名称 2. 型号 3. 规格 4. 安装部位	组		
040801018	避雷器	1. 名称 2. 型号 3. 规格 4. 电压/kV 5. 安装部位			1. 本体安装、调试 2. 接线 3. 补刷（喷）油漆 4. 接地
040801019	低压熔断器	1. 名称 2. 型号 3. 规格 4. 接线端子材质、规格	个		1. 本体安装 2. 焊、压接线端子 3. 接线

续表

项目编码	项目名称	项目特征	计量单位	工程量计算规则	工程内容
040801020	隔离开关	1. 名称 2. 型号 3. 容量/A 4. 电压/kV 5. 安装条件 6. 操作机构名称、型号 7. 接线端子材质、规格	组	按设计图示数量计算	1. 本体安装、调试 2. 接线 3. 补刷（喷）油漆 4. 接地
040801021	负荷开关		组		
040801022	真空断路器		台		
040801023	限位开关	1. 名称 2. 型号 3. 规格 4. 接线端子材质、规格	个		
040801024	控制器		台		
040801025	接触器		台		
040801026	磁力启动器		台		
040801027	分流器	1. 名称 2. 型号 3. 规格 4. 容量/A 5. 接线端子材质、规格	个		1. 本体安装 2. 焊、压接线端子 3. 接线
040801028	小电器	1. 名称 2. 型号 3. 规格 4. 接线端子材质、规格	个 （套、台）		
040801029	照明开关	1. 名称 2. 材质 3. 规格 4. 安装方式	个		1. 本体安装 2. 接线
040801030	插座		个		
040801031	线缆断线报警装置	1. 名称 2. 型号 3. 规格 4. 参数	套		1. 本体安装、调试 2. 接线

续表

项目编码	项目名称	项目特征	计量单位	工程量计算规则	工程内容
040801032	铁构件制作、安装	1. 名称 2. 材质 3. 规格	kg	按设计图示数量计算	1. 制作 2. 安装 3. 补刷（喷）油漆
040801033	其他电器	1. 名称 2. 型号 3. 规格 4. 安装方式	个 （套、台）		1. 本体安装 2. 接线

注：1. 小电器包括按钮、测量表计、继电器、电磁锁、屏上辅助设备、辅助电压互感器、小型安全变压器等。

2. 其他电器安装指本节未列的电器项目，必须根据电器实际名称确定项目名称。明确描述项目特征、计量单位、工程量计算规则、工作内容。

3. 铁构件制作、安装适用于路灯工程的各种支架、铁构件的制作、安装。

4. 设备安装未包括地脚螺栓安装、浇筑（二次灌浆、抹面），如需安装应按现行国家标准《房屋建筑与装饰工程工程量计算规范》（GB 50854—2013）中相关项目编码列项。

5. 盘、箱、柜的外部进出电线预留长度应符合《市政工程工程量计算规范》（GB 50857—2013）表 H.8.4-1 的规定。

（2）10kV 以下架空线路工程。10kV 以下架空线路工程项目的工程量清单项目设置及工程量计算规则见表 3-37。

表 3-37　　　　　　　　10kV 以下架空线路工程（编码：040802）

项目编码	项目名称	项目特征	计量单位	工程量计算规则	工程内容
040802001	电杆组立	1. 名称 2. 规格 3. 材质 4. 类型 5. 地形 6. 土质 7. 底盘、拉盘、卡盘规格 8. 拉线材质、规格、类型 9. 引下线支架安装高度 10. 垫层、基础：厚度、材料品种、强度等级 11. 电杆防腐要求	根	按设计图示数量计算	1. 工地运输 2. 垫层、基础浇筑 3. 底盘、拉盘、卡盘安装 4. 电杆组立 5. 电杆防腐 6. 拉线制作、安装 7. 引下线支架安装

项目编码	项目名称	项目特征	计量单位	工程量计算规则	工程内容
040802002	横担组装	1. 名称 2. 规格 3. 材质 4. 类型 5. 安装方式 6. 电压/kV 7. 瓷瓶型号、规格 8. 金具型号、规格	组	按设计图示数量计算	1. 横担安装 2. 瓷瓶、金具组装
040802003	导线架设	1. 名称 2. 型号 3. 规格 4. 地形 5. 导线跨越类型	km	按设计图示尺寸另加预留量以单线长度计算	1. 工地运输 2. 导线架设 3. 导线跨越及进户线架设

注：导线架设预留长度应符合《市政工程工程量计算规范》（GB 50857—2013）表 H.8.4-2 的规定。

（3）电缆工程。电缆工程项目的工程量清单项目设置及工程量计算规则见表 3-38。

表 3-38　　　　　　　　　电缆工程（编码：040803）

项目编码	项目名称	项目特征	计量单位	工程量计算规则	工程内容
040803001	电缆	1. 名称 2. 型号 3. 规格 4. 材质 5. 敷设方式、部位 6. 电压/kV 7. 地形	m	按设计图示尺寸另加预留及附加量以长度计算	1. 揭（盖）盖板 2. 电缆敷设
040803002	电缆保护管	1. 名称 2. 型号 3. 规格 4. 材质 5. 敷设方式 6. 过路管加固要求	m	按设计图示尺寸以长度计算	1. 保护管敷设 2. 过路管加固

续表

项目编码	项目名称	项目特征	计量单位	工程量计算规则	工程内容
040803003	电缆排管	1. 名称 2. 型号 3. 规格 4. 材质 5. 垫层、基础：厚度、材料品种、强度等级 6. 排管排列形式	m	按设计图示尺寸以长度计算	1. 垫层、基础浇筑 2. 排管敷设
040803004	管道包封	1. 名称 2. 规格 3. 混凝土强度等级			1. 灌注 2. 养护
040803005	电缆终端头	1. 名称 2. 型号 3. 规格 4. 材质、类型 5. 安装部位 6. 电压/kV	个	按设计图示数量计算	1. 制作 2. 安装 3. 接地
040803006	电缆中间头	1. 名称 2. 型号 3. 规格 4. 材质、类型 5. 安装方式 6. 电压/kV			
040803007	铺砂、盖保护板（砖）	1. 种类 2. 规格	m	按设计图示尺寸以长度计算	1. 铺砂 2. 盖保护板（砖）

注：1. 电缆穿刺线夹按电缆中间头编码列项。
　　2. 电缆保护管敷设方式清单项目特征描述时应区分直埋保护管、过路保护管。
　　3. 顶管敷设应按《市政工程工程量计算规范》（GB 50857—2013）中附录 E.1 管道铺设的相关项目编码列项。
　　4. 电缆井应按《市政工程工程量计算规范》（GB 50857—2013）中附录 E.4 管道附属构筑物的相关项目编码列项，如有防盗要求的应在项目特征中描述。
　　5. 电缆敷设预留及附件长度应符合《市政工程工程量计算规范》（GB 50857—2013）表 H.8.4-3 的规定。

（4）配管、配线工程。配管、配线工程项目的工程量清单项目设置及工程量计算规则见表 3-39。

表 3-39 　　　　　　　　配管、配线工程（编码：040804）

项目编码	项目名称	项目特征	计量单位	工程量计算规则	工程内容
040804001	配管	1. 名称 2. 材质 3. 规格 4. 配置形式 5. 钢索材质、规格 6. 接地要求	m	按设计图示尺寸以长度计算	1. 预留沟槽 2. 钢索架设（拉紧装置安装） 3. 电线管路敷设 4. 接地
040804002	配线	1. 名称 2. 配线形式 3. 型号 4. 规格 5. 材质 6. 配线部位 7. 配线线制 8. 钢索材质、规格		按设计图示尺寸另加预留量以单线长度计算	1. 钢索架设（拉紧装置安装） 2. 支持体（绝缘子等）安装 3. 配线
040804003	接线箱	1. 名称 2. 规格 3. 材质 4. 安装形式	个	按设计图示数量计算	本体安装
040804004	接线盒	1. 名称 2. 规格 3. 材质 4. 安装形式			
040804005	带形母线	1. 名称 2. 型号 3. 规格 4. 材质 5. 绝缘子类型、规格 6. 穿通板材质、规格 7. 引下线材质、规格 8. 伸缩节、过渡板材质、规格 9. 分相漆品种	m	按设计图示尺寸另加预留量以单相长度计算	1. 支持绝缘子安装及耐压试验 2. 穿通板制作、安装 3. 母线安装 4. 引下线安装 5. 伸缩节安装 6. 过渡板安装 7. 拉紧装置安装 8. 刷分相漆

注：1. 配管安装不扣除管路中间的接线箱（盒）、灯头盒、开关盒所占长度。

2. 配管名称指电线管、钢管、塑料管等。

3. 配管配置形式指明、暗配，钢结构支架，钢索配管，埋地敷设，水下敷设，砌筑沟内敷设等。

4. 配线名称指管内穿线、塑料护套配线等。

5. 配线形式指照明线路，木结构，砖、混凝土结构，沿钢索等。

6. 配线进入箱、柜、板的预留长度应符合《市政工程工程量计算规范》（GB 50857—2013）表 H.8.4-4 的规定，母线配置安装的预留长度应符合《市政工程工程量计算规范》（GB 50857—2013）表 H.8.4-5 的规定。

（5）照明器具安装工程。照明器具安装工程项目的工程量清单项目设置及工程量计算规则见表 3-40。

表 3-40　　　　　　　　　照明器具安装工程（编码：040805）

项目编码	项目名称	项目特征	计量单位	工程量计算规则	工程内容
040805001	常规照明灯	1. 名称 2. 型号 3. 灯杆材质、高度 4. 灯杆编号 5. 灯架形式及臂长 6. 光源数量 7. 附件配置 8. 垫层、基础：厚度、材料品种、强度等级 9. 杆座形式、材质、规格 10. 接线端子材质、规格 11. 编号要求 12. 接地要求	套	按设计图示数量计算	1. 垫层铺筑 2. 基础制作、安装 3. 立灯杆 4. 杆座制作、安装 5. 灯架制作、安装 6. 灯具附件安装 7. 焊、压接线端子 8. 接线 9. 补刷（喷）油漆 10. 灯杆编号 11. 接地 12. 试灯
040805002	中杆照明灯				
040805003	高杆照明灯				1. 垫层铺筑 2. 基础制作、安装 3. 立灯杆 4. 杆座制作、安装 5. 灯架制作、安装 6. 灯具附件安装 7. 焊、压接线端子 8. 接线 9. 补刷（喷）油漆 10. 灯杆编号 11. 升降机构接线调试 12. 接地 13. 试灯

续表

项目编码	项目名称	项目特征	计量单位	工程量计算规则	工程内容
040805004	景观照明灯	1. 名称 2. 型号 3. 规格 4. 安装形式 5. 接地要求	1. 套 2. m	1. 以套计量，按设计图示数量计算 2. 以米计量，按设计图示尺寸以延长米计算	1. 灯具安装 2. 焊、压接线端子 3. 接线 4. 补刷（喷）油漆 5. 接地 6. 试灯
040805005	桥栏杆照明灯				
040805006	地道涵洞照明灯		套	按设计图示数量计算	

注：1. 常规照明灯是指安装在高度≤15m 的灯杆上的照明器具。

2. 中杆照明灯是指安装在高度≤19m 的灯杆上的照明器具。

3. 高杆照明灯是指安装在高度＞19m 的灯杆上的照明器具。

4. 景观照明灯是指利用不同的造型、相异的光色与亮度来造景的照明器具。

　　（6）防雷接地装置工程。防雷接地装置工程项目的工程量清单项目设置及工程量计算规则见表 3-41。

表 3-41　　　　　　　防雷接地装置工程（编码：040806）

项目编码	项目名称	项目特征	计量单位	工程量计算规则	工程内容
040806001	接地极	1. 名称 2. 材质 3. 规格 4. 土质 5. 基础接地形式	根（块）	按设计图示数量计算	1. 接地极（板、桩）制作、安装 2. 补刷（喷）油漆
040806002	接地母线	1. 名称 2. 材质 3. 规格			1. 接地母线制作、安装 2. 补刷（喷）油漆
040806003	避雷引下线	1. 名称 2. 材质 3. 规格 4. 安装高度 5. 安装形式 6. 断接卡子、箱材质、规格	m	按设计图示尺寸另加附加量以长度计算	1. 避雷引下线制作、安装 2. 断接卡子、箱制作、安装 3. 补刷（喷）油漆

项目编码	项目名称	项目特征	计量单位	工程量计算规则	工程内容
040806004	避雷针	1. 名称 2. 材质 3. 规格 4. 安装高度 5. 安装形式	套（基）	按设计图示数量计算	1. 本体安装 2. 跨接 3. 补刷（喷）油漆
040806005	降阻剂	名称	kg	按设计图示数量以质量计算	施放降阻剂

注：接地母线、引下线附加长度应符合《市政工程工程量计算规范》（GB 50857—2013）表 H.8-5 的
　　规定。

（7）电气调整试验。电气调整试验项目的工程量清单项目设置及工程量计算规则见表 3-42。

表 3-42　　　　　　　　电气调整试验（编码：040807）

项目编码	项目名称	项目特征	计量单位	工程量计算规则	工程内容
040807001	变压器系统调试	1. 名称 2. 型号 3. 容量/(kV·A)	系统	按设计图示数量计算	系统调试
040807002	供电系统调试	1. 名称 2. 型号 3. 电压/kV			
040807003	接地装置调试	1. 名称 2. 类别	系统（组）		接地电阻测试
040807004	电缆试验	1. 名称 2. 电压/kV	次（根、点）		试验

九、钢筋工程量计算规则

钢筋工程项目的工程量清单项目设置及工程量计算规则见表 3-43。

表 3-43　　　　　　　　钢筋工程（编码：040901）

项目编码	项目名称	项目特征	计量单位	工程量计算规则	工程内容
040901001	现浇构件钢筋	1. 钢筋种类 2. 钢筋规格	t	按设计图示尺寸以质量计算	1. 制作 2. 运输 3. 安装
040901002	预制构件钢筋				
040901003	钢筋网片				
040901004	钢筋笼				
040901005	先张法预应力钢筋（钢丝、钢绞线）	1. 部位 2. 预应力筋种类 3. 预应力筋规格			1. 张拉台座制作、安装、拆除 2. 预应力筋制作、张拉
040901006	后张法预应力钢筋（钢丝束、钢绞线）	1. 部位 2. 预应力筋种类 3. 预应力筋规格 4. 锚具种类、规格 5. 砂浆强度等级 6. 压浆管材质、规格			1. 预应力筋孔道制作、安装 2. 锚具安装 3. 预应力筋制作、张拉 4. 安装压浆管道 5. 孔道压浆
040901007	型钢	1. 材料种类 2. 材料规格			1. 制作 2. 运输 3. 安装、定位
040901008	植筋	1. 材料种类 2. 材料规格 3. 植入深度 4. 植筋胶品种	根	按设计图示数量计算	1. 定位、钻孔、清孔 2. 钢筋加工成型 3. 注胶、植筋 4. 抗拔试验 5. 养护
040901009	预埋铁件	1. 材料种类 2. 材料规格	t	按设计图示尺寸以质量计算	1. 制作 2. 运输 3. 安装
040901010	高强螺栓		1. t 2. 套	1. 按设计图示尺寸以质量计算 2. 按设计图示数量计算	

注：1. 现浇构件中伸出构件的锚固钢筋、预制构件的吊钩和固定位置的支撑钢筋等，应并入钢筋工程量内。除设计标明的搭接外，其他施工搭接不计算工程量，由投标人在报价中综合考虑。

　　2. 钢筋工程所列"型钢"是指劲性骨架的型钢部分。

　　3. 凡型钢与钢筋组合（除预埋铁件外）的钢格栅，应分别列项。

十、拆除工程量计算规则

拆除工程项目的工程量清单项目设置及工程量计算规则见表 3-44。

表 3-44 拆除工程（编码：041001）

项目编码	项目名称	项目特征	计量单位	工程量计算规则	工程内容
041001001	拆除路面	1. 材质 2. 厚度	m^2	按拆除部位以面积计算	1. 拆除、清理 2. 运输
041001002	拆除人行道				
041001003	拆除基层	1. 材质 2. 厚度 3. 部位			
041001004	铣刨路面	1. 材质 2. 结构形式 3. 厚度			
041001005	拆除侧、平（缘）石	材质	m	按拆除部位以延长米计算	
041001006	拆除管道	1. 材质 2. 管径			
041001007	拆除砖石结构	1. 结构形式 2. 强度等级	m^3	按拆除部位以体积计算	
041001008	拆除混凝土结构				
041001009	拆除井	1. 结构形式 2. 规格尺寸 3. 强度等级	座	按拆除部位以数量计算	
041001010	拆除电杆	1. 结构形式 2. 规格尺寸	根		
041001011	拆除管片	1. 材质 2. 部位	处		

注：1. 拆除路面、人行道及管道清单项目的工作内容中均不包括基础及垫层拆除，发生时按本章相应清单项目编码列项。

2. 伐树、挖树苑应按现行国家标准《园林绿化工程工程量计算规范》（GB 50858—2013）中相应清单项目编码列项。

第四章 市政工程工程量清单计价

第一节 工程量清单基础

一、工程量清单定义

工程量清单：载明建设工程分部分项工程项目、措施项目、其他项目的名称和相应数量以及规费、税金项目等内容的明细清单。

二、工程量清单组成

工程量清单是招标文件的组成部分，是编制标底和投标报价的依据，是签订合同、调整工程量和办理竣工结算的基础。

1. 分部分项工程量清单

分部分项工程量清单应表明拟建工程的全部分项实体工程名称和相应数量。编制时应避免错项、漏项。分部分项工程量清单的内容应满足规范管理、方便管理的要求和满足计价行为的要求。

分部分项工程量清单应包括项目编码、项目名称、项目特征、计量单位和工程量。具体见表 4-1。

表 4-1　　　　　　　　　　**分部分项工程量清单**

项目	内容
项目编码	项目编码，应采用十二位阿拉伯数字表示，一～九位应按附录的规定设置，十～十二位应根据拟建工程的工程量清单项目名称和项目特征设置，同一招标工程的项目编码不得有重码 各位数字的含义如下： 一、二位为专业工程代码（01-房屋建筑与装饰工程；02-仿古建筑工程；03-通用安装工程；04-市政工程；05-园林绿化工程；06-矿山工程；07-构筑物工程；08-城市轨道交通工程；09-爆破工程。以后进入国标的专业工程代码以此类推） 三、四位为附录分类顺序码 五、六位为分部工程顺序码 七、八、九位为分项工程项目名称顺序码 十至十二位为清单项目名称顺序码 当同一标段（或合同段）的一份工程量清单中含有多个单位工程且工程量清单是以单位工程为编制对象时，在编制工程量清单时应特别注意对项目编码十至十二位的设置不得有重码的规定

项目	内　　容
项目名称	分部分项工程工程量清单项目的名称应按《通用安装工程量计算规范》（GB 50856—2013）附录中的项目名称，结合拟建工程的实际确定 　　附录表中的"项目名称"为分项工程项目名称，是形成分部分项工程量清单项目名称的基础。即在编制分部分项工程量清单时，以附录中的分项工程项目名称为基础，考虑该项目的规格、型号、材质等特征要求，结合拟建工程的实际情况，使其工程量清单项目名称具体化、细化，以反映影响工程造价的主要因素。清单项目名称应表达详细、准确，各专业工程计量规范中的分项工程项目名称如有缺陷，招标人可作补充，并报当地工程造价管理机构（省级）备案
项目特征	工程量清单的项目特征是确定一个清单项目综合单价不可缺少的重要依据，在编制工程量清单时，必须对项目特征进行准确和全面的描述。但有些项目特征用文字往往难以准确和全面地描述清楚。因此，为达到规范、简洁、准确、全面描述项目特征的要求，在描述工程量清单项目特征时应按以下原则进行 　　（1）项目特征描述的内容应按附录中的规定，结合拟建工程的实际，能满足确定综合单价的需要 　　（2）若采用标准图集或施工图纸能够全部或部分满足项目特征描述的要求，项目特征描述可直接采用详见××图集或××图号的方式；对不能满足项目特征描述要求的部分，仍应用文字描述
计量单位	工程量清单的计量单位应按《通用安装工程量计算规范》（GB 50856—2013）附录中规定的计量单位确定 　　（1）计量单位应采用基本单位，除各专业另有特殊规定外均按以下单位计量 　　1）以重量计算的项目——吨或千克（t 或 kg） 　　2）以体积计算的项目——立方米（m^3） 　　3）以面积计算的项目——平方米（m^2） 　　4）以长度计算的项目——米（m） 　　5）以自然计量单位计算的项目——个、套、块、樘、组、台等 　　6）没有具体数量的项目——宗、项等 　　（2）各专业有特殊计量单位的，另外加以说明。当《通用安装工程量计算规范》（GB 50856—2013）附录中有两个或两个以上计量单位的，应结合拟建工程项目的实际情况，确定其中一个为计量单位。同一工程项目的计量单位应一致 　　（3）工程计量时每一项目汇总的有效位数应遵守下列规定： 　　1）以"t"为单位，应保留小数点后三位数字，第四位小数四舍五入 　　2）以"m"、"m^2"、"m^3"、"kg"为单位，应保留小数点后两位数字，第三位小数四舍五入 　　3）以"台"、"个"、"件"、"套"、"根"、"组"、"系统"等为单位，应取整数

续表

项目	内　　容
工程量	工程数量主要通过工程量计算规则计算得到。工程量计算规则是指对清单项目工程量的计算规定。除另有说明外，所有清单项目的工程量应以实体工程量为准，并以完成后的净值计算；投标人投标报价时，应在单价中考虑施工中的各种损耗和需要增加的工程量。根据工程量清单计价与计量规范的规定 　　随着工程建设中新材料、新技术、新工艺等的不断涌现，计量规范附录所列的工程量清单项目不可能包含所有项目。在编制工程量清单时，当出现计量规范附录中未包括的清单项目时，编制人应作补充。在编制补充项目时应注意以下三个方面： 　　(1) 补充项目的编码应按计量规范的规定确定 　　(2) 在工程量清单中应附补充项目的项目名称、项目特征、计量单位、工程量计算规则和工作内容 　　(3) 将编制的补充项目报省级或行业工程造价管理机构备案

2. 措施项目清单

措施项目指为完成工程项目施工，发生于该工程施工准备和施工过程中的技术、生活、安全、环境保护等方面的非工程实体项目。

措施项目中列出了项目编码、项目名称、项目特征、计量单位、工程量计算规则的项目，编制工程量清单时，应按照分部分项工程的规定执行。

措施项目仅列出项目编码、项目名称，未列出项目特征、计量单位和工程量计算规则的项目，编制工程量清单时，应按《建设工程工程量清单计价规范》（GB 50500—2013）中规定的项目编码、项目名称确定清单项目。

3. 其他项目清单

其他项目清单主要表明了招标人提出的与拟安装工程有关的特殊要求。

在编制其他项目清单时，工程建设项目标准的高低、工程的复杂程度、工程的工期长短、工程的组成内容等直接影响其他项目清单中的具体内容。

其他项目清单应根据拟建工程的具体情况确定。一般包括暂列金额、暂估价、计日工和总承包服务费等。其他项目清单的编制按照表 4-2 的内容列项。

表 4-2　　　　　　　　　　　　其 他 项 目 清 单

项目	内　　容
暂列金额	招标人在工程量清单中暂定并包括在合同价款中的一笔款项。用于施工合同签订时尚未确定或者不可预见的所需材料、设备、服务的采购，施工中可能发生的工程变更、合同约定调整因素出现时的工程价款调整以及发生的索赔、现场签证确认等的费用 　　暂列金额应根据工程特点，按有关计价规定估算

项目	内　容
暂估价	招标人在工程量清单中提供的用于支付必然发生但暂时不能确定价格的材料的单价以及专业工程的金额。包括材料暂估单价、专业工程暂估价 暂估价中的材料单价应根据工程造价信息或参照市场价格估算；暂估价中的专业工程金额应分不同专业，按有关计价规定估算。材料暂估价应按招标人在其他项目清单中列出的单价计入综合单价，专业工程暂估价应按招标人在其他项目清单中列出的金额填写
计日工	在施工过程中，承包人完成发包人提出的工程合同范围以外的零星项目或工作，按合同中约定的单价计量计价的一种方式 计日工工程量应根据工程特点和有关计价依据计算。投标人进行计日工报价应按招标人在其他项目清单中列出的项目和数量，自主确定综合单价并计算计日工费用
总承包服务费	总承包人为配合协调发包人进行的工程分包自行采购的设备、材料等进行管理、服务以及施工现场管理、竣工资料汇总整理等服务所需的费用 总承包服务费根据招标文件中列出的内容和提出的要求自主确定

4. 规费、税金项目清单

规费、税金项目清单的内容见表 4-3。

表 4-3　　　　　　　　　　规费、税金项目清单的内容

项目	内　容
规费项目清单	规费项目清单应按照下列内容列项： （1）社会保险费：包括养老保险费、失业保险费、医疗保险费、工伤保险费、生育保险费 （2）住房公积金 （3）工程排污费 出现《建设工程工程量清单计价规范》（GB 50500—2013）中未列的项目，应根据省级政府或省级有关权力部门的规定列项
税金项目清单	税金项目清单应包括下列内容： （1）营业税 （2）城市维护建设税 （3）教育费附加 （4）地方教育附加 出现《建设工程工程量清单计价规范》（GB 50500—2013）中未列的项目，应根据税务部门的规定列项

三、工程量清单格式

1. 封面

（1）招标工程量清单封面见表 4-4。

表 4-4　　　　　　　　　　招标工程量清单封面

_____工程

招标工程量清单

招　标　人：_____

（单位盖章）

造价咨询人：_____

（单位盖章）

年　月　日

（2）招标控制价封面见表 4-5。

表 4-5　　　　　　　　　招 标 控 制 价 封 面

_____工程

招标控制价

招　标　人：_____

（单位盖章）

造价咨询人：_____

（单位盖章）

年　月　日

（3）投标总价封面见表 4-6。

表 4-6 投标总价封面

_____工程
投标总价
招 标 人：_____
（单位盖章）
年 月 日

（4）竣工结算书封面见表 4-7。

表 4-7 竣工结算书封面

_____工程
竣工结算书
发 包 人：_____
（单位盖章）
承 包 人：_____
（单位盖章）
造价咨询人：_____
（单位盖章）
年 月 日

2. 扉页

（1）招标工程量清单扉页见表 4-8。

表 4-8   **招标工程量清单扉页**

_____工程

招标工程量清单

招 标 人：_____   工程造价咨询人：_____

　　　　　（单位盖章）   （单位资质专用章）

法定代表人   法定代表人

或其授权人：_____   或其授权人：_____

　　　　　（签字或盖章）   （签字或盖章）

编 制 人：_____   复 核 人：_____

　　（造价人员签字盖专用章）   （造价工程师签字盖专用章）

编制时间： 年 月 日   复核时间： 年 月 日

（2）招标控制价扉页见表 4-9。

表 4-9   **招 标 控 制 价 扉 页**

_____工程

招标控制价

招标控制价（小写）：_____

　　　　　（大写）：_____

招 标 人：_____   工程造价咨询人：_____

　　　　　（单位盖章）   （单位资质专用章）

法定代表人   法定代表人

或其授权人：_____   或其授权人：_____

　　　　　（签字或盖章）   （签字或盖章）

编 制 人：_____   复 核 人：_____

　　（造价人员签字盖专用章）   （造价工程师签字盖专用章）

编制时间： 年 月 日   复核时间： 年 月 日

（3）投标总价扉页见表 4-10。

表 4-10   **投 标 总 价 扉 页**

<table>
<tr><td align="center">**投标总价**</td></tr>
<tr><td>
招标人：＿＿＿＿＿＿＿＿＿＿＿＿＿＿＿＿＿＿＿＿＿＿＿＿＿＿

工程名称：＿＿＿＿＿＿＿＿＿＿＿＿＿＿＿＿＿＿＿＿＿＿＿＿

投标总价（小写）：＿＿＿＿＿＿＿＿＿＿＿＿＿＿＿＿＿＿＿＿

        （大写）：＿＿＿＿＿＿＿＿＿＿＿＿＿＿＿＿＿＿＿＿

投标人：＿＿＿＿＿＿＿＿＿＿＿＿＿＿＿＿＿＿＿＿＿＿＿＿＿

                    （单位盖章）

法定代表人

或其授权人：＿＿＿＿＿＿＿＿＿＿＿＿＿＿＿＿＿＿＿＿＿＿

                  （签字或盖章）

编　制　人：＿＿＿＿＿＿＿＿＿＿＿＿＿＿＿＿＿＿＿＿＿＿

           （造价人员签字盖专用章）

时间：　年　月　日
</td></tr>
</table>

（4）竣工结算总价扉页见表 4-11。

表 4-11   **竣 工 结 算 总 价 扉 页**

<table>
<tr><td colspan="3" align="center">＿＿＿＿＿＿＿＿＿＿＿＿＿工程</td></tr>
<tr><td colspan="3" align="center">**竣工结算总价**</td></tr>
<tr><td colspan="3">
签约合同价（小写）：＿＿＿＿＿＿＿＿＿　（大写）：＿＿＿＿＿＿＿＿＿＿

竣工结算价（小写）：＿＿＿＿＿＿＿＿＿　（大写）：＿＿＿＿＿＿＿＿＿＿
</td></tr>
<tr><td>发　包　人：＿＿＿＿＿＿</td><td>承　包　人：＿＿＿＿＿＿</td><td>工程造价咨询人：＿＿＿＿＿</td></tr>
<tr><td> （单位盖章）</td><td> （单位盖章）</td><td> （单位资质专用章）</td></tr>
<tr><td>法定代表人</td><td>法定代表人</td><td>法定代表人</td></tr>
<tr><td>或其授权人：＿＿＿＿＿＿</td><td>或其授权人：＿＿＿＿＿＿</td><td>或其授权人：＿＿＿＿＿</td></tr>
<tr><td> （签字或盖章）</td><td> （签字或盖章）</td><td> （签字或盖章）</td></tr>
<tr><td colspan="3">
编　制　人：＿＿＿＿＿＿＿＿＿＿＿＿　核　对　人：＿＿＿＿＿＿＿＿＿
</td></tr>
<tr><td colspan="3">
  （造价人员签字盖专用章）   （造价工程师签字盖专用章）
</td></tr>
<tr><td colspan="3">
编制时间：　年　月　日   核对时间：　年　月　日
</td></tr>
</table>

（5）工程造价鉴定意见书扉页见表 4-12。

表 4-12　　　　　　　　　　**工程造价鉴定意见书扉页**

_____工程

工程造价鉴定意见书

鉴定结论：

造价咨询人：_____

（盖单位章及资质专用章）

法定代表人：_____

（签字、盖章）

造价工程师：_____

（签字盖专用章）

年　月　日

3. 总说明

工程计价总说明见表 4-13。

表 4-13　　　　　　　　　　**工程计价总说明**

工程名称：　　　　　　　　　　　　　　　　　　　　　　　第　页　共　页

4. 汇总表

(1) 建设项目招标控制价/投标报价汇总表见表 4-14。

表 4-14　　　　　　　建设项目招标控制价/投标报价汇总表

工程名称：　　　　　　　　　　　　　　　　　　　　　　　　第　页　共　页

序号	单项工程名称	金额/元	单位：/元		
			暂估价	安全文明施工费	规费
	合　　计				

注：本表适用于工程项目招标控制价或投标报价的汇总。

(2) 单项工程招标控制价/投标报价汇总表见表 4-15。

表 4-15　　　　　　　单项工程招标控制价/投标报价汇总表

工程名称：　　　　　　　　　　　　　　　　　　　　　　　　第　页　共　页

序号	单项工程名称	金额/元	其中：/元		
			暂估价/元	安全文明施工费/元	规费/元
	合　　计				

注：本表适用于工程项目招标控制价或投标报价的汇总。暂估价包括分部分项工程中的暂估价和专业工程暂估价。

（3）单位工程招标控制价/投标报价汇总表见表4-16。

表 4-16　　　　　　单位工程招标控制价/投标报价汇总表

工程名称：　　　　　　　　　标段：　　　　　　　　第　页　共　页

序号	汇总内容	金额/元	其中：暂估价/元
1	分部分项工程		
1.1			
1.2			
1.3			
1.4			
1.5			
2	措施项目		—
2.1	其中：安全文明施工费		—
3	其他项目		—
3.1	其中：暂列金额		—
3.2	其中：专业工程暂估价		—
3.3	其中：计日工		—
3.4	其中：总承包服务费		—
4	规费		—
5	税金		—
	招标控制价合计＝1＋2＋3＋4＋5		

注：本表适用于工程项目招标控制价或投标报价的汇总。如无单位工程划分，单位工程也使用本表汇总。

（4）建设项目竣工结算汇总表见表 4-17。

表 4-17 **建设项目竣工结算汇总表**

工程名称： 第 页 共 页

序号	单项工程名称	金额/元	其中：/元	
			安全文明施工费	规费
	合　计			

（5）单项工程竣工结算汇总表见表 4-18。

表 4-18 **单项工程竣工结算汇总表**

工程名称： 第 页 共 页

序号	单项工程名称	金额/元	其　中	
			安全文明施工费/元	规费/元
	合　计			

（6）单位工程竣工结算汇总表见表4-19。

表 4-19 　　　　　　　　　　**单位工程竣工结算汇总表**

工程名称： 　　　　　　　标段： 　　　　　第 页 共 页

序号	汇 总 内 容	金额/元
1	分部分项工程	
1.1		
1.2		
1.3		
1.4		
1.5		
2	措施项目	
2.1	其中：安全文明施工费	
3	其他项目	
3.1	其中：专业工程结算价	
3.2	其中：计日工	
3.3	其中：总承包服务费	
3.4	其中：索赔与现场签证	
4	规费	
5	税金	
竣工结算总价合计＝1＋2＋3＋4＋5		

注：如无单位工程划分，单项工程也使用本表汇总。

5. 分部分项工程和措施项目计价表

（1）分部分项工程和单价措施项目清单与计价表见表4-20。

表 4-20　　　　　　　　分部分项工程量清单与计价表

工程名称：　　　　　　　　　标段：　　　　　　　　第　页　共　页

序号	项目编码	项目名称	项目特征描述	计量单位	工程量	金额/元		
						综合单价	合价	其中：暂估价
本 页 小 计								
合　　　计								

注：为计取规费等的使用，可在表中增设其中："定额人工费"。

（2）综合单价分析表见表 4-21。

表 4-21　　　　　　　　　　综 合 单 价 分 析 表

工程名称：　　　　　　　　　标段：　　　　　　　　第　页　共　页

项目编码		项目名称		计量单位		工程量	

清单综合单价组成明细

定额编号	定额名称	定额单位	数量	单价				合价			
				人工费	材料费	机械费	管理费和利润	人工费	材料费	机械费	管理费和利润
人工单价				小　　计							
元/工日				未计价材料费							
清单项目综合单价											

材料费明细	主要材料名称、规格、型号			单位	数量	单价/元	合价/元	暂估单价/元	暂估合价/元
	其他材料费							—	
	材料费小计							—	

注：1. 如不使用省级或行业建设主管部门发布的计价依据，可不填定额项目、编号等。

2. 招标文件提供了暂估单价的材料，按暂估的单价填入表内"暂估单价"栏及"暂估合价"栏。

（3）综合单价调整表见表 4-22。

表 4-22　　　　　　　　综 合 单 价 分 析 表

工程名称：　　　　　　　　　标段：　　　　　　　　　　　　第　页　共　页

序号	项目编码	项目名称	已标价清单综合单价/元					调整后综合单价/元				
			综合单价	其中				综合单价	其中			
				人工费	材料费	机械费	管理费和利润		人工费	材料费	机械费	管理费和利润

造价工程师（签章）：　　　　　　　　造价人员（签章）：

发包人代表（签章）：　　　　　　　　承包人代表（签章）：

日期：　　　　　　　　　　　　　　　日期：

注：综合单价调整应附调整依据。

（4）总价措施项目清单与计价表见表 4-23。

表 4-23　　　　　　　　总价措施项目清单与计价表

工程名称：　　　　　　　　　标段：　　　　　　　　　　　　第　页　共　页

序号	项目编号	项目名称	计算基础	费率/（%）	金额/元	调整费率/（%）	调整后金额/元	备注
		安全文明施工费						
		夜间施工增加费						
		二次搬运费						
		冬、雨期施工增加费						
		已完成工程及设备保护费						
		合　　　计						

编制人（造价人员）：　　　　　　　　　　复核人（造价工程师）：

注：1. "计算基础"中安全文明施工费可为"定额基价"、"定额人工费"或"定额人工费＋定额机械费"，其他项目可为"定额人工费"或"定额人工费＋定额机械费"。

2. 按施工方案计算的措施费，若无"计算基础"和"费率"的数值，也可只填"金额"数值，但应在备注栏说明施工方案出处或计算方法。

6. 其他项目清单表

（1）其他项目清单与计价汇总表见表 4-24。

表 4-24 其他项目清单与计价汇总表

序号	项目名称	金额/元	结算金额/元
1	暂列金额		
2	暂估价		
2.1	材料（工程设备）暂估价/结算价		
2.2	专业工程暂估价/结算价		
3	计日工		
4	总承包服务费		
	合　　计		

注：材料（工程设备）暂估单价进入清单项目综合单价，此处不汇总。

（2）暂列金额明细表见表 4-25。

表 4-25 暂列金额明细表

工程名称：　　　　　　　　　标段：　　　　　　　　　第　页　共　页

序号	项目名称	计量单位	暂定金额/元	备注
1				
2				
3				
4				
	合　　计			

注：此表由招标人填写，如不能详列，也可只列暂定金额总额，投标人应将上述暂列金额计入投标总价中。

（3）材料（工程设备）暂估单价及调整表见表 4-26。

表 4-26　　　　　　材料（工程设备）暂估单价及调整表

工程名称：　　　　　　　　　标段：　　　　　　　　　第　页　共　页

序号	材料（工程设备）名称、规格、型号	计量单位	数量		暂估/元		确认/元		差额±/元		备注
			暂估	确认	单价	合价	单价	合价	单价	合价	
合　　计											

注：此表由招标人填写"暂估单价"，并在备注栏说明暂估价的材料、工程设备拟用在哪些清单项目上，投标人应将上述材料、工程设备暂估单价计入工程量清单综合单价报价中。

（4）专业工程暂估价及结算价表见表 4-27。

表 4-27　　　　　　　专业工程暂估价及结算价表

工程名称：　　　　　　　　　标段：　　　　　　　　　第　页　共　页

序号	工程名称	工程内容	暂估金额/元	结算金额/元	差额±/元	备注
合　　计						

注：此表"暂估金额"由招标人填写，投标人应将"暂估金额"计入投标总价中。结算时按合同约定结算金额填写。

（5）计日工表见表 4-28。

表 4-28 计 日 工 表

工程名称： 标段： 第 页 共 页

序号	项目名称	单位	暂定数量	实际数量	综合单价/元	合价/元	
						暂定	实际
一	人工						
1							
2							
3							
	人工小计						
二	材料						
1							
2							
3							
	材料小计						
三	施工机械						
1							
2							
3							
	施工机械小计						
四、企业管理费和利润							
	总计						

注：此表项目名称、暂定数量由招标人填写，编制招标控制价时，单价由招标人有关规定确定；投标时，单价由投标人自主报价，按暂定数量计算合价计入投标总价中。结算时，按承发包双方确认的实际数量计算合价。

（6）总承包服务费计价表见表 4-29。

表 4-29   **总承包服务费计价表**

工程名称：   标段：   第 页 共 页

序号	项目名称	项目价值/元	服务内容	费率/（%）	金额/元
1	发包人发包专业工程				
2	发包人提供材料				
合　　计					

注：此表项目名称、服务内容招标人填写，编制招标控制价时，费率及金额由招标人按有关计价规定
确定；投标时，费率及金额由投标人自主报价，计入投标总价中。

（7）索赔与现场签证计价汇总表见表 4-30。

表 4-30   **索赔与现场签证计价汇总表**

工程名称：   标段：   第 页 共 页

序号	签证及索赔项目名称	计量单位	数量	单价/元	合价/元	索赔及签证依据
—	本页小计			—		—
—	合计		—	—	—	

注：签证及索赔依据是指经双方认可的签证单盒索赔依据的编号。

（8）费用索赔申请（核准）表见表 4-31。

表 4-31　　　　　　　　　**费用索赔申请（核准）表**

工程名称：　　　　　　　　　标段：　　　　　　　　　编号：

致：_____（发包人全称）

　　根据施工合同条款第_____条的约定，由于_____原因，我方要求索赔金额（大写）_____，（小写）_____元，请予核准。

附：1. 费用索赔的详细理由和依据；

　　2. 索赔金额的计算；

　　3. 证明材料：

承包人（章）

造价人员_____　　承包人代表_____　　日　　期_____

复核意见：

　　根据施工合同条款第_____条的约定，你方提出的费用索赔申请经复核：

　　□不同意此项索赔，具体意见见附件。

　　□同意此项索赔，索赔金额的计算，由造价工程师复核。

监理工程师_____

日　　期_____

复核意见：

　　根据施工合同条款第_____条的约定，你方提出的费用索赔申请经复核，索赔金额为（大写）_____元，（小写）_____元。

造价工程师_____

日　　期_____

审核意见：

　　□不同意此项索赔。

　　□同意此项索赔，与本期进度款同期支付。

发包人（章）

发包人代表_____

日　　期_____

注：1. 在选择栏中的"□"内作标识"√"。

　　2. 本表一式四份，由承包人填报，发包人、监理人、造价咨询人、承包人各存一份。

（9）现场签证表见表 4-32。

表 4-32　　　　　　　　　　**现 场 签 证 表**

工程名称：　　　　　　　　　　标段：　　　　　　　　　　编号：

施工部位		日期	

致：＿＿＿＿＿＿＿＿＿＿＿＿＿＿＿＿＿＿＿＿＿＿＿＿＿＿＿＿＿＿＿（发包人全称）

　　根据＿＿＿＿＿（指令人姓名）＿＿＿＿年＿＿＿＿月＿＿＿＿日的口头指令或你方＿＿＿＿＿

（或监理人）＿＿＿＿年＿＿＿＿月＿＿＿＿日的书面通知，我方要求完成此项工作应支付价款金额为

（大写）＿＿＿＿元，（小写）＿＿＿＿元，请予核准。

附：1. 签证事由及原因；

　　2. 附图及计算式：

　　　　　　　　　　　　　　　　　　　　　　　　　　　　承包人（章）

承包人代表＿＿＿＿＿＿＿　　承包人代表＿＿＿＿＿＿＿　　日　　期＿＿＿＿＿＿＿

复核意见： 　你方提出的此项签证申请经复核： □不同意此项签证，具体意见见附件。 □同意此项签证，签证金额的计算，由造价工程师复核。 　　　　　监理工程师＿＿＿＿＿＿＿ 　　　　　日　　期＿＿＿＿＿＿＿	复核意见： 　□此项签证按承包人中标的计日工单价计算，金额为（大写）＿＿＿＿元，（小写）＿＿＿＿元。 　□此项签证因无计日工单价，金额为金额为（大写）＿＿＿＿元，（小写）＿＿＿＿元。 　　　　　造价工程师＿＿＿＿＿＿＿ 　　　　　日　　期＿＿＿＿＿＿＿

审核意见：

□不同意此项签证。

□同意此项签证，价款与本期进度款同期支付。

　　　　　　　　　　　　　　　　　　　　　　　　发包人（章）

　　　　　　　　　　　　　　　　　　　　　　　　发包人代表＿＿＿＿＿＿＿

　　　　　　　　　　　　　　　　　　　　　　　　日　　期＿＿＿＿＿＿＿

　　注：1. 在选择栏中的"□"内作标识"√"。

　　　　2. 本表一式四份，由承包人在收到发包人（监理人）的口头或书面通知后填报，发包人、监理人、造价咨询人、承包人各存一份。

7. 规费、税金项目计价表

规费、税金项目计价表见表 4-33。

表 4-33　　　　　　　　　　规费、税金项目计价表

工程名称：　　　　　　　　　　标段：　　　　　　　　　第 页 共 页

序号	项目名称	计算基础	计算基数	计算费率/(%)	金额/元
1	规费	定额人工费			
1.1	社会保障费	定额人工费			
(1)	养老保险费	定额人工费			
(2)	失业保险费	定额人工费			
(3)	医疗保险费	定额人工费			
(4)	工伤保险费	定额人工费			
(5)	生育保险费	定额人工费			
1.2	住房公积金	定额人工费			
1.3	工程排污费	按工程所在地环境保护部门收取标准，按实计入			
2	税金	分部分项目工程费＋措施费项目费＋其他项目费＋规费一按规定不计税的工程设备金额			
	合　计				

编制人（造价人员）：　　　　　　　　　　　复核人（造价工程师）

第二节　工程量清单编制

一、分部分项工程量清单编制

1. 编制性质

分部分项工程量清单是不可调整的闭口清单，投标人对招标文件提供的分部分项工程量清单必须逐一计价，对清单内所编列内容不允许作任何更改变动。投标人如果认为清单内容有不妥或遗漏，只能通过质疑的方式由清单编制人作统一的修改更正，并将修改后的工程量清单发往所有投标人。

2. 编制规则

（1）分部分项工程量清单应根据计价规范的统一项目编码、项目名称、计量单位和工程量计算规则进行编制。

（2）分部分项工程量的项目编码，1～9 位应按计价规范的规定设置；10～12 位应根据拟建工程的工程量清单项目名称由其编制人设置，并应自 001 起顺序编制。

（3）分部分项工程量的项目名称应按计价规范的项目名称与项目特征并结合拟建工程的实际确定。

（4）分部分项工程量清单的计量单位应按计价规范规定的计算单位确定。

（5）分部分项工程量的计算单位应按计价规范规定的工程量计算规则计算。

3. 编制依据

（1）计价规范。

（2）招标文件。

（3）设计文件。

（4）拟用施工组织设计和施工技术方案。

4. 编制顺序

分部分项工程量清单编制顺序，如图 4-1 所示。

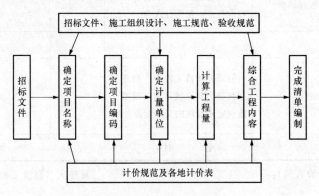

图 4-1　编制顺序示意图

5. 工程量计算

（1）熟悉图纸，才能结合统一项目划分正确的分部分项工程工程量，同时要了解施工组织设计和施工方案。

（2）按照工程量计算规则，准确计算工程量。

（3）按统一计量单位列出工程量清单报价表，同时分项工程名称规格须与现行计价依据所列内容一致。

二、措施项目清单编制

1. 编制性质

(1) 措施项目是完成分部分项工程而必须发生的生产活动和资源耗用的保证项目。

(2) 措施项目内涵广泛，从施工技术措施、设置措施、施工中各种保障措施到环保、安全、文明施工等。措施项目清单为可调整清单。投标人对招标文件中所列项目，可根据企业自身特点作适当的变更增减。投标人要对拟建工程可能发生的措施项目和措施费作通盘考虑。

(3) 措施项目清单一经报出，即被认为是包括了所有应该发生的措施项目全部费用。如报出清单中没有列项，且施工中必须发生的项目，业主可认为已经综合在分部分项工程量清单的综合单价中，投标人不得以任何借口索赔与调整。

2. 编制规则

(1) 措施项目清单应根据拟建工程的具体情况，参照计价规范列项。

(2) 编制措施项目清单，出现计价规范中未列项目，编制人可作补充。

3. 编制依据

(1) 拟建工程的施工组织设计。

(2) 拟建工程的施工技术方案。

(3) 拟建工程的规范与竣工验收规范。

(4) 招标文件与设计文件。

三、其他项目工程量清单编制

1. 编制性质

(1) 安装工程其他项目费根据工程具体情况拟定。一般安装工程其他项目费按实际发生或经批准的施工组织设计方案计算。

(2) 由于工程的复杂性，在施工前很难预料在施工过程中会发生什么变更，所以招标人按估算方法将部分费用以其他项目费的形式列出，由投标人按规定组价，包括在总报价内。

(3) 其他项目费表分为招标人部分和投标人部分。

1) 招标人部分是非竞争性项目，要求投标人按照招标要求提供数量和金额进行报价，不允许投标人对价格进行调整。

2) 对于投标人部分是竞争性费用，名称、数量由招标人提供，价格由投标人自主确定。

3) 预留金、材料购置费、总承包服务费和零星项目对招标人是参考，可以补充，但对于投标人是不能补充的，须按招标人提供的工程量清单执行。

2. 编制及计价

(1) 暂列金额。为招标人可能发生的工程量变更而预留的金额。

（2）材料暂估价。是招标人购置材料预留费用。

（3）专业工程暂估价。由招标人根据拟建工程具体情况。列出人、材、机械名称、计量单位和相应数量。

（4）总承包服务费。总承包单位配合协调招标人对分包工程施工单位进度、质量控制时的费用。

（5）规费。

1）规费是强制性的。

2）规费包括工程排污费、定额测定费、社会保障费（包括养老保险费、医疗保险费、失业保险费）、住房公积金、危险作业意外伤害保险。

3）规费计算按规定。

（6）税金。

1）营业税、城市维护建设税、教育附加费组成税金。

2）其计算按：不含税工程造价＝分部分项工程费＋措施项目费＋其他项目费＋规费。

四、工程量清单报价表编制

1. 统一格式

（1）封面。

（2）填表须知。

（3）总说明。

（4）分部分项工程量清单。

（5）措施项目清单。

（6）其他项目清单。

（7）零星工作项目表。

2. 填表须知

（1）工程量清单及其计价格式中所有要求签字、盖章的地方，必须由规定的单位和人员签字、盖章。

（2）不得删除或涂改工程量清单及其价格形式中任何内容。

（3）投标人应按工程量清单计价格式的要求填报所有需要填报的单价和合价，未填报的视为此项费用已包含在工程量清单的其他单价和合价中。

3. 填写规定

（1）工程量清单应由招标人填写。

（2）招标人可根据情况对填表须知进行补充规定。

（3）总说明应写明：工程概况；工程招标和分包范围；工程量清单编制依据；工程质量、材料、施工等的特殊要求；招标人自行采购材料名称、规格型号、数量等；其他项目清单中投标人部分的（包括预留金、材料购置费等）金额数量；其他需要说明问题。

五、标底编制

（1）含义：预期造价，发包造价；是建设单位对招标工作所需费用的测定和控制，是判断投标报价合理性的依据。

（2）编者：具有资格的编标业主或委托有编标咨询资格的中介机构。

（3）审者：招标管理部门或造价管理部门。

（4）作用：标底是国家对产品价格实行监督的依旧；是业主单位有效控制投资的依据；是计价的参考依据；是保证工程质量的经济基础。

（5）原则：项目编码统一、项目名称统一、计量单位统一、工程量计算规则统一；遵循市场形成价格原则；体现公平、公开、公正原则；风险合理分担原则；标底的计价内容、计价口径与工程量清单计价规范下招标文件完全一致原则。另外人工、材、机械单价根据信息价计算，消耗量根据有关定额计算，措施费按行政部门颁发的参考规定计算。

（6）依据：

1）计价规范。

2）招标文件的商务条款。

3）工程设计文件。

4）有关工程施工规范及工程验收规范。

5）施工组织设计及施工技术方案。

6）社会平均的生产资源消耗水平。

7）工程所在地区的规费内容及标准，平均的管理费和利润水平。

8）施工现场地质、水文、气象以及地上情况的有关资料。

8）招标期间建筑安装材料及工程设备的市场价格。

10）工程项目所在地劳动力市场价格。

11）招标人制订的工期计划等。

第三节　工程量清单计价方法

一、工程计价基本原理

工程计价的基本原理，公式如下：

$$分部分项工程费 = \sum \left[\begin{matrix} 基本构造单元工程量 \\ （定额项目或清单项目） \end{matrix} \times 相应单价 \right]$$

工程计价的内容，见表 4-34。

表 4-34 **工 程 计 价 的 内 容**

项目		内　　容
工程计量	划分工程项目	即单位工程基本构造单元的确定。编制工程概算预算时，主要是按工程定额进行项目的划分；编制工程量清单时主要是按照工程量清单计量规范规定的清单项目进行划分
	工程量的计算	按照工程项目的划分和工程量计算规则，对施工图设计文件和施工组织设计对分项工程实物量进行计算。工程实物量是计价的基础，不同的计价依据有不同的计算规则规定。目前，工程量计算规则包括：各类工程定额规定的计算规则；各专业工程计量规范附录中规定的计算规则
工程计价	工程单价	工程单价是指完成单位工程基本构造单元的工程量所需要的基本费用。工程单价包括工料单价和综合单价 （1）工料单价。也称直接工程费单价，包括人工、材料、机械台班费用，是各种人工消耗量、各种材料消耗量、各类机械台班消耗量与其相应单价的乘积。用下式表示： $$工料单价＝\sum(人材机消耗量×人材机单价)$$ （2）综合单价。包括人工费、材料费、机械台班费，还包括企业管理费、利润和风险因素。综合单价根据国家、地区、行业定额或企业定额消耗量和相应生产要素的市场价格来确定
	工程总价	工程总价是指经过规定的程序或办法逐级汇总形成的相应工程造价。根据采用单价的不同，总价的计算程序有所不同 （1）采用工料单价时，在工料单价确定后，乘以相应定额项目工程量并汇总，得出相应工程直接工程费，再按照相应的取费程序计算其他各项费用，汇总后形成相应工程造价 （2）采用综合单价时，在综合单价确定后，乘以相应项目工程量，经汇总即可得出分部分项工程费，再按相应的办法计取措施项目、其他项目、规费项目、税金项目费，各项目费汇总后得出相应工程造价

二、工程计价标准和依据

工程计价标准和依据，见表 4-35。

表 4-35 **工 程 计 价 标 准 和 依 据**

项目	内　　容
计价活动的相关 规章规程	主要包括建筑工程发包与承包计价管理办法、建设项目投资估算编审规程、建设项目设计概算编审规程、建设项目施工图预算编审规程、建设工程招标控制价编审规程、建设项目工程结算编审规程、建设项目全过程造价咨询规程、建设工程造价咨询成果文件质量标准、建设工程造价鉴定规程等

续表

项目	内 容
工程量清单计价和计量规范	主要包括《建设工程工程量清单计价规范》（GB 50500—2013）、《房屋建筑与装饰工程量计算规范》（GB 50854—2013）、《仿古建筑工程量计算规范》（GB 50855—2013）、《通用安装工程量计算规范》（GB 50856—2013）、《市政工程量计算规范》（GB 50857—2013）、《园林绿化工程量计算规范》（GB 50858—2013）、《矿山工程量计算规范》（GB 50859—2013）、《构筑物工程量计算规范》（GB 50860—2013）、《城市轨道交通工程量计算规范》（GB 50861—2013）、《爆破工程量计算规范》（GB 50862—2013）等组成
工程定额	主要指国家、省、有关专业部门制定的各种定额，包括工程消耗量定额和工程计价定额等
工程造价信息	主要包括价格信息、工程造价指数和已完工程信息等

三、工程计价基本程序

工程计价基本程序，见表 4-36。

表 4-36 **工 程 计 价 基 本 程 序**

项目	内 容
工程概预算编制的基本程序	工程概预算的编制是国家通过颁布统一的计价定额或指标，对建筑产品价格进行计价的活动。国家以假定的建筑安装产品为对象，制定统一的预算和概算定额。然后按概预算定额规定的分部分项子目，逐项计算工程量，套用概预算定额单价（或单位估价表）确定直接工程费，然后按规定的取费标准确定措施费、间接费、利润和税金，经汇总后即为工程概、预算价值。工程概预算编制的基本程序如图 4-2 所示 工程概预算单位价格的形成过程，就是依据概预算定额所确定的消耗量乘以定额单价或市场价，经过不同层次的计算形成相应造价的过程。可以用公式进一步明确工程概预算编制的基本方法和程序 （1）每一计量单位建筑产品的基本构造要素（假定建筑产品）的直接工程费单价＝人工费＋材料费＋施工机械使用费 其中： $$人工费＝\sum（人工工日数量×人工单价）$$ $$材料费＝\sum（材料用量×材料单价）＋检验试验费$$ $$机械使用费＝\sum（机械台班用量×机械台班单价）$$ （2）单位工程直接费＝$\sum$（假定建筑产品工程量×直接工程费单价）＋措施费 （3）单位工程概预算造价＝单位工程直接费＋间接费＋利润＋税金 （4）单项工程概预算造价＝$\sum$单位工程概预算造价＋设备、工器具购置费 （5）建设项目全部工程概预算造价＝$\sum$单项工程的概预算造价＋预备费＋有关的其他费用

续表

项　目	内　　容
工程量清单计价的 基本程序	工程量清单计价的过程可以分为两个阶段，即工程量清单的编制和工程量清单应用两个阶段，如图 4-3 和图 4-4 所示 　　工程量清单计价的基本原理可以描述为：按照工程量清单计价规范规定，在各相应专业工程计量规范规定的工程量清单项目设置和工程量计算规则基础上，针对具体工程的施工图纸和施工组织设计计算出各个清单项目的工程量，根据规定的方法计算出综合单价，并汇总各清单合价得出工程总价 　　（1）分部分项工程费＝∑（分部分项工程量×相应分部分项综合单价） 　　（2）措施项目费＝∑各措施项目费 　　（3）其他项目费＝暂列金额＋暂估价＋计日工＋总承包服务费 　　（4）单位工程报价＝分部分项工程费＋措施项目费＋其他项目费＋规费＋税金 　　（5）单项工程报价＝∑单位工程报价 　　（6）建设项目总报价＝∑单项工程报价 　　公式中，综合单价是指完成一个规定清单项目所需的人工费、材料和工程设备费、施工机具使用费和企业管理费、利润，以及一定范围内的风险费用。风险费用是隐含于已标价工程量清单综合单价中，用于化解发承包双方在工程合同中约定内容和范围内的市场价格波动风险的费用 　　工程量清单计价活动涵盖施工招标、合同管理，以及竣工交付全过程，主要包括：编制招标工程量清单、招标控制价、投标报价，确定合同价，进行工程计量与价款支付、合同价款的调整、工程结算和工程计价纠纷处理等活动

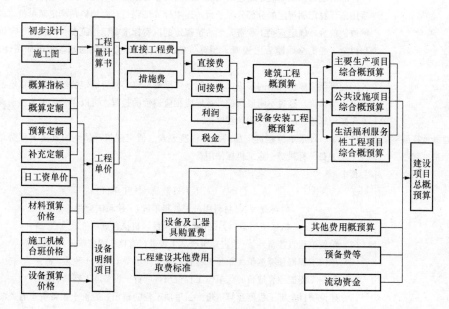

图 4-2　工程概预算编制程序示意图

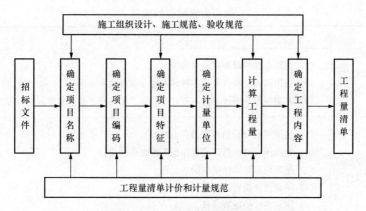

图 4-3　工程量清单编制程序

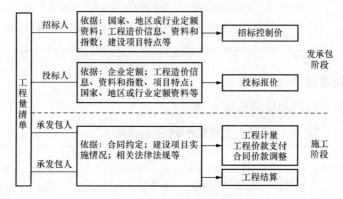

图 4-4　工程量清单应用程序

第四节　工程量清单计价与计量规范

一、工程量清单计价的适用范围

计价规范适用于建设工程发承包及其实施阶段的计价活动。使用国有资金投资的建设工程发承包，必须采用工程量清单计价；非国有资金投资的建设工程，宜采用工程量清单计价；不采用工程量清单计价的建设工程，应执行计价规范中除工程量清单等专门性规定外的其他规定。

国有资金投资的项目包括全部使用国有资金（含国家融资资金）投资或国有资金投资为主的工程建设项目，见表 4-37。

表 4-37 　　　　　　　　　　国有资金投资的项目

项目	内　　容
国有资金投资的工程建设项目	(1) 使用各级财政预算资金的项目 (2) 使用纳入财政管理的各种政府性专项建设资金的项目 (3) 使用国有企事业单位自有资金，并且国有资产投资者实际拥有控制权的项目
国家融资资金投资的工程建设项目	(1) 使用国家发行债券所筹资金的项目 (2) 使用国家对外借款或者担保所筹资金的项目 (3) 使用国家政策性贷款的项目 (4) 国家授权投资主体融资的项目 (5) 国家特许的融资项目
国有资金（含国家融资资金）为主的工程建设项目	国有资金（含国家融资资金）为主的工程建设项目是指国有资金占投资总额 50%以上，或虽不足 50%但国有投资者实质上拥有控股权的工程建设项目

二、工程量清单计价的作用

工程量清单计价的作用见表 4-38。

表 4-38 　　　　　　　　　　工程量清单计价的作用

项目	内　　容
提供一个平等的竞争条件	采用施工图预算来投标报价，由于设计图纸的缺陷，不同施工企业的人员理解不一，计算出的工程量也不同，报价就更相去甚远，也容易产生纠纷。而工程量清单报价就为投标者提供了一个平等竞争的条件，相同的工程量，由企业根据自身的实力来填不同的单价。投标人的这种自主报价，使得企业的优势体现到投标报价中，可在一定程度上规范建筑市场秩序，确保工程质量
满足市场经济条件下竞争的需要	招投标过程就是竞争的过程，招标人提供工程量清单，投标人根据自身情况确定综合单价，利用单价与工程量逐项计算每个项目的合价，再分别填入工程量清单表内，计算出投标总价。单价成了决定性的因素，定高了不能中标，定低了又要承担过大的风险。单价的高低直接取决于企业管理水平和技术水平的高低，这种局面促成了企业整体实力的竞争，有利于我国建设市场的快速发展
有利于提高工程计价效率，能真正实现快速报价	采用工程量清单计价方式，避免了传统计价方式下招标人与投标人在工程量计算上的重复工作，各投标人以招标人提供的工程量清单为统一平台，结合自身的管理水平和施工方案进行报价，促进了各投标人企业定额的完善和工程造价信息的积累和整理，体现了现代工程建设中快速报价的要求

续表

项目	内 容
有利于工程款的拨付和工程造价的最终结算	中标后，业主要与中标单位签订施工合同，中标价就是确定合同价的基础，投标清单上的单价就成了拨付工程款的依据。业主根据施工企业完成的工程量，可以很容易地确定进度款的拨付额。工程竣工后，根据设计变更、工程量增减等，业主也很容易确定工程的最终造价，可在某种程度上减少业主与施工单位之间的纠纷
有利于业主对投资的控制	采用现在的施工图预算形式，业主对因设计变更、工程量的增减所引起的工程造价变化不敏感，往往等到竣工结算时才知道这些变更对项目投资的影响有多大，但此时常常是为时已晚。而采用工程量清单报价的方式则可对投资变化一目了然，在要进行设计变更时，能马上知道它对工程造价的影响，业主就能根据投资情况来决定是否变更或进行方案比较，以决定最恰当的处理方法

第五节　建筑安装工程人工、材料及机械台班定额消耗量

一、施工过程分解及工时研究

1. 施工过程及其分类

（1）施工过程的分类见表 4-39。

表 4-39 　　　　　　　　　　施 工 过 程 的 分 类

项目	内 容
根据施工过程组织上的复杂程度分解	1. 工序，是在组织上不可分割的，在操作过程中技术上属于同类的施工过程 2. 工作过程，是由同一工人或同一小组所完成的在技术操作上相互有机联系的工序的总合体 3. 综合工作过程，是同时进行的，在组织上有机地联系在一起的，并且最终能获得一种产品的施工过程的总和
按照工艺特点分类	1. 循环施工过程。凡各个组成部分按一定顺序一次循环进行，并且每经一次重复都可以生产出同一种产品的施工过程，称为循环施工过程 2. 非循环施工过程。若施工过程的工序或其组成部分不是以同样的次序重复，或者生产出来的产品各不相同，这种施工过程则称为非循环的施工过程

（2）施工过程的影响因素见表 4-40。

表 4-40 　　　　　　　　　　施工过程的影响因素

项目	内 容
技术因素	包括产品的种类和质量要求，所用材料、半成品、构配件的类别、规格和性能，所用工具和机械设备的类别、型号、性能及完好情况等

项目	内　　容
组织因素	包括施工组织与施工方法、劳动组织、工人技术水平、操作方法和劳动态度、工资分配方式、劳动竞赛等
自然因素	包括酷暑、大风、雨、雪、冰冻等

2. 工作时间分类

（1）工人工作时间消耗的分类。工人在工作班内消耗的工作时间，按其消耗的性质，基本可以分为两大类：必需消耗的时间和损失时间，见表 4-41。工人工作时间的分类一般如图 4-5 所示。

表 4-41　　　　　　　　　　工人工作时间消耗的分类

	项目	内　　容
必需消耗的工作时间	有效工作时间	1. 基本工作时间是工人完成能生产一定产品的施工工艺过程所消耗的时间。通过这些工艺过程可以使材料改变外形，如钢筋撒弯等；可以改变材料的结构与性质，如混凝土制品的养护干燥等；可以使预制构配件安装组合成型；也可以改变产品外部及表面的性质，如粉刷、油漆等。基本工作时间所包括的内容依工作性质各不相同。基本工作时间的长短和工作量大小成正比 2. 辅助工作时间是为保证基本工作能顺利完成所消耗的时间。在辅助工作时间里，不能使产品的形状大小、性质或位置发生变化。辅助工作时间的结束，往往就是基本工作时间的开始。辅助工作一般是手工操作。但如果在机手并动的情况下，辅助工作是在机械运转过程中进行的，为避免重复则不应再计辅助工作时间的消耗。辅助工作时间长短与工作量大小有关 3. 准备与结束工作时间是执行任务前或任务完成后所消耗的工作时间。如工作地点、劳动工具和劳动对象的准备工作时间；工作结束后的整理工作时间等。准备和结束工作时间的长短与所担负的工作量大小无关，但往往和工作内容有关。这项时间消耗可以分为班内的准备与结束工作时间和任务的准备与结束工作时间。其中，任务的准备和结束时间是在一批任务的开始与结束时产生的，如熟悉图纸、准备相应的工具、事后清理场地等，通常不反映在每一个工作班里
	休息时间	休息时间是工人在工作过程中为恢复体力所必需的短暂休息和生理需要的时间消耗。这种时间是为了保证工人精力充沛地进行工作，所以在定额时间中必须进行计算 休息时间的长短和劳动条件、劳动强度有关，劳动越繁重紧张、劳动条件越差（如高温），则休息时间需越长
	不可避免的中断所消耗的时间	不可避免的中断所消耗的时间是由于施工工艺特点引起的工作中断所必需的时间。与施工过程工艺特点有关的工作中断时间，应包括在定额时间内，但应尽量缩短此项时间消耗

项目		内　　容
损失时间	多余工作	多余工作，是指工人进行了任务以外而又不能增加产品数量的工作。如重砌质量不合格的墙体。多余工作的工时损失，一般都是由于工程技术人员和工人的差错而引起的，因此，不应计入定额时间中 偶然工作也是工人在任务外进行的工作，但能够获得一定产品。如抹灰工不得不补上偶然遗留的墙洞等。由于偶然工作能获得一定产品，拟定定额时要适当考虑它的影响
	停工时间	停工时间，是指工作班内停止工作造成的工时损失。停工时间按其性质可分为施工本身造成的停工时间和非施工本身造成的停工时间两种： （1）施工本身造成的停工时间，是由于施工组织不善、材料供应不及时、工作面准备工作做得不好、工作地点组织不良等情况引起的停工时间 （2）非施工本身造成的停工时间，是由于水源、电源中断引起的停工时间。前一种情况在拟定定额时不应该计算，后一种情况定额中则应给予合理的考虑
	违背劳动纪律所引起的工时损失	违背劳动纪律造成的工作时间损失，是指工人在工作班开始和午休后的迟到、午饭前和工作班结束前的早退、擅自离开工作岗位、工作时间内聊天或办私事等造成的工时损失 由于个别工人违背劳动纪律而影响其他工人无法工作的时间损失也包括在内

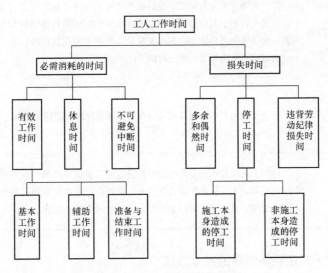

图 4-5　工人工作时间分类图

（2）机器工作时间消耗的分类。机器工作时间的消耗，按其性质也分为必需消耗的时间和损失时间两大类，见表 4-42 和图 4-6 所示。

表 4-42　　　　　　　　　　　　　　　　**工人工作时间消耗的分类**

项目	内容
在必需消耗的工作时间	包括有效工作、不可避免的无负荷工作和不可避免的中断三项时间消耗。而在有效工作的时间消耗中又包括正常负荷下、有根据地降低负荷下的工时消耗 （1）正常负荷下的工作时间，是机器在与机器说明书规定的额定负荷相符的情况下进行工作的时间 （2）有根据地降低负荷下的工作时间，是在个别情况下由于技术上的原因，机器在低于其计算负荷下工作的时间。例如，汽车运输重量轻而体积大的货物时，不能充分利用汽车的载重吨位因而不得不降低其计算负荷 （3）不可避免的无负荷工作时间，是由施工过程的特点和机械结构的特点造成的机械无负荷工作时间。如，筑路机在工作区末端调头等，就属于此项工作时间的消耗 （4）不可避免的中断工作时间是与工艺过程的特点、机器的使用和保养、工人休息有关的中断时间
损失的工作时间 — 机器的多余工作时间	一是机器进行任务内和工艺过程内未包括的工作而延续的时间。如工人没有及时供料而使机器空运转的时间；二是机械在负荷下所做的多余工作，如混凝土搅拌机搅拌混凝土时超过规定搅拌时间，即属于多余工作时间
损失的工作时间 — 机器的停工时间	按其性质也可分为施工本身造成和非施工本身造成的停工。前者是由于施工组织得不好而引起的停工现象，如由于未及时供给机器燃料而引起的停工。后者是由于气候条件所引起的停工现象，如暴雨时压路机的停工。上述停工中延续的时间，均为机器的停工时间
损失的工作时间 — 违反劳动纪律引起的机器的时间损失	指由于工人迟到早退或擅离岗位等原因引起的机器停工时间
损失的工作时间 — 低负荷下的工作时间	由于工人或技术人员的过错所造成的施工机械在降低负荷的情况下工作的时间。例如，工人装车的砂石数量不足引起的汽车在降低负荷的情况下工作所延续的时间。此项工作时间不能作为计算时间定额的基础

二、确定人工定额消耗量的基本方法

1. 确定工序作业时间

工序作业时间的确定见表 4-43。

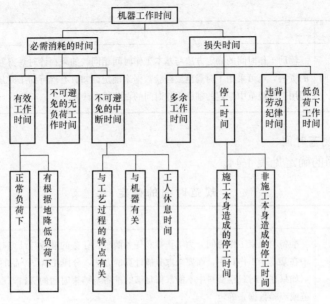

图 4-6 机器工作时间分类图

表 4-43	工 序 作 业 时 间
项目	内　　容
拟定基本工作时间	基本工作时间在必需消耗的工作时间中占的比重最大。在确定基本工作时间时，必须细致、精确。基本工作时间消耗一般应根据计时观察资料来确定。其做法是，首先确定工作过程每一组成部分的工时消耗，然后再综合出工作过程的工时消耗。如果组成部分的产品计量单位和工作过程的产品计量单位不符，就需先求出不同计量单位的换算系数，进行产品计量单位的换算，然后再相加，求得工作过程的工时消耗 （1）各组成部分与最终产品单位一致时的基本工作时间计算。此时，单位产品基本工作时间就是施工过程各个组成部分作业时间的总和，计算公式为： $$T_1 = \sum_{i=1}^{n} t_i$$ 式中　T_1——单位产品基本工作时间； 　　　t_i——各组成部分的基本工作时间； 　　　n——各组成部分的个数 （2）各组成部分单位与最终产品单位不一致时的基本工作时间计算。此时，各组成部分基本工作时间应分别乘以相应的换算系数。计算公式为： $$T_1 = \sum_{i=1}^{n} k_i \times t_i$$ 式中　k_i——对应于 t_i 的换算系数

项　目	内　　　容
拟定辅助工作时间	辅助工作时间的确定方法与基本工作时间相同。如果在计时观察时不能取得足够的资料，也可采用工时规范或经验数据来确定。如具有现行的工时规范，可以直接利用工时规范中规定的辅助工作时间的百分比来计算

2. 确定规范时间

规范时间的确定见表 4-44。

表 4-44　　　　　　　　　　规 范 时 间 的 确 定

项　目	内　　　容
确定准备与结束时间	准备与结束工作时间分为工作日和任务两种。任务的准备与结束时间通常不能集中在某一个工作日中，而要采取分摊计算的方法，分摊在单位产品的时间定额里 　　如果在计时观察资料中不能取得足够的准备与结束时间的资料，也可根据工时规范或经验数据来确定
确定不可避免的中断时间	在确定不可避免中断时间的定额时，必须注意由工艺特点所引起的不可避免中断才可列入工作过程的时间定额 　　不可避免中断时间也需要根据测时资料通过整理分析获得，也可以根据经验数据或工时规范，以占工作日的百分比表示此项工时消耗的时间定额
拟定休息时间	休息时间应根据工作班作息制度、经验资料、计时观察资料，以及对工作的疲劳程度作全面分析来确定。同时，应考虑尽可能利用不可避免中断时间作为休息时间

3. 拟定定额时间

确定的基本工作时间、辅助工作时间、准备与结束工作时间、不可避免中断时间与休息时间之和，就是劳动定额的时间定额。根据时间定额可计算出产量定额，时间定额和产量定额互成倒数。计算公式如下：

$$工序作业时间＝基本工作时间＋辅助工作时间$$

$$规范时间＝准备与结束工作时间＋不可避免的中断时间＋休息时间$$

$$工序作业时间＝基本工作时间＋辅助工作时间$$

$$＝基本工作时间/（1－辅助时间％）$$

$$定额时间＝\frac{工序作业时间}{1－规范时间％}$$

三、确定材料定额消耗量的基本方法

1. 材料的分类

材料的分类见表 4-45。

表 4-45　　　　　　　　　　　　　　　**材料的分类**

项目	内　容
根据材料消耗的性质划分	施工中材料的消耗可分为必需消耗的材料和损失的材料两类性质 必需消耗的材料，是指在合理用料的条件下，生产合格产品所需消耗的材料。它包括：直接用于建筑和安装工程的材料；不可避免的施工废料；不可避免的材料损耗 必需消耗的材料属于施工正常消耗，是确定材料消耗定额的基本数据。其中：直接用于建筑和安装工程的材料，编制材料净用量定额；不可避免的施工废料和材料损耗，编制材料损耗定额
根据材料消耗与工程实体的关系划分	1. 实体材料。实体材料是指直接构成工程实体的材料。它包括工程直接性材料和辅助材料。工程直接性材料主要是指一次性消耗、直接用于工程上构成建筑物或结构本体的材料，如钢筋混凝土柱中的钢筋、水泥、砂、碎石等；辅助性材料主要是指虽也是施工过程中所必需，却并不构成建筑物或结构本体的材料。如土石方爆破工程中所需的炸药、引信、雷管等。主要材料用量大，辅助材料用量少 2. 非实体材料。非实体材料是指在施工中必须使用但又不能构成工程实体的施工措施性材料。非实体材料主要是指周转性材料，如模板、脚手架等

2. 确定材料消耗量的基本方法

确定材料消耗量的基本方法见表 4-46。

表 4-46　　　　　　　　　　　　　**确定材料消耗量的基本方法**

项目	内　容
现场技术测定法	又称为观测法，是根据对材料消耗过程的测定与观察，通过完成产品数量和材料消耗量的计算，而确定各种材料消耗定额的一种方法。现场技术测定法主要适用于确定材料损耗量，因为该部分数值用统计法或其他方法较难得到。通过现场观察，还可以区别出哪些是可以避免的损耗，哪些是属于难于避免的损耗，明确定额中不应列入可以避免的损耗
实验室试验法	主要用于编制材料净用量定额。通过试验，能够对材料的结构、化学成分和物理性能以及按强度等级控制的混凝土、砂浆、沥青、油漆等配比做出科学的结论，给编制材料消耗定额提供出有技术根据的、比较精确的计算数据。但其缺点在于无法估计到施工现场某些因素对材料消耗量的影响
现场统计法	以施工现场积累的分部分项工程使用材料数量、完成产品数量、完成工作原材料的剩余数量等统计资料为基础，经过整理分析，获得材料消耗的数据。这种方法由于不能分清材料消耗的性质，因而不能作为确定材料净用量定额和材料损耗定额的依据，只能作为编制定额的辅助性方法使用

续表

项目	内 容
理论计算法	理论计算法，是运用一定的数学公式计算材料消耗定额 (1) 标准砖用量的计算。如每立方米砖墙的用砖数和砌筑砂浆的用量，可用下列理论计算公式计算各自的净用量： 用砖数： $$A=\frac{1}{墙厚\times(砖长+灰缝)\times(砖厚+灰缝)}\times k$$ 式中 k——墙厚的砖数$\times 2$ 砂浆用量： $$B=1-砖数\times砖块体积$$ 材料的损耗一般以损耗率表示。材料损耗率可以通过观察法或统计法确定。材料损耗率及材料损耗量的计算通常采用以下公式： $$损耗率=\frac{损耗量}{净用量}\times100\%$$ $$总损耗量=净用量+损耗量=净用量\times(1+损耗率)$$ (2) 块料面层的材料用量计算。每 $100m^2$ 面层块料数量、灰缝及结合层材料用量公式如下： $$100m^2\ 块料净用量=\frac{100}{(块料长+灰缝宽)\times(块料宽+灰缝宽)}\quad(块)$$ $$100m^2\ 灰缝材料净用量=[100-(块料长\times块料宽\times100m^2\ 块料用量)]$$ $$\times灰缝深结合层材料用量$$ $$=100m^2\times结合层厚度$$

四、确定机械台班定额消耗量的基本方法

确定机械台班定额消耗量的基本方法见表 4-47。

表 4-47   **确定机械台班定额消耗量的基本方法**

项目	内 容
确定机械 1h 纯工作正常生产率	机械纯工作时间，就是指机械的必需消耗时间。机械 1h 纯工作正常生产率，就是在正常施工组织条件下，具有必需的知识和技能的技术工人操纵机械 1h 的生产率 根据机械工作特点的不同，机械 1h 纯工作正常生产率的确定方法，也有所不同 (1) 对于循环动作机械，确定机械纯工作 1h 正常生产率的计算公式如下： 机械一次循环的正常延续时间=$\sum$(循环各组成部分正常延续时间)-交叠时间 $$机械纯工作\ 1h\ 循环次数=\frac{60\times60(s)}{一次循环的正常延续时间}$$ 机械纯工作 1h 正常生产率=机械纯工作 1h 正常循环次数$\times$一次循环生产的产品数量

续表

项　目	内　　容
确定机械 1h 纯工作正常生产率	（2）对于连续动作机械，确定机械纯工作 1h 正常生产率要根据机械的类型和结构特征，以及工作过程的特点来进行。计算公式如下： $$\text{连续动作机械纯工作 1h 正常生产率} = \frac{\text{工作时间内生产的产品数量}}{\text{工作时间(h)}}$$ 工作时间内的产品数量和工作时间的消耗，要通过多次现场观察和机械说明书来取得数据
确定施工机械的正常利用系数	确定施工机械的正常利用系数，是指机械在工作班内对工作时间的利用率。机械的利用系数和机械在工作班内的工作状况有着密切的关系。所以，要确定机械的正常利用系数。首先要拟定机械工作班的正常工作状况，保证合理利用工时。机械正常利用系数的计算公式如下： $$\text{机械正常利用系数} = \frac{\text{机械在一个工作班内纯工作时间}}{\text{一个工作班延续时间(8h)}}$$
计算施工机械台班定额	计算施工机械定额是编制机械定额工作的最后一步。在确定了机械工作正常条件、机械 1h 纯工作正常生产率和机械正常利用系数之后，采用下列公式计算施工机械的产量定额： $$\text{施工机械台班产量定额} = \text{机械 1h 纯工作正常生产率} \times \text{工作班纯工作时间}$$ 或 $$\text{施工机械台班产量定额} = \frac{\text{机械 1h 纯工作}}{\text{正常生产率}} \times \frac{\text{工作班}}{\text{延续时间}} \times \frac{\text{机械正常}}{\text{利用系数}}$$ $$\text{施工机械时间定额} = \frac{1}{\text{机械台班产量定额指标}}$$

第六节　建筑安装工程人工、材料及机械台班单价

一、人工单价的组成和确定方法

1. 人工单价及其组成内容

人工单价是一个建筑安装生产工人一个工作日在计价时应计入的全部人工费用。基本上反映了建筑安装生产工人的工资水平和一个工人在一个工作日中可以得到的报酬。

人工工日单价组成见表 4-48。

表 4-48 人工工日单价的组成

基本工资	岗位工资	辅助工资	非作业工日发放的工资和工资性补贴
	技能工资		
	工龄工资	职工福利费	书报费
工资性补贴	物价补贴		洗理费
	煤、燃气补贴		取暖费
	交通费补贴	劳动保护费	劳保用品购置及修理费
	住房补贴		徒工服装补贴
	流动施工津贴		防暑降温费
	地区津贴		保健费用

2. 人工单价确定的依据和方法

人工单价确定的依据和方法见表 4-49。

表 4-49 人工单价确定的依据和方法

项目	内　　容
基本工资	基本工资是按岗位工资、技能工资和工龄工资（按职工工作年限确定的工资）计算的 岗位工资是根据劳动岗位的劳动责任轻重、劳动强度大小和劳动条件好差、兼顾劳动技能要求的高低确定的。工人岗位工资标准设 8 个岗次。技能工资是根据不同岗位、职位、职务对劳动技能的要求，同时兼顾职工所具备的劳动技能水平而确定的工资。技术工人技能工资分初级工、中级工、高级工、技师和高级技师五类工资标准分 26 档 $$基本工资(G_1)=\frac{生产工人平均月工资}{年平均每月法定工作日}$$ 其中，年平均每月法定工作日＝（全年日历日－法定假日）/12，法定假日指双休日和法定节日
工资性补贴	工资性补贴，是指按规定标准发放的物价补贴，煤、燃气补贴，交通费补贴、住房补贴，流动施工津贴及地区津贴等 $$工资性补贴(G_2)=\frac{\sum 年发放标准}{全年日历日-法定假日}+\frac{\sum 月发放标准}{年平均每月法定工作日}+\frac{每工作日}{发放标准}$$
辅助工资	辅助工资，是指生产工人年有效施工天数以外无效工作日的工资，包括职工学习、培训期间的工资，调动工作、探亲、休假期间的工资，因气候影响的停工工资，女工哺乳时间的工资，病假在 6 个月以内的工资及产、婚、丧假期的工资 $$生产工人辅助工资(G_3)=\frac{全年无效工作日\times(G_1+G_2)}{全年日历日-法定假日}$$

续表

项目	内 容
职工福利费	职工福利费，是指按规定标准计提的职工福利费 职工福利费$(G_4)＝(G_1＋G_2＋G_3)×$福利费计提比例$(\%)$
劳动保护费	劳动保护费，指按规定标准对生产工人发放的劳动保护用品等的购置费及修理费，防暑降温费，在有碍身体健康环境中的施工保健费用等 生产工人劳动保护费$(G_5)＝\dfrac{生产工人年平均支出劳动保护费}{全年日历日－法定假日}$

3. 影响人工单价的因素

影响人工单价的因素见表 4-50。

表 4-50　　　　　　　　　　影响人工单价的因素

项目	内 容
社会平均工资水平	建筑安装工人人工单价必然和社会平均工资水平趋同。社会平均工资水平取决于经济发展水平。由于经济的增长，社会平均工资也会增长，从而响人工单价的提高
生活消费指数	生活消费指数的提高会影响人工单价的提高，以减少生活水平的下降，或维持原来的生活水平。生活消费指数的变动决定于物价的变动，尤其决定于生活消费品物价的变动
人工单价的组成内容	人工单价的组成内容，如住房消费、养老保险、医疗保险、失业保险等列入人工单价，会使人工单价提高
劳动力市场供需变化	劳动力市场如果需求大于供给，人工单价就会提高；供给大于需求，市场竞争激烈，人工单价就会下降
政府推行的社会保障和福利政策	政府推行的社会保障和福利政策也会影响人工单价的变动

二、材料单价的组成和确定方法

1. 材料单价的构成和分类

材料单价的构成和分类见表 4-51。

表 4-51   **材料单价的组成和分类**

项目	内　　容
材料单价的构成	材料单价是指材料（包括构件、成品及半成品等）从其来源地（或交货地点、供应者仓库提货地点）到达施工工地仓库（施工地点内存放材料的地点）后出库的综合平均价格。材料单价一般由材料原价（或供应价格）、材料运杂费、运输损耗费、采购及保管费组成。此外在计价时，材料费中还应包括单独列项计算的检验试验费 材料费＝∑（材料消耗量×材料单价）＋检验试验费
材料单价分类	材料单价按适用范围划分，有地区材料单价和某项工程使用的材料单价。地区材料价格是按地区（城市或建设区域）编制，供该地区所有工程使用；某项工程（一般指大中型重点工程）使用的材料单价，是以一个工程为编制对象，专供该工程项目使用 地区材料单价与某项工程使用的材料单价的编制原理和方法是一致的，只是在材料来源地、运输数量权数等具体数据上有所不同

2. 材料单价的编制依据和确定方法

材料单价的编制依据和确定方法见表 4-52。

表 4-52   **材料单价的编制依据和确定方法**

项目	内　　容
材料原价 （或供应价格）	材料原价是指国内采购材料的出厂价格，国外采购材料抵达买方边境、港口或车站并交纳完各种手续费、税费后形成的价格。在确定原价时，凡同一种材料因来源地、交货地、供货单位、生产厂家不同，而有几种价格（原价）时，根据不同来源地供货数量比例，采取加权平均的方法确定其综合原价。计算公式如下： $$加权平均原价＝\frac{K_1 C_1＋K_2 C_2＋\cdots＋K_n C_n}{K_1＋K_2＋\cdots＋K_n}$$ 式中　K_1，K_2，$\cdots$，K_n——各不同供应地点的供应量或各不同使用地点的需要量； 　　　　C_1，C_2，$\cdots$，C_n——各不同供应地点的原价
材料运杂费	材料运杂费是指国内采购材料自来源地、国外采购材料自到岸港运至工地仓库或指定堆放地点发生的费用。含外埠中转运输过程中所发生的一切费用和过境过桥费用，包括调车和驳船费、装卸费、运输费及附加工作费等 同一品种的材料有若干个来源地，应采用加权平均的方法计算材料运杂费。计算公式如下： $$加权平均运杂费＝\frac{K_1 T_1＋K_2 T_2＋\cdots＋K_n T_n}{K_1＋K_2＋\cdots＋K_n}$$ 式中　K_1，K_2，$\cdots$，K_n——各不同供应点的供应量或各不同使用地点的需求量； 　　　　T_1，T_2，$\cdots$，T_n——各不同运距的运费

项目	内　　容
运输损耗	运输损耗，是指材料在运输装卸过程中不可避免的损耗。运输损耗的计算公式如下： 运输损耗＝(材料原价＋运杂费)×相应材料损耗率
采购及保管费	采购及保管费是指组织材料采购、检验、供应和保管过程中发生的费用，包含：采购费、仓储费、工地管理费和仓储损耗 采购及保管费一般按照材料到库价格以费率取定。材料采购及保管费计算公式如下： 采购及保管费＝材料运到工地仓库价格×采购及保管费率(%) 或 采购及保管费＝(材料原价＋运杂费＋运输损耗费)×采购及保管费率(%) 综上所述，材料单价的一般计算公式为： 材料单价＝[(供应价格＋运杂费)×(1＋运输损耗率%)] ×[1＋采购及保管费率(%)]

3. 影响材料单价变动的因素

影响材料单价变动的因素见表 4-53。

表 4-53　　　　　　　　　　**影响材料单价变动的因素**

项目	内　　容
市场供需变化	材料原价是材料单价中最基本的组成。市场供大于求价格就会下降；反之，价格就会上升。从而也就会影响材料单价的涨落
材料生产成本的变动	材料生产成本的变动直接影响材料单价的波动
流通环节的多少和材料供应体制	流通环节的多少和材料供应体制也会影响材料单价
运输距离和运输方法的改变	运输距离和运输方法的改变会影响材料运输费用的增减，从而也会影响材料单价
国际市场行情	国际市场行情会对进口材料单价产生影响

三、施工机械台班单价的组成和确定方法

1. 折旧费的组成及确定

折旧费：施工机械在规定使用期限内，陆续收回其原值及购置资金的时间价值。

折旧费计算公式如下：

$$台班折旧费＝\frac{机械预算价格×(1－残值率)×时间价值系数}{耐用总台班}$$

折旧费的组成及确定见表 4-54。

表 4-54 折旧费的组成及确定

项目		内　　容
机械预算价格	国产机械的预算价格	1. 机械原值。国产机械原值应按下列途径询价、采集： (1) 编制期施工企业已购进施工机械的成交价格 (2) 编制期国内施工机械展销会发布的参考价格 (3) 编制期施工机械生产厂、经销商的销售价格 2. 供销部门手续费和一次运杂费可按机械原值的 5% 计算 3. 车辆购置税的计算。车辆购置税应按下列公式计算： $$车辆购置税＝计税价格×车辆购置税率(\%)$$ 其中，计税价格＝机械原值＋供销部分手续费和一次运杂费－增值税 车辆购置税应执行编制期间国家有关规定
	进口机械的预算价格	进口机械的预算价格按照机械原值、关税、增值税、消费税、外贸手续费和国内运杂费、财务费、车辆购置税之和计算 (1) 进口机械的机械原值按其到岸价格取定 (2) 关税、增值税、消费税及财务费应执行编制期国家有关规定，并参照实际发生的费用计算 (3) 外贸部门手续费和国内一次运杂费应按到岸价格的 6.5% 计算 (4) 车辆购置税的计税价格是到岸价格、关税和消费税之和
残值率		残值率是指机械报废时回收的残值占机械原值的百分比 残值率按目前有关规定执行：运输机械 2%；掘进机械 5%；特大型机械 3%；中小型机械 4%
时间价值系数		时间价值系数指购置施工机械的资金在施工生产过程中随着时间的推移而产生的单位增值。其计算公式如下： $$时间价值系数＝1＋\frac{(折旧年限＋1)}{2}×年折现率(\%)$$ 其中，年折现率应按编制期银行年贷款利率确定
耐用总台班		耐用总台班指施工机械从开始投入使用至报废前使用的总台班数，应按施工机械的技术指标及寿命期等相关参数确定 机械耐用总台班的计算公式为： $$耐用总台班＝折旧年限×年工作台班＝大修理间隔台班×大修理周期$$ 大修理次数的计算公式为： $$大修理次数＝耐用总台班÷大修理间隔台班－1＝大修理周期－1$$ 年工作台班是根据有关部门对各类主要机械最近 3 年的统计资料分析确定 大修理间隔台班是指机械自投入使用起至第一次大修理止或自上一次大修理后投入使用起到下一次大修理止，应达到的使用台班数 大修理周期是指机械正常的施工作业条件下，将其寿命期（即耐用总台班）按规定的大修理次数划分为若干个周期。其计算公式为： $$大修理周期＝寿命期大修理次数＋1$$

2. 大修理费的组成及确定

大修理费是指机械设备按规定的大修理间隔台班进行必要的大修理，以恢复机械正常功能所需的费用。台班大修理费是机械使用期限内全部大修理费之和在台班费用中的分摊额，取决于一次大修理费用、大修理次数和耐用总台班的数量。其计算公式为：

$$台班大修理费 = \frac{一次大修理费 \times 寿命期内大修理次数}{耐用总台班}$$

（1）一次大修理费指施工机械一次大修理发生的工时费、配件费、辅料费、油燃料费及送修运杂费。一次大修理费应以《全国统一施工机械保养修理技术经济定额》为基础，结合编制期市场价格综合确定。

（2）寿命期大修理次数指施工机械在其寿命期（耐用总台班）内规定的大修理次数，应按照《全国统一施工机械保养修理技术经济定额》确定。

3. 经常修理费的组成及确定

经常修理费：施工机械除大修理以外的各级保养和临时故障排除所需的费用。包括为保障机械正常运转所需替换与随机配备工具附具的摊销和维护费用，机械运转及日常保养所需润滑与擦拭的材料费用及机械停滞期间的维护和保养费用等。各项费用分摊到台班中，即为台班经常修理费。

其计算公式为：

$$台班经常修理费 = \frac{\sum\left(\begin{matrix}各级保养\\一次费用\end{matrix} \times \begin{matrix}寿命期各级\\保养总次数\end{matrix}\right) + \begin{matrix}临时故障\\排除费\end{matrix}}{耐用总台班}$$
$$+ 替换设备和工具附具台班摊销费 + 例保辅料费$$

当台班经常修理费计算公式中各项数值难以确定时，也可按下式计算：

$$台班经常修理费 = 台班大修理费 \times K$$

式中　K——台班经常修理费系数。

经常修理费的组成及确定见表 4-55。

表 4-55　　　　　　　　　　经常修理费的组成及确定

项目	内容
各级保养一次费用	各级保养一次费用，分别指机械在各个使用周期内为保证机械处于完好状况，必须按规定的各级保养间隔周期，保养范围和内容进行的一、二、三级保养或定期保养所消耗的工时、配件、辅料、油燃料等费用。应以《全国统一施工机械保养修理技术经济定额》为基础，结合编制期市场价格综合确定
寿命期各级保养总次数	寿命期各级保养总次数，分别指一、二、三级保养或定期保养在寿命期内各个使用周期中保养次数之和，应按照《全国统一施工机械保养修理技术经济定额》确定

续表

项目	内　　容
临时故障排除费	临时故障排除费，是指机械除规定的大修理及各级保养以外，临时故障所需费用以及机械在工作日以外的保养维护所需润滑擦拭材料费，可按各级保养（不包括例保辅料费）费用之和的 3% 计算
替换设备及工具附具台班摊销费	替换设备及工具附具台班摊销费，是指轮胎、电缆、蓄电池、运输皮带、钢丝绳、胶皮管、履带板等消耗性设备和按规定随机配备的全套工具附具的台班摊销费用
例保辅料费	例保辅料费，即机械日常保养所需润滑擦拭材料的费用。替换设备及工具附具台班摊销费、例保辅料费的计算应以《全国统一施工机械保养修理技术经济定额》为基础，结合编制期市场价格综合确定

4. 安拆费及场外运费的组成及确定

安拆费指施工机械在现场进行安装与拆卸所需的人工、材料、机械和试运转费用以及机械辅助设施的折旧、搭设、拆除等费用。

场外运费指施工机械整体或分体自停放地点运至施工现场或由一施工地点运至另一施工地点的运输、装卸、辅助材料及架线等费用。

安拆费及场外运费根据施工机械不同分为计入台班单价、单独计算和不计算三种类型，见表 4-56。自升式塔式起重机安装、拆卸费用的超高起点及其增加费，各地区（部门）可根据具体情况确定。

表 4-56　　　　　　　　　　安拆费及场外运费的计算

项目	内　　容
计入台班单价	工地间移动较为频繁的小型机械及部分中型机械，其安拆费及场外运费应计入台班单价。台班安拆费及场外运费应按下列公式计算： $$台班安拆费及场外运费 = \frac{一次安拆费及场外运费 \times 年平均安拆次数}{年工作台班}$$ （1）一次安拆费应包括施工现场机械安装和拆卸一次所需的人工费、材料费、机械费及试运转费 （2）一次场外运费应包括运输、装卸、辅助材料和架线等费用 （3）年平均安拆次数应以《全国统一施工机械保养修理技术经济定额》为基础，由各地区（部门）结合具体情况确定 （4）运输距离均应按 25km 计算
单独计算	移动有一定难度的特、大型（包括少数中型）机械，其安拆费及场外运费应单独计算。单独计算的安拆费及场外运费除应计算安拆费、场外运费外，还应计算辅助设施（包括基础、底座、固定锚桩、行走轨道枕木等）的折旧、搭设和拆除等费用

续表

项目	内　　容
不计算	不需安装、拆卸且自身又能开行的机械和固定在车间不需安装、拆卸及运输的机械，其安拆费及场外运费不计算

5．人工费的组成及确定

人工费指机上司机（司炉）和其他操作人员的工作日人工费及上述人员在施工机械规定的年工作台班以外的人工费。按下列公式计算：

$$台班人工费＝人工消耗量×\left(1+\frac{年制度工作日－年工作台班}{年工作台班}\right)×人工日工资单价$$

（1）人工消耗量指机上司机（司炉）和其他操作人员工日消耗量。

（2）年制度工作日应执行编制期国家有关规定。

（3）人工日工资单价应执行编制期工程造价管理部门的有关规定

6．燃料动力费的组成及确定

（1）燃料动力消耗量应根据施工机械技术指标及实测资料综合确定。可采用下列公式：

$$台班燃料动力消耗量＝(实测数×4＋定额平均值＋调查平均值)÷6$$

（2）燃料动力单价应执行编制期工程造价管理部门的有关规定。

7．其他费用的组成及确定

其他费用是指按照国家和有关部门规定应交纳的养路费、车船使用税、保险费及年检费用等。其计算公式为：

$$台班其他费用＝\frac{年养路费＋年车船使用税＋年保险费＋年检费用}{年工作台班}$$

（1）年养路费、年车船使用税、年检费用应执行编制期有关部门的规定。

（2）年保险费执行编制期有关部门强制性保险的规定，非强制性保险不应计算在内。

第五章 实 例

一、土石方工程

【例1】 某路堑的示意图，如图5-1所示，槽长30m，采用人工挖土，土壤类别为四类土，计算该路堑的挖土方工程量。

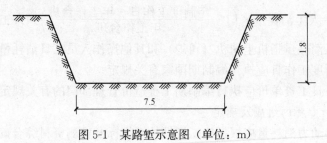

图5-1 某路堑示意图（单位：m）

【解】 项目编码：040101001 挖一般土方

工程量计算规则：按设计图示尺寸以基础垫层底面积乘以挖土深度计算。

路堑挖土方的工程量：$7.5 \times 1.8 \times 30 = 405.00(m^3)$

清单工程量计算表见表5-1。

表5-1　　　　　　　　清单工程量计算表

项目编号	项目名称	项目特征描述	计量单位	工程量
040101001002	挖一般土方	槽长30m，四类土，深1.8m	m³	405.00

【例2】 某带形基础沟槽断面图，如图5-2所示，该沟槽不放坡，双面支挡土板，混凝土基础支模板，预留工作面0.3m，沟槽长120m，采用人工挖土，土壤类别为二类土，计算挖沟槽工程量。

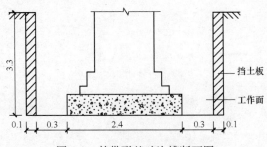

图5-2 某带形基础沟槽断面图

【解】　项目编码：040101002　　挖沟槽土方

工程量计算规则：按设计图示尺寸以基础垫层底面积乘以挖土深度计算。

挖沟槽土方的工程量：$2.4 \times 3.3 \times 120 = 950.40(\text{m}^3)$

清单工程量计算表见表 5-2。

表 5-2　　　　　　　　　**清 单 工 程 量 计 算 表**

项目编号	项目名称	项目特征描述	计量单位	工程量
040101002001	挖沟槽土方	人工挖土，预留工作面 0.3m，沟槽长 120m，二类土	m³	950.40

【例3】　某构筑物满堂基础基坑示意图，如图 5-3 所示，其基坑采用矩形放坡，不支挡土板，预留工作面 0.3m，基础长宽尺寸为 15m 和 9m，挖深 4.4m，放坡按 1∶0.45 放坡，土质为三类土，人工开挖，计算其开挖的基坑土方工程量。

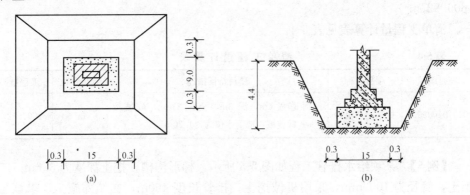

图 5-3　某建筑物满堂基础基坑示意图

(a) 基坑平面图；(b) 基坑断面图

【解】　项目编码：040101003　　挖基坑土方

工程量计算规则：按设计图示尺寸以基础垫层底面积乘以挖土深度计算。

挖基坑土方的工程量：$15 \times 9 \times 4.4 = 594.00(\text{m}^3)$

清单工程量计算表见表 5-3。

表 5-3　　　　　　　　　**清 单 工 程 量 计 算 表**

项目编号	项目名称	项目特征描述	计量单位	工程量
040101003001	挖基坑土方	基坑深 4.4m，三类土	m³	594.00

【例4】　某市新修一条河流支道其沟槽断面，如图 5-4 所示，河道宽 4m，深 3m，全长 312m，放坡按 1∶0.25，地下水位为 −1.20m，地下水位以下为淤泥，

开挖时采用人工开挖，机械排水，计算该工程的挖淤泥、流砂工程量。

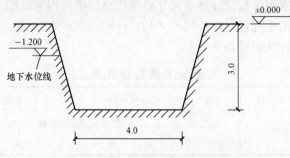

图 5-4　某河流支道沟槽断面图

【解】　项目编码：040101005　　挖淤泥、流砂

工程量计算规则：按设计图示位置、界限以体积计算。

挖淤泥、流砂的工程量：$(4.0+4.0+1.2\times0.25\times2)/2\times1.2\times312=1609.92(\mathrm{m}^3)$

清单工程量计算表见表 5-4。

表 5-4　　　　　　　　　　清 单 工 程 量 计 算 表

项目编号	项目名称	项目特征描述	计量单位	工程量
040101005001	挖淤泥、流砂	河道宽 4m，深 3m，全长 312m，放坡按 1:0.25 放坡，地下水位为−1.20m	m³	1609.92

【例 5】　某项给水排管工程如图 5-5 所示，梯形沟槽，挖土深度为 3.6m。二类土，管径为 1000mm，采用机械挖土。排管长度 450m，在城郊施工。求该工程中的土石方工程部分的工程量（填土密实度 95%）及回填方的工程量。

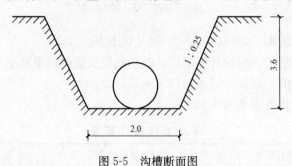

图 5-5　沟槽断面图

【解】　（1）项目编码：040101002　　挖沟槽土方

工程量计算规则：按设计图示尺寸以基础垫板底面积乘以挖土深度计算。

挖沟槽土方的工程量：$V_1=1.0\times450\times3.6=1620(\mathrm{m}^3)$

（2）项目编码：040103001 回填方

工程量计算规则：1. 按挖方清单项目工程量加原地面线至设计要求标高间的体积，减基础、构筑物等埋入体积计算；2. 按设计图示尺寸以体积计算。

回填方的工程量：$V_2 = 1620 - \pi \left(\dfrac{1}{2} \right)^2 \times 450 = 1266.75 (\text{m}^3)$

清单工程量计算表见表 5-5。

表 5-5 　　　　　　　　　　　清 单 工 程 量 计 算 表

序号	项目编号	项目名称	项目特征描述	计量单位	工程量
1	040101002	挖沟槽土方	梯形沟槽，挖土深度为 3.6m，二类土	m³	1620
2	040103001	回填方	三类土，回填压实率为 95%	m³	1266.75

【例6】 某沟槽的横断面如图 5-6 所示，沟槽利用推土机推土，四类土，弃土置于槽边 1m 之处，采用人工装土，已知沟槽全长 504m，运距 2km，采用自卸汽车运土，试计算该工程挖土方工程量及运土工程量。

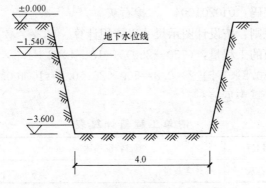

图 5-6 　沟槽横断面图（单位：m）

【解】 （1）项目编码：040101002 挖沟槽土方

工程量计算规则：按设计图示尺寸以基础垫板底面积乘以挖土深度计算。

挖沟槽土方的工程量：$V = 4 \times 504 \times 3.6 = 7257.60 (\text{m}^3)$

（2）项目编码：040103002 余方弃置

工程量计算规则：按挖方清单项目工程量减利用回填方体积（正数）计算。

余方弃置的工程量：$V = 4 \times 504 \times 3.6 = 7257.60 (\text{m}^3)$

清单工程量计算表见表 5-6。

表5-6 　　　　　　　　　　清 单 工 程 量 计 算 表

序号	项目编号	项目名称	项目特征描述	计量单位	工程量
1	040101002	挖沟槽土方	沟槽利用推土机推土，四类土	m³	7257.60
2	040103002	余方弃置	弃土置于槽边1m之处，运距2km	m³	7257.60

二、道路工程

【例1】 某道路 K0＋250～K0＋750 段为混凝土路面的路基断面示意图，如图 5-7 所示，路面宽为 18m，两侧路肩各宽 1m，路基的原天然地面的土质为软土，易沉陷，因此在该土中掺石灰以提高天然地面的承载能力，计算掺石灰的工程量。

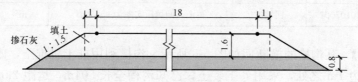

图 5-7　路基断面示意图

【解】 项目编码：040201004　　掺石灰

工程量计算规则：按设计图示尺寸以体积计算。

路基掺入石灰的工程量：$(750-250) \times (18+1 \times 2+1.5 \times 1.6 \times 2+18+1 \times 2+1.5 \times 1.6 \times 2+0.8 \times 1.5)/2 \times 0.8 = 500 \times 26 \times 0.8 = 10\ 400.00(\text{m}^3)$

清单工程量计算表见表5-7。

表5-7 　　　　　　　　　　清 单 工 程 量 计 算 表

项目编号	项目名称	项目特征描述	计量单位	工程量
040201004001	掺石灰	5%含灰量	m³	10 400.00

【例2】 某段长 750m 水泥混凝土路面路堤断面示意图，如图 5-8 所示，路面宽 15m，两侧路肩各宽 1m。该段道路的土质为湿软的黏土，影响路基的稳定性，因此在该土中掺入干土，以增加路基的稳定性，延长道路的使用年限，计算掺干土（密实度为 90%）的工程量。

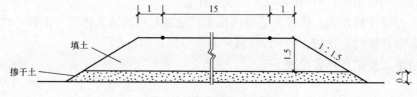

图 5-8　路堤断面示意图

【解】 项目编码：040201005 掺干土

工程量计算规则：按设计图示尺寸以体积计算。

路基掺入干土的工程量：$750 \times (15+1 \times 2+1.5 \times 1.5 \times 2+15+1 \times 2+1.5 \times 1.5 \times 2+0.5 \times 1.5 \times 2)/2 \times 0.5 = 750 \times 22.25 \times 0.5 = 8343.75(\text{m}^3)$

清单工程量计算表见表5-8。

表 5-8　　　　　　　　　　　清 单 工 程 量 计 算 表

项目编号	项目名称	项目特征描述	计量单位	工程量
040201005001	掺干土	掺干土密度为90%	m³	8343.75

【例3】 某道路的路堤断面图，如图5-9所示，全长800m，路面宽为21m，地基的土质为软弱的黏土。为了防止因路基稳定性不足而造成路基沉陷，从而影响该条道路的使用年限，因而在土中掺石，以增强路基的稳定性。计算掺石（掺石率为10%）的工程量。

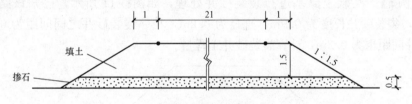

图 5-9　路堤断面图

【解】 项目编码：040201006 掺石

工程量计算规则：按设计图示尺寸以体积计算。

路基掺石的工程量：$800 \times (21+1 \times 2+1.5 \times 1.5 \times 2+21+1 \times 2+1.5 \times 1.5 \times 2+0.5 \times 1.5) \times 0.5 = 800 \times 28.25 \times 0.5 = 11\,300.00(\text{m}^3)$

清单工程量计算表见表5-9。

表 5-9　　　　　　　　　　　清 单 工 程 量 计 算 表

项目编号	项目名称	项目特征描述	计量单位	工程量
040201006001	掺石	掺石率为10%	m³	11 300.00

【例4】 某道路抛石挤淤断面图，如图5-10所示，因其在K0+216～K0+856之间为排水困难的洼地，且软弱层土易于流动，厚度又较薄，表层也无硬壳，从而采用在基底抛投不小于30cm的片石对路基进行加固处理，路面宽度为15m，计算抛石挤淤工程量。

【解】 项目编码：040201007 抛石挤淤

工程量计算规则：按设计图示尺寸以体积计算。

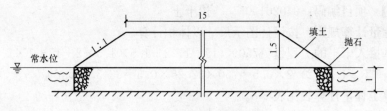

图 5-10　抛石挤淤断面图

抛石挤淤的工程量：$(856-216)\times(15+1\times1.5\times2)\times1=11\,520.00(\text{m}^3)$

清单工程量计算表见表 5-10。

表 5-10　　　　　　　　　　　清单工程量计算表

项目编号	项目名称	项目特征描述	计量单位	工程量
040201007001	抛石挤淤	片石	m³	11 520.00

【例5】　某软土路基进行袋装砂井处理，如图 5-11 所示，已知该路段长120m，袋装砂井长度为 0.9m，直径为 0.2m，相邻袋装砂井之间间距为 0.2m，前后井间距也为 0.2m，计算袋装砂井工程量。

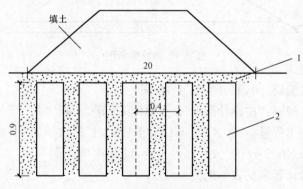

图 5-11　袋装砂井路堤断面图
1—砂垫层；2—砂井

【解】　项目编码：040201008　　袋装砂井

工程量计算规则：按设计图示尺寸以长度计算。

袋装砂井的工程量：$[120/0.20+1]\times(20/0.20+1)\times0.9=601\times101\times0.9=54\,630.90(\text{m})$

清单工程量计算表见表 5-11。

表 5-11 清 单 工 程 量 计 算 表

项目编号	项目名称	项目特征描述	计量单位	工程量
040201008001	袋装砂井	直径为 0.2m	m	54 630.90

【例 6】　某安装塑料排水板路基，如图 5-12 所示，该路段长 230m，路面宽 15m，每个路基断面铺两层塑料排水板，每块板宽 5m，板长 27m，计算塑料排水板工程量。

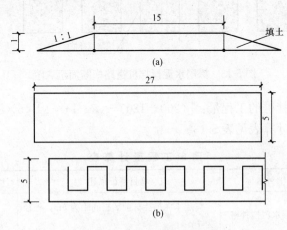

图 5-12　塑料排水板路基
(a) 路堤断面图；(b) 塑料排水板结构示意图

【解】　项目编码：040201009　塑料排水板

工程量计算规则：按设计图示尺寸以长度计算。

塑料排水板的工程量：$230/5 \times 27 \times 2 = 2484.00$(m)

清单工程量计算表见表 5-12。

表 5-12 清 单 工 程 量 计 算 表

项目编号	项目名称	项目特征描述	计量单位	工程量
040201009001	塑料排水板	塑料排水板，板宽 5m，板长 27m	m	2484.00

【例 7】　某深层水泥搅拌桩，如图 5-13 所示，该桩出现在道路 K0+120～K0+260 段上，路面为水泥混凝土结构，宽度为 15m，路肩宽度为 1.5m，填土高度为 2.5m。深层水泥搅拌桩前后桩间距为 5m，桩径为 1m，此处理保证了路基的稳定性，计算深层水泥搅拌桩工程量。

【解】　项目编码：040201013　深层水泥搅拌桩

工程量计算规则：按设计图示尺寸以桩长计算。

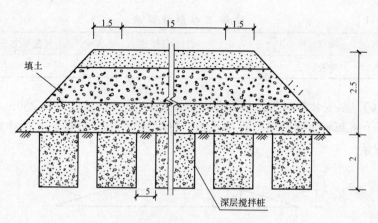

图 5-13　深层水泥搅拌桩道路横断面示意图

深层水泥搅拌桩的工程量：$[(260-120)\div(5+1)+1]\times5\times2=243.33(\mathrm{m})$

清单工程量计算表见表 5-13。

表 5-13　　　　　　　　　　　　清 单 工 程 量 计 算 表

项目编号	项目名称	项目特征描述	计量单位	工程量
040201013001	深层水泥搅拌桩	深层水泥搅拌桩前后桩间距为 5m，桩径为 1m	m	243.33

【例 8】　某道路路堤进行粉喷桩路基处理，如图 5-14 所示，该道路全长为 1500m，路面宽度为 18m，路肩宽各为 1m，路基加宽值为 0.3m，桩间净距 1.5m。计算粉喷桩的工程量。

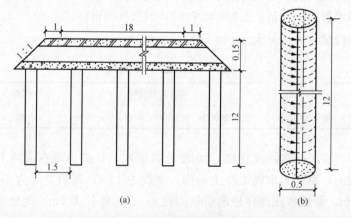

图 5-14　粉喷桩路堤示意图

（a）路堤断面图；（b）喷粉桩示意图

【解】 项目编码：040201014　粉喷桩

工程量计算规则：**按设计图示尺寸以桩长计算。**

粉喷桩的工程量：$[1500/(1.5+0.5)+1]\times[(18+1\times2+0.3)/(1.5+0.5)+1]\times12=751\times11\times12=99\,132.00(m)$

清单工程量计算表见表 5-14。

表 5-14　　　　　　　　　　清 单 工 程 量 计 算 表

项目编号	项目名称	项目特征描述	计量单位	工程量
040201014001	粉喷桩	桩径 0.5m，桩长 12m	m	99 132.00

【例 9】 某软弱土采用铺装土工合成材料地基处理方法，如图 5-15 所示，道路长 2000m，路面宽 15m，计算土工合成材料工程量。

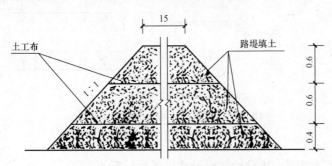

图 5-15　土工布道路横断面示意图

【解】 项目编码：040201021　　土工合成材料

工程量计算规则：**按设计图示尺寸以面积计算。**

土工合成材料的工程量：$2000\times[(15+0.6\times1\times2)+(15+0.6\times1\times2\times2)]=2000\times(16.6+18.2)=67\,200.00(m^2)$

清单工程量计算表见表 5-15。

表 5-15　　　　　　　　　　清 单 工 程 量 计 算 表

项目编号	项目名称	项目特征描述	计量单位	工程量
040201021001	土工合成材料	采用铺装土工合成材料地基处理方法	m²	67 200.00

【例 10】 某工程用土布处理地基，如图 5-16 所示，防止路基翻浆、下沉，土工布厚 250mm，在 K0+200～K0+500 之间雨量较大路段，为保护路基，在两侧设置截水沟与边沟，并在该路中央分隔带下设置盲沟，以隔断流向路基的水，如图 5-17 所示，计算截水沟的工程量。

【解】 项目编码：040201022　　排水沟、截水沟

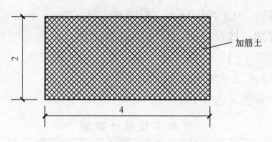

图 5-16　土工布平面示意图（单位：m）

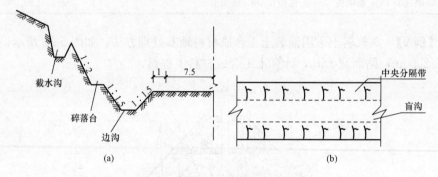

图 5-17　截水沟、边沟和盲沟示意图

（a）道路横断面示意图；（b）盲沟平面示意图

工程量计算规则：按设计图示尺寸以长度计算。

截水沟的工程量：$(500-200)\times 2=600.00$（m）

清单工程量计算表见表 5-16。

表 5-16　　　　　　　　清 单 工 程 量 计 算 表

项目编号	项目名称	项目特征描述	计量单位	工程量
040201022001	排水沟、截水沟	两侧设置截水沟与边沟，并在该路中央分隔带下设置盲沟	m	600.00

【例 11】　某 1200m 长道路路基两侧设置纵向盲沟，如图 5-18 所示，该盲沟可以隔断或截流流向路基的泉水和地下集中水流，计算盲沟的工程量。

【解】　项目编码：040201023　　盲沟

工程量计算规则：按设计图示尺寸以长度计算。

盲沟的工程量：$1200\times 2=2400.00$（m）

清单工程量计算表见表 5-17。

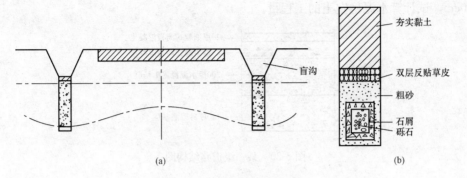

图 5-18 某路基盲沟示意图

（a）路基纵向盲沟示意图；（b）盲沟构造示意图

表 5-17   **清 单 工 程 量 计 算 表**

项目编号	项目名称	项目特征描述	计量单位	工程量
040201023001	盲沟	碎石盲沟	m	2400.00

【例 12】 某 1000m 长道路人行道结构图，如图 5-19 所示，其面层为混凝土步道砖，基层为石灰土，宽度每边均为 2.5m，中有车行道宽 9m，缘石宽 30cm，计算人行道石灰稳定土的工程量。

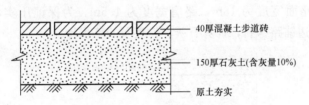

图 5-19 某道路人行道结构图

【解】 项目编码：040202002   石灰稳定土

工程量计算规则：按设计图示尺寸以面积计算，不扣除各类井所占面积。

石灰土稳定的工程量：$2.5 \times 2 \times 1000 = 5000.00 (\text{m}^2)$

清单工程量计算表见表 5-18。

表 5-18   **清 单 工 程 量 计 算 表**

项目编号	项目名称	项目特征描述	计量单位	工程量
040202002001	石灰稳定土	150 厚石灰土，含灰量 10%	m²	5000.00

【例 13】 某一级道路 K0+100～K0+750 段为沥青混凝土结构，如图 5-20 所示，路面宽度为 18m，路肩宽度为 2m。为保证路基压实，路基两侧各加宽

50cm，试计算水泥稳定土的工程量。

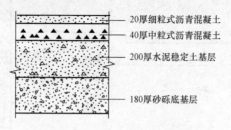

图 5-20　某一级道路结构图

【解】　项目编码：040202003　　水泥稳定土

工程量计算规则：按设计图示尺寸以面积计算，不扣除各类井所占面积。

水泥稳定土的工程量：(750－100)×18＝11 700.00(m²)

清单工程量计算表见表 5-19。

表 5-19　　　　　　　　　**清 单 工 程 量 计 算 表**

项目编号	项目名称	项目特征描述	计量单位	工程量
040202003001	水泥稳定土	200 厚水泥稳定土基层	m²	11 700.00

【例 14】　某市区道路结构，如图 5-21 所示，在 K1＋857～K2＋401 段上为沥青混凝土，路面宽度为 18m，路肩宽度为 1.5m。为保证压实，两侧各加宽 0.3m，路面两边铺路缘石，计算石灰、粉煤灰的工程量。

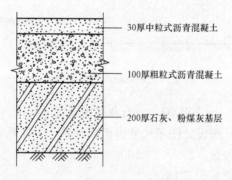

图 5-21　某市区道路结构图

【解】　项目编码：040202004　　石灰、粉煤灰、土

工程量计算规则：按设计图示尺寸以面积计算，不扣除各类井所占面积。

石灰、粉煤灰基层的工程量：(2401－1857)×18＝9792.00(m²)

清单工程量计算表见表 5-20。

表 5-20

清 单 工 程 量 计 算 表

项目编号	项目名称	项目特征描述	计量单位	工程量
040202004001	石灰、粉煤灰、土	200 厚石灰、粉煤灰基层	m²	9792.00

【例 15】 某改建工程路面结构，如图 5-22 所示，该道路原为黑色碎石，现用水泥混凝土作为面层。该段道路长 250m，宽 15m，改建后路幅宽度不变，计算石灰、碎石、土的工程量。

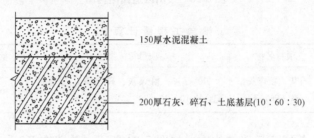

150厚水泥混凝土

200厚石灰、碎石、土底基层(10：60：30)

图 5-22 某改建路面结构图（单位：mm）

【解】 项目编码：040202005 石灰、碎石、土

工程量计算规则：按设计图示尺寸以面积计算，不扣除各类井所占面积。

石灰、碎石、土的工程量：250×15＝3750.00(m²)

清单工程量计算表见表 5-21。

表 5-21

清 单 工 程 量 计 算 表

项目编号	项目名称	项目特征描述	计量单位	工程量
040202005001	石灰、碎石、土	200 厚石灰、碎石、土底基层，配合比 10：60：30	m²	3750.00

【例 16】 某山区道路为黑色碎石路面结构图，如图 5-23 所示，全长为 1200m，路面宽度为 9m，路肩宽度为 1.5m，该路段路基处于湿软工作状态，为了保证路基的稳定性以及道路的使用年限，对路基进行掺石灰、粉煤灰、碎（砾）石处理，计算石灰、粉煤灰、碎（砾）石工程量。

【解】 项目编码：040202006 石灰、粉煤灰、碎（砾）石

工程量计算规则：按设计图示尺寸以面积计算，不扣除各类井所占面积。

石灰、粉煤灰、碎石的工程量：1200×9＝10 800.00(m²)

清单工程量计算表见表 5-22。

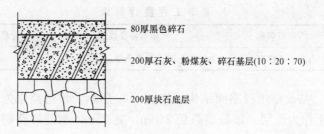

图 5-23 某山区道路结构图

表 5-22　　　　　　　　　　**清 单 工 程 量 计 算 表**

项目编号	项目名称	项目特征描述	计量单位	工程量
040202006001	石灰、粉煤灰、碎（砾）石	200 石灰、粉煤灰、碎（砾）石基层，配合比 10∶20∶70	m²	10 800.00

【**例 17**】 某城市道路结构图，如图 5-24 所示，该路在 K2＋040～K2＋760 段为混凝土结构，路面宽度为 12m，路肩各宽 1.5m，为保证压实，每边各加宽 20cm，路面两边铺设缘石，计算砂砾石的工程量。

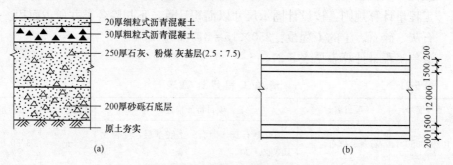

图 5-24 某城市道路示意图

(a) 道路结构图；(b) 道路平面图

【**解**】 项目编码：040202009　　砂砾石

工程量计算规则：按设计图示尺寸以面积计算，不扣除各类井所占面积。

砂砾石的工程量：（2760－2040）×12＝8640.00（m²）

清单工程量计算表见表 5-23。

表 5-23　　　　　　　　　　**清 单 工 程 量 计 算 表**

项目编号	项目名称	项目特征描述	计量单位	工程量
040202009001	砂砾石	200 厚砂砾石底层	m²	8640.00

【**例18**】 某市水泥混凝土结构道路，道路在 K0＋200～K3＋000 段结构如图 5-25 所示，且路面宽度为 12m，路肩各宽 1m。由于该路段雨水量较大，两侧设置边沟以利于排水，计算卵石底层的工程量。

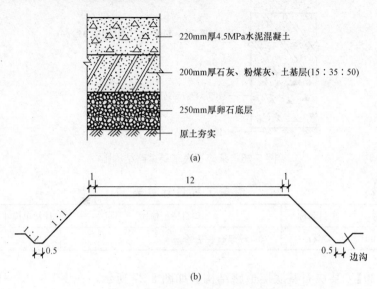

图 5-25 某市水泥混凝土结构道路

(a) 道路结构示意图；(b) 道路横断面示意图

【**解**】 项目编码：040202010 卵石

工程量计算规则：按设计图示尺寸以面积计算，不扣除各类井所占面积。

卵石底层的工程量：(3000－200)×12＝33 600.00(m²)

清单工程量计算表见表 5-24。

表 5-24　　　　　　　　　　　　　清 单 工 程 量 计 算 表

项目编号	项目名称	项目特征描述	计量单位	工程量
040202010001	卵石	250 厚卵石底层	m²	33 600.00

【**例19**】 某碎石底基层道路，如图 5-26 所示，道路全长 560m，路面宽度为 12m，路肩宽度为 1m。计算碎石工程量。

【**解**】 项目编码：040202011 碎石

工程量计算规则：按设计图示尺寸以面积计算，不扣除各类井所占面积。

碎石底基层的工程量：560×12＝6720.00(m²)

清单工程量计算表见表 5-25。

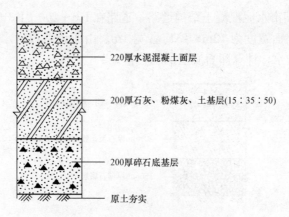

图 5-26 某碎石底基层道路结构图

表 5-25 清 单 工 程 量 计 算 表

项目编号	项目名称	项目特征描述	计量单位	工程量
040202011001	碎石	200 厚碎石底基层	m²	6720.00

【例 20】 某块石基底层道路结构，如图 5-27 所示，在 K0＋015～K1＋250 段路为该结构，路面宽度为 12m，路肩宽度为 1m。由于该路段土较湿，为了保证路基的稳定以及满足道路的使用年限要求，需要对路基进行抛石挤淤处理，计算块石底层的工程量。

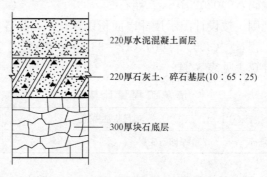

图 5-27 某块石基底层道路结构图

【解】 项目编码：040202012 块石

工程量计算规则：按设计图示尺寸以面积计算，不扣除各类井所占面积。

块石底层的工程量：(1250－15)×12＝14 820.00(m²)

清单工程量计算表见表 5-26。

表 5-26 清 单 工 程 量 计 算 表

项目编号	项目名称	项目特征描述	计量单位	工程量
040202012001	块石	300 厚块石底层	m²	14 820.00

【例 21】 某沥青贯入式路面道路结构图，如图 5-28 所示，道路在 K0＋000～K0＋710 标段为该结构，路面修筑宽度为 15m，路肩各宽 1m。为保证路面边缘的稳定性，在路基两边各加宽 0.3m，路面两边铺设缘石，计算粉煤灰三渣基层的工程量。

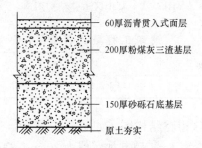

图 5-28 某沥青贯入式路面道路结构图

【解】 项目编码：040202014 粉煤灰三渣

工程量计算规则：按设计图示尺寸以面积计算，不扣除各类井所占面积。

粉煤灰三渣基层的工程量：710×15＝10 650.00(m²)

清单工程量计算表见表 5-27。

表 5-27 清 单 工 程 量 计 算 表

项目编号	项目名称	项目特征描述	计量单位	工程量
040202014001	粉煤灰三渣	200 厚粉煤灰三渣基层	m²	10 650.00

【例 22】 某山区道路结构，如图 5-29 所示，该路面宽度为 18m，采用沥青表面处治，道路长为 2000m，采用水泥稳定碎（砾）石作基层，路肩宽度为 1m，计算水泥稳定碎（砾）石基层的工程量。

【解】 项目编码：040202015 水泥稳定碎（砾）石

工程量计算规则：按设计图示尺寸以面积计算，不扣除各类井所占面积。

水泥稳定碎（砾）石基层的工程量：2000×18＝36 000.00(m²)

清单工程量计算表见表 5-28。

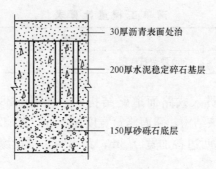

图 5-29　某山区道路结构图

表 5-28　　　　　　　　　　　　清 单 工 程 量 计 算 表

项目编号	项目名称	项目特征描述	计量单位	工程量
040202015001	水泥稳定碎（砾）石	200 厚水泥稳定碎石基层	m²	36 000.00

【例 23】 某城市郊区道路结构图，如图 5-30 所示，道路路长为 2000m，路面宽度为 12m，路肩宽度为 1m，路基加宽值为 30cm。路面采用沥青混凝土，路基采用沥青稳定碎石，计算沥青稳定碎石基层的工程量。

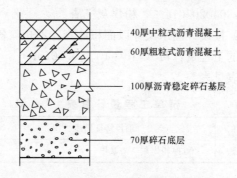

图 5-30　某城市郊区道路结构图（单位：mm）

【解】 项目编码：040202016　沥青稳定碎石

工程量计算规则：按设计图示尺寸以面积计算，不扣除各类井所占面积。

沥青稳定碎石的工程量：2000×12＝24 000.00（m²）

清单工程量计算表见表 5-29。

表 5-29　　　　　　　　　　　　清 单 工 程 量 计 算 表

项目编号	项目名称	项目特征描述	计量单位	工程量
040202016001	沥青稳定碎石	100 厚沥青稳定碎石基层	m²	24 000.00

【例24】　某郊区道路路面结构示意图，如图 5-31 所示，该道路全长为 1800m，路面宽度为 15m，路肩宽度为 1.5m，路面两侧铺设缘石，路面喷洒沥青油料，该路面面层不带平石，计算沥青表面处治的工程量。

图 5-31　路面结构示意图（单位：mm）

80厚黑色碎石

220厚路拌粉煤灰三渣基层

200厚砂砾底层

【解】　项目编码：040203001　　沥青表面处治

工程量计算规则：按设计图示尺寸以面积计算，不扣除各种井所占面积，带平石的面层应扣除平石所占面积。

沥青表面处治的工程量：$1800 \times 15 = 27\,000.00(\text{m}^2)$

清单工程量计算表见表 5-30。

表 5-30　　　　　　　　**清单工程量计算表**

项目编号	项目名称	项目特征描述	计量单位	工程量
040203001001	沥青表面处治	路面喷洒沥青油料	m²	27 000.00

【例25】　某市沥青贯入式道路结构示意图，如图 5-32 所示，该道路全长为 1200m，路面宽 18m，基层采用泥灰结碎石，底基层采用天然砂砾，该路面面层为不带平石的面层，计算沥青贯入式路面的工程量。

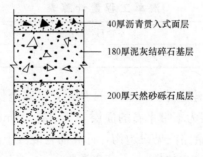

图 5-32　某城市沥青贯入式道路结构图

40厚沥青贯入式面层

180厚泥灰结碎石基层

200厚天然砂砾石底层

【解】　项目编码：040203002　　沥青贯入式

工程量计算规则：按设计图示尺寸以面积计算，不扣除各种井所占面积，带平石的面层应扣除平石所占面积。

沥青贯入式路面的工程量：$1200 \times 18 = 21\ 600.00 (m^2)$

清单工程量计算表见表 5-31。

表 5-31   清 单 工 程 量 计 算 表

项目编号	项目名称	项目特征描述	计量单位	工程量
040203002001	沥青贯入式	40 厚沥青贯入式面层	m²	21 600.00

【例 26】 某山区道路为黑色碎石路面其结构图，如图 5-33 所示，全长为 900m，路面宽度为 15m，路肩宽度为 1.5m，该路面面层为不带平石的面层。由于该路段路基处于湿软工作状态，为了保证路基的稳定性以及道路的使用年限，对路基进行掺石处理。计算黑色碎石面层的工程量。

图 5-33 某山区道路结构图（单位：mm）

【解】 项目编码：040203005   黑色碎石

工程量计算规则：按设计图示尺寸以面积计算，不扣除各种井所占面积，带平石的面层应扣除平石所占面积。

黑色碎石面层的工程量：$900 \times 15 = 13\ 500.00 (m^2)$

清单工程量计算表见表 5-32。

表 5-32   清 单 工 程 量 计 算 表

项目编号	项目名称	项目特征描述	计量单位	工程量
040203005001	黑色碎石	100 厚黑色碎石	m²	13 500.00

【例 27】 某城市新建道路，如图 5-34 所示，该路全长 1200m，路面宽 24m，路肩宽 1m，该路面面层为不带平石的面层，其中有 400m 路段处于雨量大地段，设置边沟与截水沟，其余路段见设边沟，计算沥青混凝土面层的工程量。

【解】 项目编码：040203006   沥青混凝土

工程量计算规则：按设计图示尺寸以面积计算，不扣除各种井所占面积，带平石的面层应扣除平石所占面积。

沥青混凝土面层的工程量：$1200 \times 24 = 28\ 800.00 (m^2)$

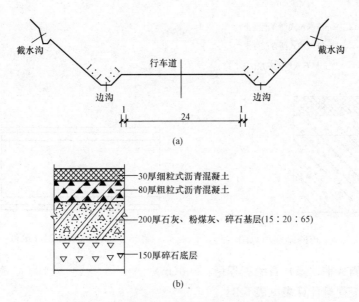

图 5-34 某城市新建道路示意图（单位：mm）

(a) 道路横断面图；(b) 道路结构图

清单工程量计算表见表 5-33。

表 5-33 清 单 工 程 量 计 算 表

项目编号	项目名称	项目特征描述	计量单位	工程量
040203006001	沥青混凝土	30 厚细粒式沥青混凝土，80 厚粗粒式沥青混凝土	m^2	28 800.00

【例 28】 某路 K0+000～K0+100 为沥青混凝土结构，路面宽度为 9m，路面两边铺侧缘石，路肩各宽 1m，路基加宽值为 0.5m。道路的结构图如图 5-35所示，道路平面图如图 5-36 所示，根据上述情况，进行道路工程工程量的编制。

【解】 （1）项目编码：040202004 石灰、粉煤灰、土

工程量计算规则：按设计图示尺寸以面积计算，不扣除各类井所占面积。

石灰、粉煤灰基层的工程量：$100 \times 9 = 900.00 (m^2)$

（2）项目编码：040203006 沥青混凝土

工程量计算规则：按设计图示尺寸以面积计算，不扣除各种井所占面积，带平石的面层应扣除平石所占面积。

沥青混凝土面层的工程量：$100 \times 9 = 900.00 (m^2)$

（3）项目编码：040204004 安砌侧（平、缘）石

工程量计算规则：按设计图示中心线长度计算，不扣除各类井所占面积。

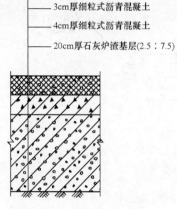

图 5-35 道路结构示意图

图 5-36 道路平面图（单位：m）

安砌侧（平、缘）石的工程量：200（m）

清单工程量计算表见表 5-34。

表 5-34　　　　　　　　　　　清 单 工 程 量 计 算 表

序号	项目编号	项目名称	项目特征描述	计量单位	工程量
1	040202004001	石灰、粉煤灰、土	石灰炉渣（2.5：7.5）基层 200 厚	m²	900.00
2	040203006001	沥青混凝土	40 厚粗粒式，石料最大粒径 30mm	m²	900.00
3	040203006002	沥青混凝土	30 厚细粒式，石料最大粒径 20mm	m²	900.00
4	040204004001	安砌侧（平、缘）石	C30 混凝土缘石安砌，砂垫层	m	200.00

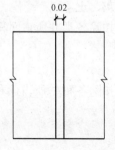

图 5-37　伸缩缝的纵断面图
（单位：m）

【例 29】　某道路面层水泥混凝土伸缩缝纵断面，如图 5-37 所示，该道路长为 1200m，其行车道宽度为 18m，设为双向六车道，每个车道宽度为 3m，在六个车道中有 5 条伸缩缝，路面无平石，伸缩缝宽度为 2cm，计算水泥混凝土伸缩缝的工程量。

【解】　项目编码：040203007　水泥混凝土工程量计算规则：按设计图示尺寸以面积计算，不扣除各种井所占面积，带平石的面层应扣除平石所占面积。

水泥混凝土伸缩缝的工程量：$0.02 \times 1200 \times 5 = 120.00 (\text{m}^2)$

清单工程量计算表见表 5-35。

表 5-35　　　　　　　　清 单 工 程 量 计 算 表

项目编号	项目名称	项目特征描述	计量单位	工程量
040203007001	水泥混凝土	有 5 条伸缩缝，伸缩缝宽度为 2cm	m²	120.00

【例 30】　某游园为块料面层，路宽 9m，长 150m，该路面面层为不带平石的面层，计算块料面层的工程量。

【解】　项目编码：040203008　　块料面层

工程量计算规则：按设计图示尺寸以面积计算，不扣除各种井所占面积，带平石的面层应扣除平石所占面积。

块料面层工程量：$150 \times 9 = 1350.00 (\text{m}^2)$

清单工程量计算表见表 5-36。

表 5-36　　　　　　　　清 单 工 程 量 计 算 表

项目编号	项目名称	项目特征描述	计量单位	工程量
040203008001	块料面层	面层为不带平石的面层	m²	1350.00

【例 31】　某运动场为橡胶、塑料弹性面层，路宽 12m，长 750m，该路面面层为不带平石的面层，计算该橡胶、塑料弹性面层的工程量。

【解】　项目编码：040203009　　弹性面层

工程量计算规则：按设计图示尺寸以面积计算，不扣除各种井所占面积，带平石的面层应扣除平石所占面积。

橡胶、塑料弹性面层的工程量：$12 \times 750 = 9000.00 (\text{m}^2)$

清单工程量计算表见表 5-37。

表 5-37　　　　　　　　清 单 工 程 量 计 算 表

项目编号	项目名称	项目特征描述	计量单位	工程量
040203009001	弹性面层	橡胶、塑料弹性面层，不带平石的面层	m²	9000.00

【例 32】　某桩号为 K1＋050～K1＋895 的道路横断图，如图 5-38 所示，路幅宽度为 30m，人行道路宽度各为 6m（人行道宽不包括侧石，且人行道上无树池），路肩各宽 1.5m，道路车行道横坡为 2％，人行道横坡为 1.5％，人行道用块料铺设，计算人行道块料铺设的工程量。

【解】　项目编码：040204002　　人行道块料铺设

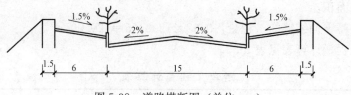

图 5-38　道路横断图（单位：m）

工程量计算规则：按设计图示尺寸以面积计算，不扣除各类井所占面积，但应扣除侧石、树池所占面积。

人行道块料铺设的工程量：（1895－1050）×6×2＝10 140.00（m²）

清单工程量计算表见表 5-38。

表 5-38　　　　　　　　**清 单 工 程 量 计 算 表**

项目编号	项目名称	项目特征描述	计量单位	工程量
040204002001	人行道块料铺设	人行道路宽度各为 6m，砂垫石，铺设	m²	10 140.00

【例33】　某市 3600m 长四幅路横断面如图 5-39 所示，两侧为宽 3m 的人行道路（人行道宽不包括侧石，且人行道上无树池），结构如图 5-40 所示，计算现浇混凝土人行道的工程量。

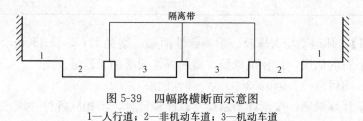

图 5-39　四幅路横断面示意图
1—人行道；2—非机动车道；3—机动车道

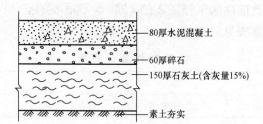

图 5-40　人行道结构图

【解】　项目编码：040204003　　现浇混凝土人行道及进口坡

工程量计算规则：按设计图示尺寸以面积计算，不扣除各类井所占面积，但应扣除侧石、树池所占面积。

现浇混凝土人行道的工程量：3600×3.0×2＝21 600.00(m²)

清单工程量计算表见表 5-39。

表 5-39 **清 单 工 程 量 计 算 表**

项目编号	项目名称	项目特征描述	计量单位	工程量
040204003001	现浇混凝土人行道及进口坡	现浇混凝土人行道 80mm 厚，150mm 厚石灰土（15％）垫层	m²	21 600.00

【例34】 某城市道路树池砌筑示意图，如图 5-41 所示，人行道与车形道之间种植树木，每个树池间距为 6m，该段道路全长 1500m，计算树池砌筑的工程量。

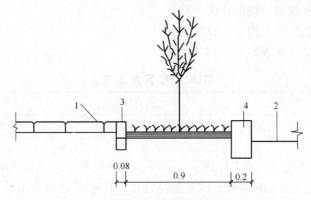

图 5-41 树池砌筑示意图

1—人行道；2—车行道；3—树池石；4—侧石

【解】 项目编码：040204007 树池砌筑

工程量计算规则：按设计图示数量计算。

树池砌筑的工程量：(1500/6＋1)×2＝502(个)

清单工程量计算表见表 5-40。

表 5-40 **清 单 工 程 量 计 算 表**

项目编号	项目名称	项目特征描述	计量单位	工程量
040204007001	树池砌筑	树池砌筑	个	502

【例35】 某城市道路人（手）孔井示意图，如图 5-42 所示，其便于地下管线的装拆，道路总长 1800m，且只在一边设置工作井，每 25m 设一座工作井，计算人（手）孔井的工程量。

【解】 项目编码：040205001 人（手）孔井

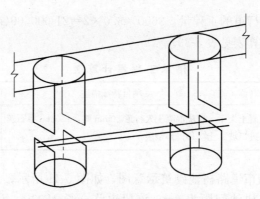

图 5-42　人（手）孔作井示意图

工程量计算规则：按设计图示数量计算。

人（手）孔井的工程量：1800/25＋1＝73（座）

清单工程量计算表见表 5-41。

表 5-41　　　　　　　　　清 单 工 程 量 计 算 表

项目编号	项目名称	项目特征描述	计量单位	工程量
040205001001	人（手）孔井	人（手）孔井	座	73

【例 36】　某改建道路人行道下设管线。已知该改建道路长 360m，人行道设有 11 座接线工作井，电缆保护设施随路建设，该电缆管道为 7 孔梅花管，管内穿线预留长度共 24m，计算电缆保护管工程量。

【解】　项目编码：040205002　　电缆保护管

工程量计算规则：按设计图示以长度计算。

电缆保护管的工程量：360.00(m)

清单工程量计算表见表 5-42。

表 5-42　　　　　　　　　清 单 工 程 量 计 算 表

项目编号	项目名称	项目特征描述	计量单位	工程量
040205002001	电缆保护管	电缆管道为 7 孔梅花管，管内穿线预留长度共 24m	m	360.00

【例 37】　某公路标杆，该公路全长为 2000m，宽为 27m，路面为混凝土结构，每 100m 设一根标杆，计算标杆的工程量。

【解】　项目编码：040205003　　标杆

工程量计算规则：按设计图示数量计算。

标杆的工程量：2000/100＋1＝21（根）

清单工程量计算表见表 5-43。

表 5-43 清 单 工 程 量 计 算 表

项目编号	项目名称	项目特征描述	计量单位	工程量
040205003001	标杆	标杆	根	21

【例 38】 某城市道路设置悬臂式标志板，如图 5-43 所示，在道路两侧共设置 10 组该标志板，提醒行驶在道路上的车辆和行人避免危险，计算标志板的工程量。

【解】 项目编码：040205004　标志板

工程量计算规则：按设计图示数量计算。

标志板的工程量：$10 \times 2 = 20$（块）

清单工程量计算表见表 5-44。

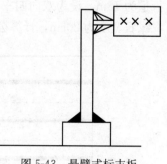

图 5-43　悬臂式标志板

表 5-44 清 单 工 程 量 计 算 表

项目编号	项目名称	项目特征描述	计量单位	工程量
040205004001	标志板	悬臂式标志板	块	20

【例 39】 某高速公路全长 2000m，宽 12m，路面为沥青混凝土路面，每 50m 设一个标志板，试求标志板的工程量。

【解】 项目编码：040205004　标志板

工程量计算规则：按设计图示数量计算。

标志板的工程量：$2000/50 + 1 = 41$（块）

清单工程量计算表见表 5-45。

表 5-45 清 单 工 程 量 计 算 表

项目编号	项目名称	项目特征描述	计量单位	工程量
040205004001	标志板	沥青混凝土路面标志板	块	41

【例 40】 某新建道路全长为 1800m，宽为 18m，路面结构为水泥混凝土路面，在该路段安装视线诱导器，每 50m 安装一只视线诱导器，计算视线诱导器的工程量。

【解】 项目编码：040205005　视线诱导器

工程量计算规则：按设计图示数量计算。

视线诱导器的工程量：$1800/50 + 1 = 37$（只）

清单工程量计算表见表 5-46。

表 5-46　　　　　　　　　　　　清 单 工 程 量 计 算 表

项目编号	项目名称	项目特征描述	计量单位	工程量
040205005001	视线诱导器	视线诱导器	只	37

【例 41】　某全长 850m 的道路平面图，如图 5-44 所示，路面宽度为 24.4m，车行道为 18m，设为双向四车道，人行道为 6m，在人行道与车行道之间设有缘石，缘石宽度为 20cm，计算公交站标线的工程量。

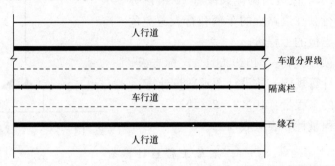

图 5-44　道路平面图

【解】　项目编码：040205006　　标线

工程量计算规则：1. 以米计量，按设计图示以长度计算；2. 以平方米计量，按设计图示尺寸以面积计算。

标线的工程量：850×2＝1700.00（m）

清单工程量计算表见表 5-47。

表 5-47　　　　　　　　　　　　清 单 工 程 量 计 算 表

项目编号	项目名称	项目特征描述	计量单位	工程量
040205006001	标线	设有缘石，缘石宽度为 20cm	m	1700.00

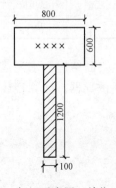

图 5-45　标记示意图（单位：mm）

【例 42】　某城市干道与辅路交叉时设置标记，如图 5-45 所示，该道路上此类标记共有 16 个，计算标记工程量。

【解】　项目编码：040205007　　标记

工程量计算规则：1. 以个计量，按设计图示数量计算；2. 以平方米计量，按设计图示尺寸以面积计算。

标记的工程量：16（个）

清单工程量计算表见表 5-48。

表 5-48 清 单 工 程 量 计 算 表

序号	项目编号	项目名称	项目特征描述	计量单位	工程量
1	040205007001	标记	标记	个	16

【例 43】 某干道交叉口平面图，如图 5-46 所示，人行道线宽 30cm，长度均为 1.2m，计算横道线的工程量。

【解】 项目编码：040205008　横道线

工程量计算规则：按设计图示尺寸以面积计算。

横道线的工程量：$0.30 \times 1.2 \times (2 \times 7 + 2 \times 7) = 10.80 (\text{m}^2)$

清单工程量计算表见表 5-49。

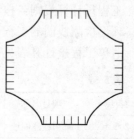

图 5-46　交叉口平面图

表 5-49 清 单 工 程 量 计 算 表

项目编号	项目名称	项目特征描述	计量单位	工程量
040205008001	横道线	人行横道线	m²	10.80

【例 44】 某改建道路要清除原路面上的标线，如图 5-47 所示。已知该道路全长 950m，路面宽 9m，车道中心线宽 20cm，计算车道中心线的工程量。

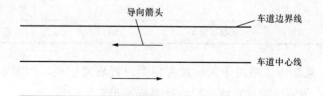

导向箭头　　车道边界线
车道中心线

图 5-47　某改建道路路面标线示意图（单位：m）

【解】 项目编码：040205009　清除标线

工程量计算规则：按设计图示尺寸以面积计算。

清除标线的工程量：$950 \times 0.2 = 190.00 (\text{m}^2)$

清单工程量计算表见表 5-50。

表 5-50 清 单 工 程 量 计 算 表

项目编号	项目名称	项目特征描述	计量单位	工程量
040205009001	清除标线	路面标线如图	m²	190.00

【例45】 某城市道路交叉口做交通量调查，每个车道下面安装一个环形电流线圈，每当车辆通过，线圈便产生电流，以此计量车辆通过数量。此道路交叉口共有3个出口道，计算环形检测圈线的工程量。

【解】 项目编码：040205010   环形检测圈线

工程量计算规则：按设计图示数量计算。

环形检测线圈的工程量：3（个）

清单工程量计算表见表5-51。

表 5-51   清 单 工 程 量 计 算 表

项目编号	项目名称	项目特征描述	计量单位	工程量
040205010001	环形检测圈线	环形电流线圈	个	3

【例46】 某道路为了便于交通管理，在每个道路交叉口处安装一座值警亭，已知该道路共有5个交叉口，计算值警亭工程量。

【解】 项目编码：040205011   值警亭

工程量计算规则：按设计图示数量计算。

值警亭安装的工程量：5（座）

清单工程量计算表见表5-52。

表 5-52   清 单 工 程 量 计 算 表

项目编号	项目名称	项目特征描述	计量单位	工程量
040205011001	值警亭	值警亭安装	座	5

【例47】 某新建道路由于人口较密集而设置隔离护栏，如图5-48所示。道路全长850m，两侧连续设置该护栏，计算隔离护栏工程量。

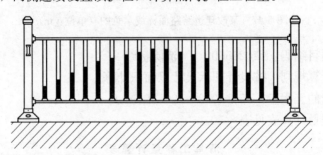

图 5-48 某新建道路隔离护栏示意图

【解】 项目编码：040205012   隔离护栏

工程量计算规则：按设计图示以长度计算。

隔离护栏的工程量：$850 \times 2 = 1700.00 (\text{m})$

清单工程量计算表见表 5-53。

表 5-53 清 单 工 程 量 计 算 表

项目编号	项目名称	项目特征描述	计量单位	工程量
040205012001	隔离护栏	道路两侧连续设置隔离护栏	m	1700.00

【例 48】 某地区道路全长为 1200m，路面为混凝土路面，在人行道两侧均安装信号灯架空走线，计算信号灯的架空走线的工程量。

【解】 项目编码：040205013 架空走线

工程量计算规则：按设计图示以长度计算。

架空走线的工程量：$1200 \times 2 = 2400.00 (\text{m})$

清单工程量计算表见表 5-54。

表 5-54 清 单 工 程 量 计 算 表

项目编号	项目名称	项目特征描述	计量单位	工程量
040205013001	架空走线	安装信号灯架空走线	m	2400.00

【例 49】 某道路在桩号为 K0+000～K5+500 间，有 9 个道路交叉口，每个交叉口设有一座值警亭，安装 3 套信号灯，计算信号灯的安装工程量。

【解】 项目编码：040205014 信号灯

工程量计算规则：按设计图示数量计算。

交通信号灯的安装工程量：$9 \times 3 = 27 (\text{套})$

清单工程量计算表见表 5-55。

表 5-55 清 单 工 程 量 计 算 表

项目编号	项目名称	项目特征描述	计量单位	工程量
040205014001	信号灯	值警亭内安装 4 套信号灯	套	27

【例 50】 某条新建道路全长为 1500m，行车道的宽度为 9m，人行道宽度为 3m，在人行道下设有 18 座接线工作井，其邮电设施随路建设。已知邮电管道为 6 孔 PVC 管，小号直通井 9 座，小号四通井 1 座，管内配线的预留长度共为 35m，计算管内配线的工程量。

【解】 项目编码：040205016 管内配线

工程量计算规则：按设计图示以长度计算。

管内穿线的工程量：$1500 \times 6 + 35 = 9035.00 (\text{m})$

清单工程量计算表见表 5-56。

表 5-56　　　　　　　　　　　清 单 工 程 量 计 算 表

项目编号	项目名称	项目特征描述	计量单位	工程量
040205016001	管内配线	6 孔 PVC 管，管内配线的预留长度共为 35m	m	9035.00

三、桥涵工程

【例 1】　预制钢筋混凝土方桩截面尺寸为 250mm×250mm，设计全长 10m，桩顶至自然地面高度为 2m，共 7 根预制钢筋混凝土方桩，计算预制钢筋混凝土方桩的工程量。

【解】　项目编码：040301001　　预制钢筋混凝土方桩

工程量计算规则：1. 以米计量，按设计图示尺寸以桩长（包括桩尖）计算；2. 以立方米计量，按设计图示桩长（包括桩尖）乘以桩的断面积计算；3. 以根计量，按设计图示数量计算。

预制钢筋混凝土方桩的工程量：$10.00×7=70.00$（m）

预制钢筋混凝土方桩的工程量：$0.25×0.25×10×7=8.25$（m^3）

预制钢筋混凝土方桩的工程量：7（根）

清单工程量计算表见表 5-57。

表 5-57　　　　　　　　　　　清 单 工 程 量 计 算 表

序号	项目编号	项目名称	项目特征描述	计量单位	工程量
1	040301001001	预制钢筋混凝土方桩	全长 10m	m	70.00
2	040301001002	预制钢筋混凝土方桩	桩截面尺寸为 250mm×250mm，设计全长 10m	m^3	8.25
3	040301001003	预制钢筋混凝土方桩	共 7 根预制钢筋混凝土方桩	根	7

【例 2】　某钢管桩，如图 5-49 所示，设计桩长 22m（设计桩顶至桩底标高），钢管外径为 1.0m，管壁厚 5cm，某工程共有 6 根这样的钢桩，计算这种钢管桩的工程量。

【解】　项目编码：040301003　　钢管桩

工程量计算规则：1. 以吨计量，按设计图示尺寸以质量计算；2. 以根计量，按设计图示数量计算。

钢管桩的工程量：6（根）

清单工程量计算表见表 5-58。

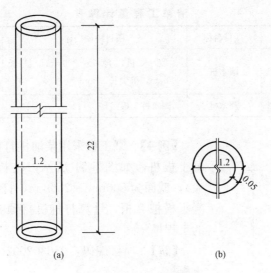

图 5-49 钢管桩示意图

（a）桩大样图；（b）桩断面图

表 5-58 清 单 工 程 量 计 算 表

项目编号	项目名称	项目特征描述	计量单位	工程量
040301003002	钢管桩	共有 6 根这样的钢桩	根	6

【例3】 某圆木桩1根，如图5-50所示，桩身长900mm，桩尖长50mm，外径200mm，计算打桩的工程量。

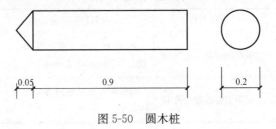

图 5-50 圆木桩

【解】 项目编码：040302001 圆木桩

工程量计算规则：1. 以米计量，按设计图示尺寸以桩长（包括桩尖）计算；2. 以根计量，按设计图示数量计算。

圆木桩的工程量：0.05＋0.9＝0.95（m）

圆木桩的工程量：1（根）

清单工程量计算表见表5-59。

表 5-59　　　　　　　　　　**清单工程量计算表**

序号	项目编号	项目名称	项目特征描述	计量单位	工程量
1	040302001001	圆木桩	圆木桩，尾径 200mm，桩长 900mm，桩尖长 50mm	m	0.95
2	040302001002	圆木桩	圆木桩 1 根	根	1

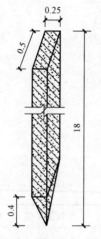

图 5-51　钢筋混凝土板桩
（单位：m）

【例 4】　某工程采用柴油机打桩机打预制钢筋混凝土板桩，如图 5-51 所示，桩长为 18m（包括桩尖），截面为 500mm×250mm，打桩机打预制钢筋混凝土板桩 2 根，计算打桩机打预制钢筋混凝土板桩的工程量。

【解】　项目编码：040302002　预制钢筋混凝土板桩

工程量计算规则：1. 以立方米计量，按设计图示桩长（包括桩尖）乘以桩的断面积计算；2. 以根计量，按设计图示数量计算。

预制钢筋混凝土板桩的工程量：（0.25×0.5）×18×2=4.50（m³）

预制钢筋混凝土板桩的工程量：2（根）

清单工程量计算表见表 5-60。

表 5-60　　　　　　　　　　**清单工程量计算表**

序号	项目编号	项目名称	项目特征描述	计量单位	工程量
1	040302002001	预制钢筋混凝土板桩	桩长为 18m（包括桩尖），截面为 500mm×250mm	m³	4.50
2	040302002002	预制钢筋混凝土板桩	打桩机打预制钢筋混凝土板桩 2 根	根	2

【例 5】　某矩形三层台阶式桥梁基础，如图 5-52 所示，采用 C20 混凝土，石子最大粒径 20mm，计算该基础的工程量。

【解】　项目编码：040303002　混凝土基础

工程量计算规则：按设计图示尺寸以体积计算。

混凝土基础的工程量：3×2.5×1+4×3.5×1+5×4.5×1=44.00（m³）

清单工程量计算表见表 5-61。

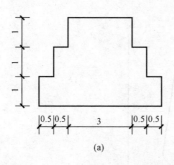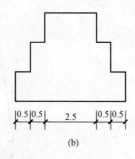

（a） （b）

图 5-52 矩形桥梁基础（单位：m）

（a）正立面；（b）侧立面

表 5-61 清 单 工 程 量 计 算 表

项目编号	项目名称	项目特征描述	计量单位	工程量
040303002001	混凝土基础	采用 C20 混凝土，石子最大粒径 20mm	m³	44.00

【例 6】 某桥梁混凝土墩帽，如图 5-53 所示，计算该桥墩混凝土墩（台）帽的工程量。

【解】 项目编码：040303004 混凝土墩（台）帽

工程量计算规则：按设计图示尺寸以体积计算。

$$V_1 = 1 \times 5.4 \times (0.03 + 0.04) = 0.38 (\text{m}^3)$$

$$V_2 = V_3 = \frac{1}{2} \times (0.03 + 0.03 + 0.04) \times 1 \times 5.4$$

$$= 0.27 (\text{m}^3)$$

桥梁混凝土墩（台）帽的工程量：$V_1 + V_2 + V_3 = 0.38 + 0.27 + 0.27 = 0.92 (\text{m}^3)$

清单工程量计算表见表 5-62。

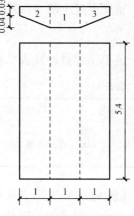

图 5-53 桥梁墩帽（单位：m）

表 5-62 清 单 工 程 量 计 算 表

项目编号	项目名称	项目特征描述	计量单位	工程量
040303004001	混凝土墩（台）帽	桥梁混凝土墩帽如图 5-53 所示	m³	0.92

【例 7】 某桥梁工程中所采用的桥墩如图 5-54 所示为圆台柱式，采用 C20 混凝土，石料最大粒径 20mm，计算其工程量。

【解】 项目编码：040303005 混凝土墩（台）身

工程量计算规则：按设计图示尺寸以体积计算。

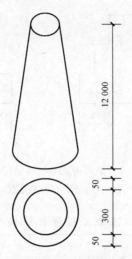

图 5-54 圆台式桥墩

桥梁混凝土墩（台）身的工程量：$\frac{1}{3} \times 3.14 \times 12 \times (4^2 + 5^2 + 4 \times 5) = 788.16$ （m³）

清单工程量计算表见表 5-63。

表 5-63　　　　　　　　清 单 工 程 量 计 算 表

项目编号	项目名称	项目特征描述	计量单位	工程量
040303005001	混凝土墩（台）身	桥墩墩身，采用 C20 混凝土，石料最大粒径 20mm	m³	788.16

【例8】 某 T 形支撑梁，如图 5-55 所示，现场浇筑混凝土施工，计算该 T 形混凝土支撑梁的工程量。

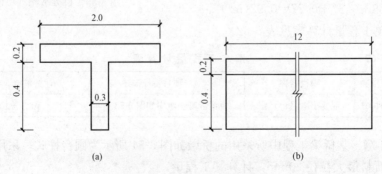

图 5-55　T 形支撑梁示意图

（a）正立面图；（b）侧立面图

【解】　项目编码：040303006　　混凝土支撑梁及横梁

工程量计算规则：**按设计图示尺寸以体积计算。**

T形混凝土支撑梁的工程量：$(0.2×2.0+0.4×0.3)×12=6.24(m^3)$

清单工程量计算表见表5-64。

表5-64　　　　　　　　　**清　单　工　程　量　计　算　表**

项目编号	项目名称	项目特征描述	计量单位	工程量
040303006001	混凝土支撑梁及横梁	T形支撑梁	m³	6.24

【**例9**】　某桥墩盖梁，如图5-56所示，现场浇筑混凝土施工，计算该混凝土墩盖梁的工程量。

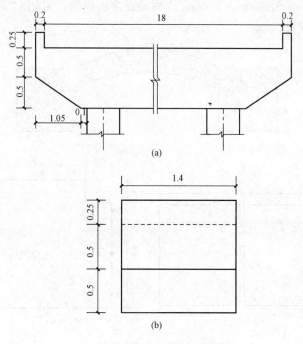

图5-56　桥墩盖梁示意图

(a) 正立面图；(b) 侧立面图

【解】　项目编码：040303007　　　混凝土墩（台）盖梁

工程量计算规则：**按设计图示尺寸以体积计算。**

混凝土墩盖梁的工程量：

$$V_{大长方体}-2V_{三棱柱}-V_{小长方体}$$

$$V_{大长方体}=(18+0.2×2)×(0.25+0.5+0.5)×1.4=32.2(m^3)$$

$$2V_{三棱柱}=2\times1.05\times0.5\times1.4\times\frac{1}{2}=0.74(\text{m}^3)$$

$$V_{小长方体}=18\times0.25\times1.4=6.30(\text{m}^3)$$

盖梁混凝土的工程量：$32.2-0.74-6.30=25.16(\text{m}^3)$

清单工程量计算表见表 5-65。

表 5-65 **清 单 工 程 量 计 算 表**

项目编号	项目名称	项目特征描述	计量单位	工程量
040303007001	混凝土墩（台）盖梁	桥墩盖梁，现场浇筑混凝土施工	m³	25.16

【例 10】 某拱桥如图 5-57 所示，现场浇筑混凝土施工，其中拱肋轴线长度为 55m，截面形式为 40cm×40cm，该桥共设 5 道拱肋，采用 C25 混凝土，计算拱座混凝土工程量。

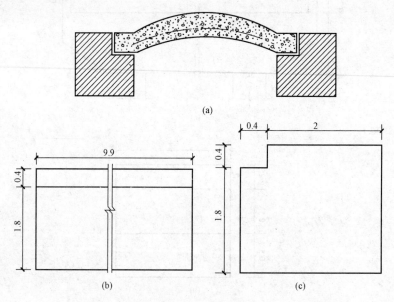

图 5-57 拱桥示意图（单位：m）

(a) 拱桥正立面图；(b) 拱桥侧立面图；(c) 拱座正立面图

【解】 项目编码：040303008 混凝土拱桥拱座

工程量计算规则：按设计图示尺寸以体积计算。

单个拱座 $V_1=[(1.8+0.4)\times(0.4+2)-0.4\times0.4]\times9.9=50.69(\text{m}^3)$

拱座混凝土的工程量：$2V_1=2\times50.69=101.38(\text{m}^3)$

清单工程量计算表见表 5-66。

表 5-66　　　　　清单工程量计算表

项目编号	项目名称	项目特征描述	计量单位	工程量
040303008001	混凝土拱桥拱座	现场浇筑混凝土施工，C25 混凝土	m^3	101.38

【例 11】　某单孔空腹式拱桥，如图 5-58 所示，C20 混凝土，拱圈上部对称布置 6 孔腹拱，腹拱横向宽度取为 12m，计算该拱桥腹拱的工程量。

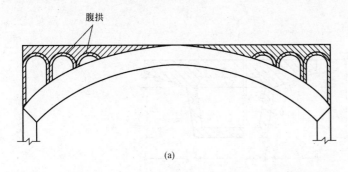
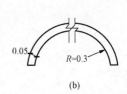

图 5-58　某单孔空腹式拱桥（单位：m）

(a) 拱桥示意图；(b) 腹拱尺寸示意图

【解】　项目编码：040303010　　混凝土拱上构件

工程量计算规则：按设计图示尺寸以体积计算。

$$单个腹拱 = \frac{1}{2} \times 3.14 \times [(0.3+0.05)^2 - 0.3^2] \times 12 = 0.61(m^3)$$

拱桥腹拱总的工程量：$0.61 \times 6 = 3.66(m^3)$

清单工程量计算表见表 5-67。

表 5-67　　　　　清单工程量计算表

项目编号	项目名称	项目特征描述	计量单位	工程量
040303010001	混凝土拱上构件	单孔空腹式拱桥，C20 混凝土	m^3	3.66

【例 12】　某单孔空腹式拱桥，拱圈上部对称布置 10 孔腹拱，腹拱尺寸如图 5-59 所示，腹拱横向宽度取为 9m，计算该拱桥腹拱工程量。

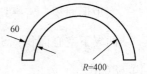

【解】　项目编码：040303010　　混凝土拱上构件

工程量计算规则：按设计图示尺寸以体积计算。

图 5-59　腹拱

$$单个腹拱 = \frac{1}{2} \pi \times [(0.4+0.06)^2 - 0.4^2] \times 9 = 0.707(m^3)$$

该拱桥腹拱总工程量：$0.707 \times 10 = 7.07(m^3)$

清单工程量计算表见表 5-68。

表 5-68　　　　　　　　　　　　清 单 工 程 量 计 算 表

项目编号	项目名称	项目特征描述	计量单位	工程量
040303010001	混凝土拱上构件	单孔空腹式拱桥，10个	m³	7.07

【例 13】　某现浇混凝土箱形梁，如图 5-60 所示，其为单箱室，梁长 30m，梁高 2.4m，梁上顶面宽 15m，下顶面宽 9.6m，其他的尺寸如图中标注，计算该混凝土箱梁的工程量。

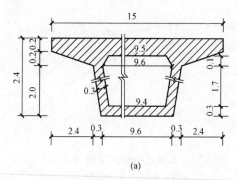

(a)

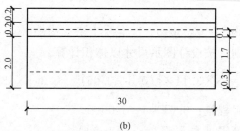

(b)

图 5-60　混凝土箱形梁示意图（单位：m）

(a) 横截面图；(b) 侧立面图

【解】　项目编码：040303011　　混凝土箱梁

工程量计算规则：按设计图示尺寸以体积计算。

大矩形面积：$S_1 = 15 \times 2.4 = 36.00(\text{m}^2)$

两翼下空心面积：$S_2 = 2 \times \dfrac{1}{2} \times 0.2 \times 2.4 + 2 \times \dfrac{1}{2}[2.4 + (2.4 + 0.3)] \times 2 = 10.68(\text{m}^2)$

箱梁箱室面积：$S_3 = \dfrac{9.5 + 9.6}{2} \times 0.1 + \dfrac{9.4 + 9.6}{2} \times 1.7 = 17.11(\text{m}^2)$

箱梁横截面面积：$S = S_1 - S_2 - S_3 = 36.00 - 10.68 - 17.11 = 8.21(\text{m}^2)$

混凝土箱梁的工程量：$S_L = 8.21 \times 30 = 246.30(\text{m}^3)$

清单工程量计算表见表 5-69。

表 5-69　　　　　　　　　　清单工程量计算表

项目编号	项目名称	项目特征描述	计量单位	工程量
040303011001	混凝土箱梁	现浇混凝土箱形梁，梁长 30m，梁高 2.4m，梁上顶面宽 15m，下顶面宽 9.6m	m³	246.30

【例 14】　某桥为整体式连续板梁桥，如图 5-61 所示，桥长为 30m，计算该混凝土连续板的工程量。

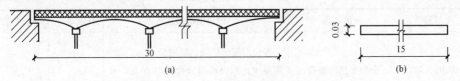

图 5-61　整体式连续板梁桥（单位：m）

（a）桥平面图；（b）板立面图

【解】　项目编码：040303012　　混凝土连续板

工程量计算规则：按设计图示尺寸以体积计算。

混凝土连续板的工程量：$30 \times 15 \times 0.03 = 13.50 (\text{m}^3)$

清单工程量计算表见表 5-70。

表 5-70　　　　　　　　　　清单工程量计算表

项目编号	项目名称	项目特征描述	计量单位	工程量
040303012001	混凝土连续板	整体式连续板梁桥	m³	13.50

【例 15】　某现浇混凝土挡墙，如图 5-62 所示，挡墙长 18m，C25 混凝土，计算该挡墙混凝土工程量。

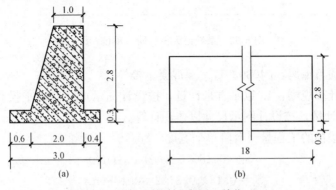

图 5-62　混凝土挡墙示意图（单位：m）

（a）横截面图；（b）侧立面图

注：挡墙墙身背面为竖直面，另一面倾斜。

【解】 项目编码：040303015　　混凝土挡墙墙身

工程量计算规则：按设计图示尺寸以体积计算。

$$S=\frac{(1.0+2.0)\times 2.8}{2}+0.3\times 3.0=5.10(\text{m}^2)$$

挡墙混凝土的工程量：$V=S\cdot l=5.10\times 18=91.80(\text{m}^3)$

清单工程量计算表见表 5-71。

表 5-71　　　　　　　　　　**清 单 工 程 量 计 算 表**

项目编号	项目名称	项目特征描述	计量单位	工程量
040303015001	混凝土挡墙墙身	现浇混凝土挡墙，挡墙长 18m，C25 混凝土，挡墙墙身背面为竖直面，另一面倾斜	m³	91.80

【例 16】 某城市天桥采用混凝土楼梯，如图 5-63 所示，其宽度为 3.0m，计算混凝土楼梯的工程量。

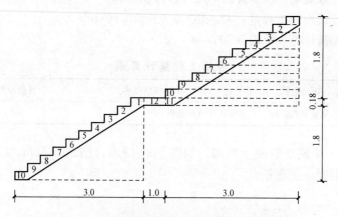

图 5-63　某城市天桥台阶（单位：m）

【解】 项目编码：040303017　　混凝土楼梯

工程量计算规则：1. 以平方米计量，按设计图示尺寸以水平投影面积计算；2. 以立方米计量，按设计图示尺寸以体积计算。

混凝土楼梯的工程量（台阶单个宽度：30/10＝0.3）：

$$S_1=0.18\times 0.3=0.054(\text{m}^2)$$
$$S_2=0.18\times 0.3\times 2=0.108(\text{m}^2)$$
$$S_3=0.18\times 0.3\times 3=0.162(\text{m}^2)$$
$$S_4=0.18\times 0.3\times 4=0.216(\text{m}^2)$$

$$S_5 = 0.18 \times 0.3 \times 5 = 0.270 (\text{m}^2)$$

$$S_6 = 0.18 \times 0.3 \times 6 = 0.324 (\text{m}^2)$$

$$S_7 = 0.18 \times 0.3 \times 7 = 0.378 (\text{m}^2)$$

$$S_8 = 0.18 \times 0.3 \times 8 = 0.432 (\text{m}^2)$$

$$S_9 = 0.18 \times 0.3 \times 9 = 0.486 (\text{m}^2)$$

$$S_{10} = 0.18 \times 0.3 \times 10 = 0.540 (\text{m}^2)$$

$$S_{11} = S_{10} = 0.540 (\text{m}^2)$$

$$S_{12} = 0.18 \times 1.0 = 0.18 (\text{m}^2)$$

$$S_{三角形} = 1.8 \times (3 - 0.3) \times \frac{1}{2} = 2.43 (\text{m}^2)$$

$$S_{楼梯} = (S_1 + S_2 + S_3 + S_4 + S_5 + S_6 + S_7 + S_8 + S_9 + S_{10} - S_{三角形}) \times 2 + S_{11} + S_{12}$$

$$= (0.054 + 0.108 + 0.162 + 0.216 + 0.270 + 0.324 + 0.378 + 0.432 + 0.486$$

$$+ 0.540 - 2.43) \times 2 + 0.540 + 0.18$$

$$= 0.54 \times 2 + 0.54 + 0.18 = 1.08 + 0.54 + 0.18 = 1.8 (\text{m}^2)$$

混凝土楼梯的工程量：$S_{楼梯} \times d = 1.8 \times 3 = 5.40 (\text{m}^3)$

清单工程量计算表见表 5-72。

表 5-72 　　　　　　　　　**清 单 工 程 量 计 算 表**

项目编号	项目名称	项目特征描述	计量单位	工程量
040303017001	混凝土楼梯	混凝土台阶式楼梯，宽度为 3.0m	m³	5.40

【例 17】 某城市桥梁护栏，如图 5-64 所示，总长 63m，上有双棱形花纹图样，计算该混凝土防撞护栏的工程量。

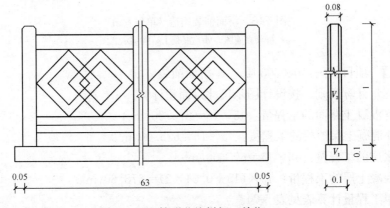

图 5-64　双棱形花纹栏杆（单位：m）

【解】 项目编码：040303018　　混凝土防撞护栏

工程量计算规则：按设计图示尺寸以长度计算。

混凝土防撞护栏的工程量：63.00(m)

清单工程量计算表见表 5-73。

表 5-73　　　　　　　　　　清 单 工 程 量 计 算 表

项目编号	项目名称	项目特征描述	计量单位	工程量
040303018001	混凝土防撞护栏	双棱形花纹护栏	m	63.00

【例 18】　某桥面的铺装构造，如图 5-65 所示，计算桥面铺装的工程量。

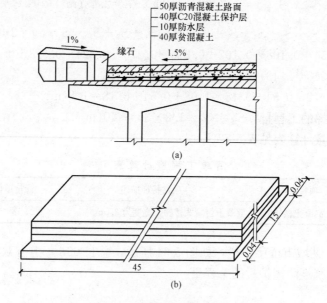

图 5-65　桥面铺装构造（单位：m）

(a) 桥梁立面图；(b) 混凝土结构层示意图

【解】　项目编码：040303019　　桥面铺装

工程量计算规则：按设计图示尺寸以面积计算。

沥青混凝土路面的工程量：$45 \times 15 = 675.00(m^2)$

C20 混凝土保护层的工程量：$45 \times 15 = 675.00(m^2)$

防水层的工程量：$45 \times 15 = 675.00(m^2)$

贫混凝土层的工程量：$45 \times (15 + 0.04 \times 2) = 678.60(m^2)$

清单工程量计算表见表 5-74。

表 5-74   清 单 工 程 量 计 算 表

序号	项目编号	项目名称	项目特征描述	计量单位	工程量
1	040303019001	桥面铺装	50 厚沥青混凝土路面	m^2	675.00
2	040303019002	桥面铺装	40 厚 C20 混凝土保护层	m^2	675.00
3	040303019003	桥面铺装	10 厚防水层	m^2	675.00
4	040303019004	桥面铺装	40 厚贫混凝土层	m^2	678.60

【例 19】 某混凝土桥头搭板横截面，如图 5-66 所示，采用 C20 混凝土浇筑，石子最大粒径 18mm，计算该混凝土桥头搭板工程量（取板长为 30m）。

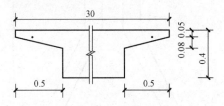

图 5-66 某桥头搭板横截面（单位：m）

【解】 项目编码：040303020   混凝土桥头搭板

工程量计算规则：按设计图示尺寸以体积计算。

$$横断面面积 = \frac{1}{2} \times [0.05 + (0.05 + 0.08)] \times 0.5 \times 2 + (30 - 2 \times 0.5) \times 0.4$$

$$= 0.09 + 11.6$$

$$= 11.69 (m^2)$$

混凝土桥头搭板的工程量：$11.69 \times 30 = 350.70 (m^3)$

清单工程量计算表见表 5-75。

表 5-75   清 单 工 程 量 计 算 表

项目编号	项目名称	项目特征描述	计量单位	工程量
040303020001	混凝土桥头搭板	用 C20 混凝土浇筑，板长为 30m	m^3	350.70

【例 20】 某斜拉桥的索塔截面设计，如图 5-67 所示，其采用现浇混凝土制作，塔厚 2.1m，计算该索塔的工程量。

【解】 项目编码：040303022   混凝土桥塔身

工程量计算规则：按设计图示尺寸以体积计算。

$$S_1 = 0.5 \times 25 = 12.50 (m^2)$$

$$S_2 = (5 + 2) \times 2 - 3.14 \times 1^2 = 14 - 3.14 = 10.86 (m^2)$$

$$S_3 = 0.5 \times 10 = 5.00 (m^2)$$

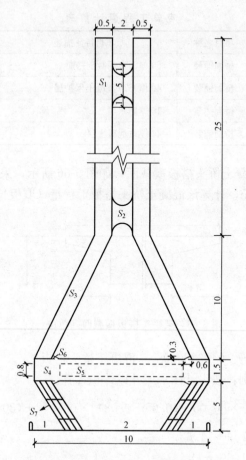

图 5-67　索塔截面示意图（单位：m）

1—人行道；2—行车道

$$S_4 = 1.5 \times 10 = 15.00 (\text{m}^2)$$

$$S_5 = 0.8 \times (10 - 0.5 \times 2 - 0.6 \times 2) = 6.24 (\text{m}^2)$$

$$S_6 = \frac{1}{2} \times 0.6 \times 0.3 = 0.09 (\text{m}^2)$$

$$S_7 = 0.5 \times 5 = 2.5 (\text{m}^2)$$

$$S = 2S_1 + 2S_2 + 2S_3 + S_4 - S_5 + 4S_6 + 2S_7$$

$$= 2 \times 12.50 + 2 \times 10.86 + 2 \times 5 + 15 - 6.24 + 4 \times 0.09 + 2 \times 2.5$$

$$= 70.84 (\text{m}^2)$$

桥塔身的工程量：$V = S \cdot d = 70.84 \times 2.1 = 148.76 (\text{m}^3)$

清单工程量计算表见表 5-76。

表 5-76 清单工程量计算表

项目编号	项目名称	项目特征描述	计量单位	工程量
040303022001	混凝土桥塔身	现浇混凝土索塔	m³	148.76

【例 21】 某斜拉桥的塔身如图 5-68 所示的 H 形塔身，计算其工程量。

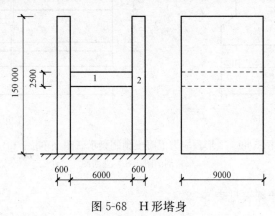

图 5-68 H 形塔身

【解】 项目编码：040303022 混凝土桥塔身

工程量计算规则：按设计图示尺寸以体积计算。

$$V_1 = 6 \times 9 \times 2.5 = 135(\text{m}^3)$$

$$V_2 = 0.6 \times 9 \times 150 = 810(\text{m}^3)$$

桥塔身的工程量：$V = 2V_2 + V_1 = 2 \times 810 + 135 = 1755.00(\text{m}^3)$

清单工程量计算表见表 5-77。

表 5-77 清单工程量计算表

项目编号	项目名称	项目特征描述	计量单位	工程量
040303022001	混凝土桥塔身	斜拉桥 H 形塔身	m³	1755.00

【例 22】 某 T 形预应力混凝土预制梁，如图 5-69 所示，梁下部做成马蹄形，梁高 100cm，翼缘宽度 1.6m，梁长 24m，计算该 T 形梁混凝土工程量。

【解】 项目编码：040304001 预制混凝土梁

工程量计算规则：按设计图示尺寸以体积计算。

T 形梁横截面面积 $S = 0.3 \times 1.6 + 0.4 \times 0.4 + \dfrac{1}{2} \times (0.4 + 0.6) \times 0.1 + 0.2 \times 0.6$

$$= 0.48 + 0.16 + 0.05 + 0.12$$

$$= 0.81(\text{m}^2)$$

T 型梁混凝土的工程量：$V = S \cdot l = 0.81 \times 24 = 19.44(\text{m}^3)$

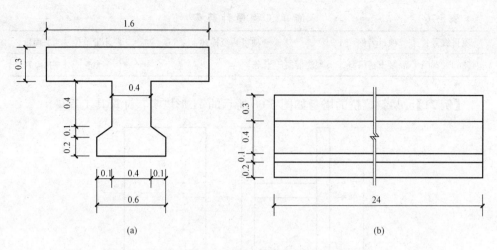

图 5-69 T 形预应力混凝土预制梁示意图（单位：m）

(a) 剖面图；(b) 立面图

清单工程量计算表见表 5-78。

表 5-78 清 单 工 程 量 计 算 表

项目编号	项目名称	项目特征描述	计量单位	工程量
040304001001	预制混凝土梁	T 形预应力混凝土预制梁，梁下部做成马蹄形，梁高 100cm，翼缘宽度 1.6m，梁长 24m	m³	19.44

【例 23】 有一跨径为 50m 的桥，采用 T 形桥梁如图 5-70 所示，计算其工程量。

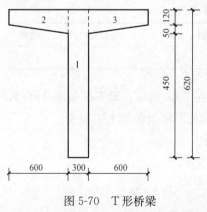

图 5-70 T 形桥梁

【解】 项目编码：040304001 预制混凝土梁

工程量计算规则：按设计图示尺寸以体积计算。

$$V_1 = 0.3 \times 0.62 \times 50 = 9.3 (\text{m}^3)$$

$$V_2 = V_3 = [0.12 + (0.12 + 0.5)] \times \frac{1}{2} \times 0.6 \times 50$$

$$= 0.087 \times 50 = 4.35 (\text{m}^3)$$

$$V = V_1 + V_2 + V_3$$

$$= 9.3 + 4.35 + 4.35 = 18.00 (\text{m}^3)$$

清单工程量计算表见表 5-79。

表 5-79 清 单 工 程 量 计 算 表

项目编号	项目名称	项目特征描述	计量单位	工程量
040304001001	预制混凝土梁	T 形梁，非预应力	m³	18.00

【例24】 某桥梁桥墩处设 3 根直径为 3m 的预制混凝土圆立柱，如图 5-71 所示，立柱设在盖梁与承台之间，圆柱高 4.0m，工厂预制生产，计算该桥墩预制混凝土圆立柱的工程量。

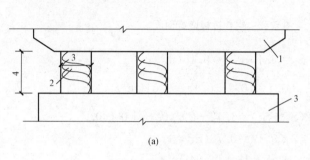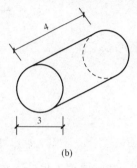

(a) (b)

图 5-71 立柱示意图（单位：m）

(a) 立面图；(b) 立柱大样图

1—盖深；2—立柱；3—承台

【解】 项目编码：040304002 预制混凝土柱

工程量计算规则：按设计图示尺寸以体积计算。

$$V = 3.14 \times \left(\frac{3}{2}\right)^2 \times 4 = 28.26(\text{m}^3)$$

3 根混凝土圆立柱的工程量：$3 \times 28.26 = 84.78(\text{m}^3)$

清单工程量计算表见表 5-80。

表 5-80 清 单 工 程 量 计 算 表

项目编号	项目名称	项目特征描述	计量单位	工程量
040304002001	预制混凝土柱	预制混凝土圆立柱，3 根直径为 3m 的预制混凝土圆立柱，圆柱高 4.0m	m³	84.78

【例25】 某预制空心桥板的横截面，如图 5-72 所示，跨径为 18m，计算单梁混凝土板的工程量。

【解】 项目编码：040304003 预制混凝土板

工程量计算规则：按设计图示尺寸以体积计算。

$$S_1 = 1.6 \times 0.7 = 1.12(\text{m}^2)$$

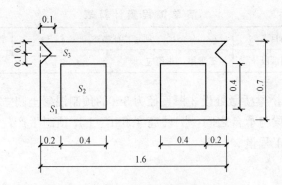

图 5-72 空心桥板横截面

$$S_2 = 0.4 \times 0.4 = 0.16(\text{m}^2)$$

$$S_3 = \frac{1}{2} \times 0.1 \times (0.1 + 0.1) = 0.01(\text{m}^2)$$

$$S = S_1 - 2(S_2 + S_3) = 1.12 - 2 \times (0.16 + 0.01)$$

$$= 1.12 - 2 \times 0.17 = 0.78(\text{m}^3)$$

预制混凝土板的工程量：$0.78 \times 18 = 14.04(\text{m}^3)$

清单工程量计算表见表 5-81。

表 5-81   清 单 工 程 量 计 算 表

项目编号	项目名称	项目特征描述	计量单位	工程量
040304003001	预制混凝土板	预制混凝土空心桥板，跨径为18m	m³	14.04

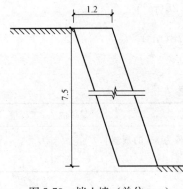

图 5-73 挡土墙（单位：m）

【例 26】 某桥梁工程，如图 5-73 所示，桥下边坡挡土墙其采用仰斜式预制混凝土，墙厚 2.1m，计算该挡土墙墙身工程量。

【解】 项目编码：040304004 预制混凝土挡土墙墙身

工程量计算规则：按设计图示尺寸以体积计算。

挡土墙的工程量：$1.2 \times 7.5 \times 2.1 = 18.90$（m³）

清单工程量计算表见表 5-82。

表 5-82   清 单 工 程 量 计 算 表

项目编号	项目名称	项目特征描述	计量单位	工程量
040304004001	预制混凝土挡土墙墙身	仰斜式预制混凝土墙，墙厚2.1m	m³	18.90

【例27】 某桥梁工程采用干砌块石锥形护坡，如图5-74所示，厚50cm，计算干砌块石工程量。

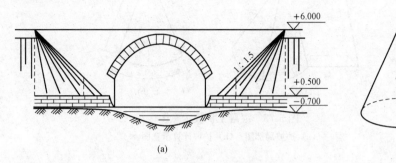

图 5-74 某桥梁工程

(a) 桥梁示意图；(b) 锥形护坡计算示意图

【解】 项目编码：040305002 干砌块料

工程量计算规则：按设计图示尺寸以体积计算。

$$h=6.00-0.50=5.50(\text{m})$$
$$r=5.50\times1.5=8.25(\text{m})$$
$$l=\sqrt{8.25^2+5.50^2}=\sqrt{68.0625+30.25}=9.92(\text{m})$$

锥形护坡干砌块石的工程量：

$$2\times\frac{1}{2}\times\pi rl\times0.5=2\times\frac{1}{2}\times3.14\times8.25\times9.92\times0.5=128.49(\text{m}^3)$$

清单工程量计算表见表5-83。

表 5-83 清 单 工 程 量 计 算 表

项目编号	项目名称	项目特征描述	计量单位	工程量
040305002001	干砌块料	干砌块石，锥形护坡，厚50cm	m³	128.49

【例28】 某桥梁桥台处设置混凝土护坡，如图5-75所示，该护坡呈圆锥形，底边弧长6m，锥尖到底边的径向距离为3m，混凝土厚20cm，计算该护坡混凝土工程量。

【解】 项目编码：040305005 护坡

工程量计算规则：按设计图示尺寸以面积计算。

混凝土护坡的工程量：$\frac{1}{2}l\cdot r=\frac{1}{2}\times6\times3=9.00(\text{m}^2)$

清单工程量计算表见表5-84。

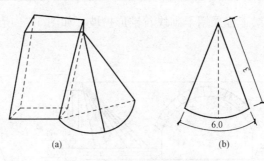

图 5-75 混凝土护坡示意图

(a) 护坡局部图；(b) 护坡计算示意图

表 5-84   清 单 工 程 量 计 算 表

项目编号	项目名称	项目特征描述	计量单位	工程量
040305005001	护坡	呈圆锥形混凝土护坡，底边弧长 6m，锥尖到底边的径向距离为 3m，混凝土厚 20cm	m²	9.00

【例 29】 某箱涵顶进法施工的道桥滑板结构示意图，如图 5-76 所示，在设计滑板时，为增加滑板底部与土层的摩擦阻力，防止箱体起动时带动滑板，在滑板底部每隔 7.0m 设置一个反梁，同时为减少起动阻力的增加，在滑板施工过程中埋入带孔的寸管，滑板长 27m，宽 3.6m，计算该滑板的工程量。

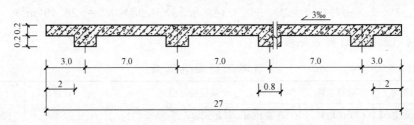

图 5-76 滑板结构示意图

【解】 项目编码：040306002   滑板

工程量计算规则：按设计图示尺寸以体积计算。

滑板的工程量：$(27 \times 0.2 + 0.8 \times 0.2 \times 4) \times 3.6 = 21.74(\text{m}^3)$

清单工程量计算表见表 5-85。

表 5-85   清 单 工 程 量 计 算 表

项目编号	项目名称	项目特征描述	计量单位	工程量
040306002001	滑板	滑板施工过程中埋入带孔的寸管，滑板长 27m，宽 3.6m	m³	21.74

【例30】 某涵洞为箱涵形式，如图 5-77 所示，其箱涵底板表面为水泥混凝土板，厚度为 25cm，C20 混凝土箱涵侧墙厚 50cm，C20 混凝土顶板厚 30cm，涵洞长为 25m，计算箱涵底板、箱涵侧墙和箱涵顶板的工程量。

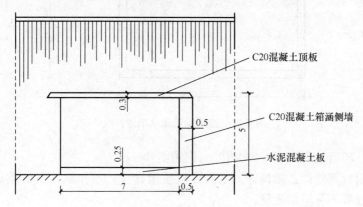

图 5-77 箱涵洞（单位：m）

【解】 （1）项目编码：040306003 箱涵底板

工程量计算规则：按设计图示尺寸以体积计算。

箱涵底板的工程量：$7×25×0.25＝43.75(m^3)$

（2）项目编码：040306004 箱涵侧墙

工程量计算规则：按设计图示尺寸以体积计算。

$$V_1＝25×5×0.5＝62.50(m^3)$$

箱涵侧墙的工程量：$2V_1＝2×62.50＝125.00(m^3)$

（3）项目编码：040306005 箱涵顶板

工程量计算规则：按设计图示尺寸以体积计算。

箱涵顶板的工程量：$(7＋0.5×2)×0.3×25＝60.00(m^3)$

清单工程量计算表见表 5-86。

表 5-86 清 单 工 程 量 计 算 表

序号	项目编号	项目名称	项目特征描述	计量单位	工程量
1	040306003001	箱涵底板	箱涵底板表面为水泥混凝土板，厚度为 25cm	m^3	43.75
2	040306004001	箱涵侧墙	C20 混凝土，侧墙厚 50cm	m^3	125.00
3	040306005001	箱涵顶板	C20 混凝土，顶板厚 30cm	m^3	60.00

【例31】 某桥梁工程采用钢箱梁，如图 5-78 所示，箱两端过檐为 150mm，箱长 30m，两端竖板厚 50mm，计算单个钢箱梁工程量。

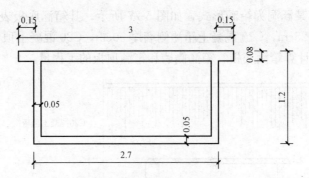

图 5-78 钢箱梁截面（单位：m）

【解】 项目编码：040307001   钢箱梁

工程量计算规则：按设计图示尺寸以质量计算。不扣除孔眼的质量，焊条、铆钉、螺栓等不另增加质量。

钢箱体体积：$3 \times 0.08 \times 30 + (1.2-0.05-0.08) \times 0.05 \times 30 \times 2 + 2.7 \times 0.05 \times 30 = 7.2 + 4.11 + 4.05 = 14.46(\text{m}^3)$

钢箱梁的工程量：$14.46 \times 7.85 \times 10^3 = 113.511 \times 10^3(\text{kg}) = 113.511(\text{t})$

注：该钢箱每立方米理论质量为 $7.85 \times 10^3 \text{kg/m}^3$。

清单工程量计算表见表 5-87。

表 5-87   清 单 工 程 量 计 算 表

项目编号	项目名称	项目特征描述	计量单位	工程量
040307001001	钢箱梁	钢箱梁，箱两端过檐为 150mm，箱长 30m，两端竖板厚 50mm	t	113.511

【例32】 某市政板梁桥的上承板梁，如图 5-79 所示，全桥长为 72m，其中加劲角钢长 3.0m，计算钢板梁工程量。

【解】 项目编码：040307002   钢板梁

工程量计算规则：按设计图示尺寸以质量计算。不扣除孔眼的质量，焊条、铆钉、螺栓等不另增加质量。

$$V_1 = 6.1 \times 0.2 \times 16 = 19.52(\text{m}^3)$$

$$V_2 = 0.1 \times 0.8 \times 16 = 1.28(\text{m}^3)$$

$$V_3 = 3 \times 0.05 \times 0.8 - (1.5-0.1)/2 \times 0.1 \times 0.05 \times 2 = 0.12(\text{m}^3)$$

$$V = (4V_1 + 2V_2 + 12V_3) \times (72 \div 16) = (4 \times 19.52 + 2 \times 1.28 + 12 \times 0.12) \times 4.5$$
$$= 82.08 \times 4.5 = 369.36(\text{m}^3)$$

注：钢的密度 ρ 为 $7.85 \times 10^3 \text{kg/m}^3$。

钢板梁的工程量：$7.85 \times 10^3 \times 369.36 = 2899.48 \times 10^3(\text{kg}) = 2899.48(\text{t})$

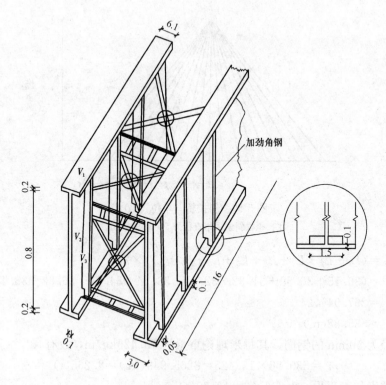

图 5-79 梁桥上承板梁（单位：m）

清单工程量计算表见表 5-88。

表 5-88 　　　　　　　　　清 单 工 程 量 计 算 表

项目编号	项目名称	项目特征描述	计量单位	工程量
040307002001	钢板梁	板梁桥，全桥长为72m，加劲角钢长 3.0m	t	2899.48

【例 33】 某斜拉桥有六个相同的索塔，如图 5-80 所示，计算其斜拉索工程量。

【解】 项目编码：040307008 　　悬（斜拉）索

工程量计算规则：按设计图示尺寸以质量计算。

由勾股定理知，各斜索长度分别为

$$L_1 = \sqrt{30^2 + 3^2} = 30.15(\text{m})$$

$$L_2 = \sqrt{30^2 + 6^2} = 30.59(\text{m})$$

$$L_3 = \sqrt{30^2 + 9^2} = 31.32(\text{m})$$

$$L_4 = \sqrt{30^2 + 12^2} = 32.31(\text{m})$$

同理可得 $L_5 = 33.54$ （m）、$L_6 = 34.99$ （m）、$L_7 = 36.62$ （m）、$L_8 = 38.42$ （m）

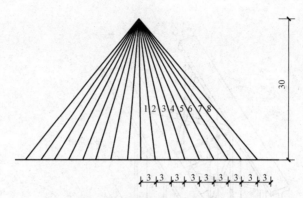

图 5-80 斜拉桥（单位：m）

注：每根斜索采用直径为 50mm 的钢筋。

$L = (L_1 + L_2 + L_3 + L_4 + L_5 + L_6 + L_7 + L_8) \times 2$

$= (30.15 + 30.59 + 31.32 + 32.31 + 33.54 + 34.99 + 36.62 + 38.42) \times 2$

$= 267.94 \times 2$

$= 535.88(\text{m})$

直径为 50mm 的钢筋，其每米理论重量为 15.425kg/m，故有

$m' = 535.88 \times 15.425 = 8265.949(\text{kg}) = 8.266(\text{t})$

斜拉索的工程量：$8.266 \times 6 = 49.60(\text{t})$

清单工程量计算表见表 5-89。

表 5-89　　　　　　　　清 单 工 程 量 计 算 表

项目编号	项目名称	项目特征描述	计量单位	工程量
040307008001	悬（斜拉）索	斜拉桥，索塔斜索直径为 50mm 的钢筋	t	49.60

【例 34】　某城市桥梁进行桥梁装饰，如图 5-81 所示，其行车道采用水泥砂浆抹面，护栏采用镶贴面层，计算水泥砂浆抹面及镶贴面层的工程量。

【解】　（1）项目编码：040308001　　水泥砂浆抹面

工程量计算规则：按设计图示尺寸以面积计算。

水泥砂浆抹面的工程量：$9 \times 60 = 540.00(\text{m}^2)$

（2）项目编码：040308003　　镶贴面层

工程量计算规则：按设计图示尺寸以面积计算。

镶贴面层的工程量：$[(1.2 + 0.15) \times 60 + 0.1 \times 60 + 2 \times 0.1 \times (1.2 + 0.15)] \times 2 = (81 + 6 + 0.27) \times 2 = 87.27 \times 2 = 174.54(\text{m}^2)$

清单工程量计算表见表 5-90。

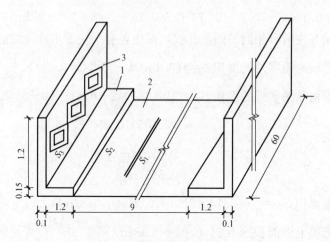

图 5-81　桥梁装饰（单位：m）

1—人行道；2—车行道；3—护栏

表 5-90　　　　　　　　　　清 单 工 程 量 计 算 表

编号	项目编号	项目名称	项目特征描述	计量单位	工程量
1	040308001001	水泥砂浆抹面	行车道采用水泥砂浆抹面	m²	540.00
2	040308003001	镶贴面层	护栏采用镶贴面层	m²	174.54

【例 35】　某城市 20m 的桥梁进行装饰，如图 5-82 所示，板厚 40mm，栏板的花纹部分和柱子采用拉毛，剩余部分用剁斧石饰面（不包括地衣伏），计算剁斧石饰面的工程量。

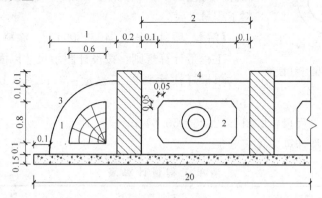

图 5-82　桥梁栏杆（单位：m）

【解】　项目编码：040308002　　剁斧石饰面

工程量计算规则：按设计图示尺寸以面积计算。

由 $(20-0.1\times2-1\times2-0.2)\div(2+0.2)+1=8+1=9$ 可知，一面栏杆共 9 个柱子，中间 8 块带有相同的圆形花纹，两边各有一块带半圆花纹的栏板。

半圆形栏板除图案外的面积 $S_1=(3.14\times1^2-3.14\times0.6^2)\times\dfrac{1}{4}=0.50(\text{m}^2)$

一块矩形板除图案外的面积 $S_2=2\times(0.1\times2+0.8)-(2-2\times0.1)\times0.8+4$

$$\times0.05\times0.05\times\dfrac{1}{2}$$

$$=2-1.44+0.005$$

$$=0.565(\text{m}^2)$$

半圆上表面积 $S_3=\dfrac{1}{4}\times3.14\times2\times1\times0.04=0.063(\text{m}^2)$

一块矩形板上表面积 $S_4=2\times0.04=0.08(\text{m}^2)$

剁斧石饰面的工程量：$2(4S_1+8S_2\times2+2S_3+8S_4)=2\times(4\times0.50+8\times$ $0.565\times2+2\times0.063+8\times0.08)=23.61(\text{m}^2)$

清单工程量计算表见表 5-91。

表 5-91　　　　　　　　　　　**清 单 工 程 量 计 算 表**

项目编号	项目名称	项目特征描述	计量单位	工程量
040308002001	剁斧石饰面	栏板的剩余部分用剁斧石饰面（不包括地衣伏），板厚 40mm	m²	23.61

图 5-83　某桥梁灯柱截面
（单位：m）

【例 36】　某桥梁灯柱，如图 5-83 所示，其用涂料涂抹，灯柱高 5m，每侧有 12 根，计算该桥梁上灯柱涂料工程量。

【解】　项目编码：040308004　　涂料

工程量计算规则：按设计图示尺寸以面积计算。

单根灯柱涂料的工程量：$3.14\times0.15\times5=2.36$ (m^2)

涂料的总工程量：$2\times12\times2.36=56.64(\text{m}^2)$

清单工程量计算表见表 5-92。

表 5-92　　　　　　　　　　　**清 单 工 程 量 计 算 表**

项目编号	项目名称	项目特征描述	计量单位	工程量
040308004001	涂料	涂料涂抹	m²	56.64

【例 37】　某桥梁的防撞栏杆，如图 5-84 所示，其中横栏采用直径为 25mm 的钢筋，竖栏为直径为 45mm 的钢筋，布设桥梁两边。为使桥梁更美观，将栏杆

用油漆刷为白色，假设 $1m^2$ 需 3kg 油漆，计算油漆的工程量。

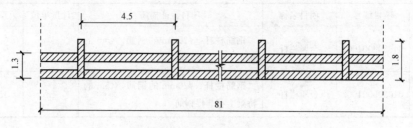

图 5-84 防撞栏杆（单位：m）

【解】 项目编码：040308005 油漆

工程量计算规则：**按设计图示尺寸以面积计算。**

$$S_横=81×3.14×0.025×2=12.72(m^2)$$

$$S_竖=1.8×3.14×0.045×\left(\frac{81}{4.5}+1\right)=4.83(m^2)$$

油漆的工程量：$(S_横+S_竖)×2=(12.72+4.83)×2=17.55×2=35.10(m^2)$

注：横栏与竖栏相接处面积小，在计算中未扣除。

清单工程量计算表见表 5-93。

表 5-93 **清 单 工 程 量 计 算 表**

项目编号	项目名称	项目特征描述	计量单位	工程量
040308005001	油漆	栏杆用油漆刷为白色，$1m^2$ 需 3kg 油漆	m^2	35.10

【例 38】 某桥梁钢筋栏杆，如图 5-85 所示，采用 $\phi20mm$ 的钢筋，布设在 45m 长的桥梁两边缘，每两根栏杆间有 5 根钢筋，计算该栏杆中钢筋的工程量（每米 $\phi20mm$ 钢筋为 2.47kg）。

【解】 项目编码：040309001 金属栏杆

工程量计算规则：1. 按设计图示尺寸以质量计算；2. 按设计图示尺寸以延长米计算。

金属栏杆的工程量：$2×\dfrac{45}{10}×5×1×2.47=$

$111.15(kg)=0.111(t)$

金属栏杆的工程量：45.00(m)

清单工程量计算表见表 5-94。

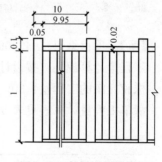

图 5-85 某桥梁钢筋栏杆
（单位：m）

表 5-94　　　　　　　　　　　　　　清 单 工 程 量 计 算 表

序号	项目编号	项目名称	项目特征描述	计量单位	工程量
1	040309001001	金属栏杆	钢筋栏杆，ϕ20mm 的钢筋，45m 的桥梁上有 5 根钢筋	t	0.111
2	040309001002	金属栏杆	钢筋栏杆，ϕ20mm 的钢筋，45m 的桥梁上有 5 根钢筋	m	45.00

【例 39】　某桥梁用 30 个板式橡胶支座，如图 5-86 所示，计算该支座的工程量。

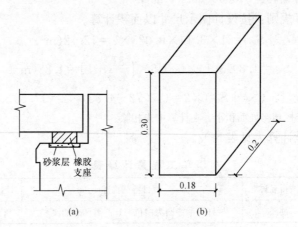

图 5-86　板式橡胶支座（单位：m）

（a）桥梁局部示意图；（b）橡胶支座尺寸图

【解】　项目编码：040309004　　橡胶支座

工程量计算规则：按设计图示数量计算。

橡胶支座的工程量：30（个）

清单工程量计算表见表 5-95。

表 5-95　　　　　　　　　　　　　　清 单 工 程 量 计 算 表

项目编号	项目名称	项目特征描述	计量单位	工程量
040309004001	橡胶支座	30 个板式橡胶支座	个	30

【例 40】　某标准跨径为 20m 的钢筋混凝土 T 形梁桥采用钢板支座，该桥采用了 15 个该支座，计算支座工程量。

【解】　项目编码：040309005　　钢支座

工程量计算规则：按设计图示数量计算。

钢支座的工程量：15(个)

清单工程量计算表见表 5-96。

表 5-96 清 单 工 程 量 计 算 表

项目编号	项目名称	项目特征描述	计量单位	工程量
040309005001	钢支座	钢筋混凝土 T 形梁桥采用 15 个钢支座	个	15

【例41】 某盆式橡胶支座，如图 5-87 所示，其竖向承载力分 12 级，从 1000～20 000kN，有效纵向位移量从 ±40～±200mm。支座的容许转角为 40′，设计摩擦系数为 0.045。在某桥梁工程中，采用 25 个这种支座，计算支座工程量。

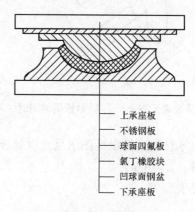

上承座板
不锈钢板
球面四氟板
氯丁橡胶块
凹球面钢盆
下承座板

图 5-87 支座

【解】 项目编码：040309006 盆式支座

工程量计算规则：按设计图示数量计算。

盆式支座的工程量：25(个)

清单工程量计算表见表 5-97。

表 5-97 清 单 工 程 量 计 算 表

项目编号	项目名称	项目特征描述	计量单位	工程量
040309006001	盆式支座	采用 25 个盆式橡胶支座，竖向承载力分 12 级，从 1000～20 000kN，有效纵向位移量从 ±40～±200mm	个	25

【例42】 某桥梁工程人行道 U 形镀锌铁皮式伸缩缝，如图 5-88 所示，计算伸缩缝工程量。

【解】 项目编码：040309007 桥梁伸缩装置

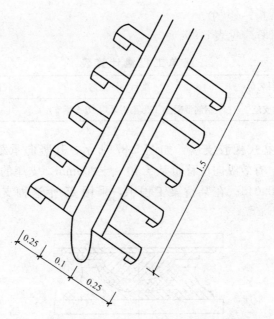

图 5-88 某桥梁工程人行道 U 形桥梁伸缩缝（单位：m）

工程量计算规则：以米计量，按设计图示尺寸以延长米计算。

桥梁伸缩缝的工程量：1.50(m)

清单工程量计算表见表 5-98。

表 5-98   清 单 工 程 量 计 算 表

项目编号	项目名称	项目特征描述	计量单位	工程量
040309007001	桥梁伸缩装置	U 形镀锌铁皮式伸缩缝	m	1.50

【例43】 某桥梁上钢筋混凝土泄水管，如图 5-89 所示，计算泄水管的工程量。

【解】 项目编码：040309009   桥面排（泄）水管

工程量计算规则：按设计图示以长度计算。

桥面泄水管的工程量：$0.30+0.04+0.05=0.39(m)$

清单工程量计算表见表 5-99。

表 5-99   清 单 工 程 量 计 算 表

项目编号	项目名称	项目特征描述	计量单位	工程量
040309009001	桥面排（泄）水管	钢筋混凝土泄水管，管径 140mm	m	0.39

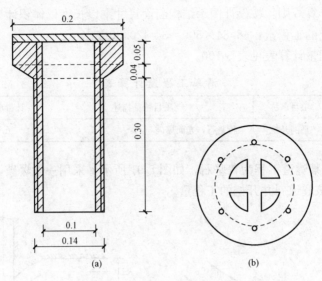

图 5-89　泄水管示意图（单位：m）

(a) 立面图；(b) 平面图

四、隧道工程

【例 1】　某隧道工程断面图，如图 5-90 所示，该隧道为平洞开挖，光面爆破，长 500m，施工段无地下水，岩石类别为特坚石，线路纵坡为 2.0%，设计开挖断面面积为 68.84m²。要求挖出的石渣运至洞口外 1200m 处，计算该隧道平洞开挖的工程量。

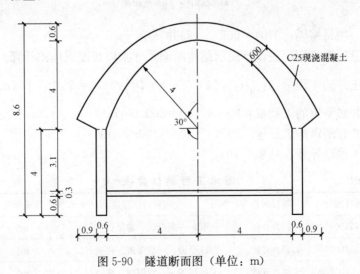

图 5-90　隧道断面图（单位：m）

【解】　项目编码：040401001　　平洞开挖

工程量计算规则：按设计图示结构断面尺寸乘以长度以体积计算。

平洞开挖的工程量：$68.84 \times 500 = 34\ 420.00\ (m^3)$

清单工程量计算表见表 5-100。

表 5-100　　　　　　　　　**清 单 工 程 量 计 算 表**

项目编号	项目名称	项目特征描述	计量单位	工程量
040401001001	平洞开挖	特坚石，光面爆破	m³	34 420.00

【例 2】　某隧道工程为普坚石，如图 5-91 所示，采用一般爆破，此隧道全长 270m，计算该隧道斜井开挖的工程量。

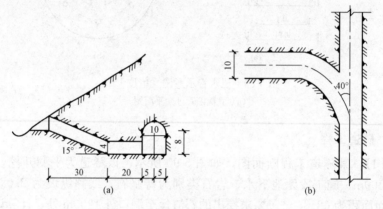

图 5-91　斜井示意图（单位：m）

(a) 立面图；(b) 平面图

【解】　项目编码：040401002　　斜井开挖

工程量计算规则：按设计图示结构断面尺寸乘以长度以体积计算。

(1) 正井的工程量：$\left(\dfrac{1}{2} \times 3.14 \times 5^2 + 8 \times 10\right) \times 270 = 32\ 197.50\ (m^3)$

(2) 井底平道的工程量：$20 \times 4 \times 10 = 800.00\ (m^3)$

(3) 井底斜道的工程量：$30 \times 4 \times 10 = 1200.00\ (m^3)$

清单工程量计算表见表 5-101。

表 5-101　　　　　　　　　**清 单 工 程 量 计 算 表**

序号	项目编号	项目名称	项目特征描述	计量单位	工程量
1	040401002001	斜井开挖	正洞，一般爆破，普坚石	m³	32 197.50
2	040401002002	斜井开挖	井底平道，一般爆破，普坚石	m³	800.00
3	040401002003	斜井开挖	井底斜道，一般爆破，普坚石	m³	1200.00

【**例3**】 某隧道工程为普坚石，横洞尺寸如图 5-92 所示，采用一般爆破，此隧道为 K1＋200～K2＋300 段，试求斜井工程量。

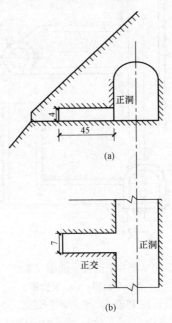

图 5-92 横洞布置图（单位：m）

（a）立面图；（b）平面图

【**解**】 项目编码：040401002 斜井开挖

工程量计算规则：按设计图示结构断面尺寸乘以长度以体积计算。

斜井工程量：$V＝4×7×45＝1260.00(m^3)$

清单工程量计算表见表 5-102。

表 5-102   清 单 工 程 量 计 算 表

项目编号	项目名称	项目特征描述	计量单位	工程量
040401002001	斜井开挖	普坚石，采用一般爆破	m³	1260.00

【**例4**】 某隧道工程在 K2＋150～K2＋340 段设有竖井开挖，如图 5-93 所示，此段无地下水，采用一般爆破开挖，岩石类别为普坚石，出碴运输用挖掘机装碴，自卸汽车运输，将废碴运至距洞口 300m 处的废弃场。计算该竖井开挖的工程量。

【**解**】 项目编码：040401003 竖井开挖

工程量计算规则：按设计图示结构断面尺寸乘以长度以体积计算。

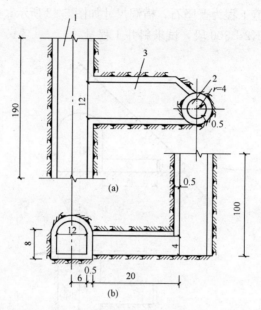

图 5-93　竖井平面及立面图（单位：m）

(a) 平面图；(b) 立面图

1—隧道；2—竖井；3—通道

（1）隧道的工程量：$\left[(6+0.5)\times 2\times 8+(6+0.5)^2\times 3.14\times\dfrac{1}{2}\right]\times 190=$
$(104+66.33)\times 190=32\ 362.70(\text{m}^3)$

（2）通道的工程量：$12\times 4\times(20-0.5)=936.00(\text{m}^3)$

（3）竖井的工程量：$3.14\times(4+0.5)^2\times 100=6358.50(\text{m}^3)$

清单工程量计算表见表 5-103。

表 5-103　　　　　　　　　　清单工程量计算表

序号	项目编号	项目名称	项目特征描述	计量单位	工程量
1	040401003001	竖井开挖	隧道部分为普坚石，一般爆破	m³	32 362.70
2	040401003002	竖井开挖	通道普坚石，一般爆破	m³	936.00
3	040401003003	竖井开挖	竖井普坚石，一般爆破	m³	6358.50

【例 5】　某隧道地沟，如图 5-94 所示，长为 350m，土壤类别为三类土，底宽 1.2m，挖深 3.0m，采用光面爆破，计算地沟开挖工程量。

【解】　项目编码：040401004　　地沟开挖

工程量计算规则：按设计图示结构断面尺寸乘以长度以体积计算。

隧道地沟内壁坡度：0.33

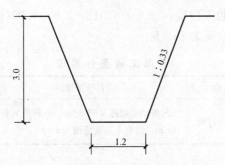

图 5-94 地沟断面示意图（单位：m）

隧道地沟截面面积：$(1.2+1.2+2\times3.0\times0.33)\times\dfrac{1}{2}\times3=6.57(\text{m}^2)$

隧道地沟开挖的工程量：$6.57\times350=2299.50(\text{m}^3)$

清单工程量计算表见表 5-104。

表 5-104　　　　　　　　　清 单 工 程 量 计 算 表

项目编号	项目名称	项目特征描述	计量单位	工程量
040401004001	地沟开挖	隧道地沟，土壤类别为三类土，光面爆破	m³	2290.50

【例 6】　某隧道施工段长 35m，如图 5-95 所示，石料最大粒径 18mm，混凝土强度等级为 C20，计算混凝土边墙衬砌的工程量。

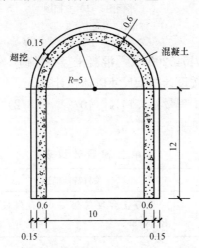

图 5-95 混凝土隧道示意图（单位：m）

【解】　项目编码：040402003　　混凝土边墙衬砌

工程量计算规则：按设计图示尺寸以体积计算。

混凝土边墙衬砌的工程量：$35×0.6×12×2＝504.00(m^3)$

清单工程量计算表见表 5-105。

表 5-105　　　　　　　清 单 工 程 量 计 算 表

项目编号	项目名称	项目特征描述	计量单位	工程量
040402003001	混凝土边墙衬砌	断面尺寸如图 5-95 所示，石料最大粒径 18mm，混凝土强度等级为 C20	m^3	504.00

【例7】　某隧道 K2＋080～K2＋150 施工段竖井衬砌，如图 5-96 所示，混凝土强度等级 C20，石料最大粒径 18mm，计算混凝土竖井衬砌的工程量。

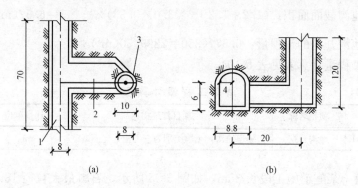

图 5-96　竖井衬砌示意图（单位：m）

（a）平面图；（b）立面图

1—隧道；2—通道；3—竖井

【解】　项目编码：040402004　　混凝土竖井衬砌

工程量计算规则：按设计图示尺寸以体积计算。

混凝土竖井衬砌的工程量：$3.14×[(10/2)^2－(8/2)^2]×120＝3391.20(m^3)$

清单工程量计算表见表 5-106。

表 5-106　　　　　　　清 单 工 程 量 计 算 表

项目编号	项目名称	项目特征描述	计量单位	工程量
040402004001	混凝土竖井衬砌	混凝土强度等级 C20，石料最大粒径 18mm	m^3	3391.20

【例8】　某隧道工程需进行沟道衬砌，如图 5-97 所示，其全长 66m，混凝土强度等级 C20，石料最大粒径 18mm，计算混凝土沟道工程量。

【解】　项目编码：040402005　　混凝土沟道

工程量计算规则：按设计图示尺寸以体积计算。

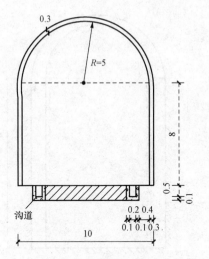

图 5-97 沟道砌筑示意图（单位：m）

混凝土沟道的工程量：$66 \times 2 \times [(0.1+0.2+0.1) \times (0.1+0.5)-0.2 \times 0.5]=18.48(m^3)$

清单工程量计算表见表 5-107。

表 5-107 清 单 工 程 量 计 算 表

项目编号	项目名称	项目特征描述	计量单位	工程量
040402005001	混凝土沟道	断面尺寸如图 5-97 所示，混凝土强度等级 C20，石料最大粒径 18mm	m³	18.48

【例 9】 某隧道工程喷射混凝土施工图，如图 5-98 所示，该隧道长 45m，拱部半径为 5m，厚 0.6m，初喷 4cm，混凝土强度等级为 C25，石料最大粒径 20mm，计算拱部喷射混凝土、边墙喷射混凝土的工程量。

【解】 （1）项目编码：040402006 拱部喷射混凝土

工程量计算规则：按设计图示尺寸以面积计算。

拱部喷射混凝土的工程量：$2 \times 3.14 \times 5 \times 45 \times \dfrac{1}{2}=706.50(m^2)$

（2）项目编码：040402007 边墙喷射混凝土

工程量计算规则：按设计图示尺寸以面积计算。

边墙喷射混凝土的工程量：$45 \times 7 \times 2=630.00(m^2)$

清单工程量计算表见表 5-108。

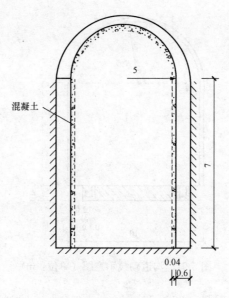

图 5-98　某隧道工程喷射混凝土竣工图（单位：m）

表 5-108　　　　　　　　　　清 单 工 程 量 计 算 表

序号	项目编号	项目名称	项目特征描述	计量单位	工程量
1	040402006001	拱部喷射混凝土	混凝土强度等级为 C25，石料最大粒径 20mm	m²	706.50
2	040402007001	边墙喷射混凝土	混凝土强度等级为 C25，石料最大粒径 20mm	m²	630.00

【例 10】　某隧道工程砌筑混凝土示意图，如图 5-99 所示，采用先拱后墙法施工，隧道长为 270m，混凝土强度等级 C15，碎石最大粒径 15mm，养护时间 7～14 天，计算拱圈砌筑和边墙砌筑的工程量。

【解】　（1）项目编码：040402008　　拱圈砌筑

工程量计算规则：按设计图示尺寸以体积计算。

拱圈砌筑工程量：$\frac{1}{2} \times 3.14 \times [(5.0+0.8)^2 - 5.0^2] \times 270 = 3662.50(m^3)$

（2）项目编码：040402009　　边墙砌筑

工程量计算规则：按设计图示尺寸以体积计算。

边墙砌筑的工程量：$2 \times 0.8 \times 10 \times 270 = 4320.00(m^3)$

清单工程量计算表见表 5-109。

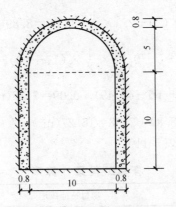

图 5-99 某隧道工程砌筑混凝土示意图（单位：m）

表 5-109 清单工程量计算表

序号	项目编号	项目名称	项目特征描述	计量单位	工程量
1	040402008001	拱圈砌筑	混凝土强度等级 C15，碎石最大粒径 15mm	m³	3662.50
2	040402009001	边墙砌筑	隧道长为 270m，混凝土强度等级 C15，碎石最大粒径 15mm，养护时间 7～14 天	m³	4320.00

【例 11】 某隧道工程采用端墙式洞口，如图 5-100 所示，隧道长为 300m，端墙采用 M10 号水泥砂浆砌片石，翼墙采用 M7.5 号水泥砂浆砌片石，外露面用片石镶面并勾平缝，衬砌水泥砂浆砌片石厚 9cm，计算洞门砌筑工程量。

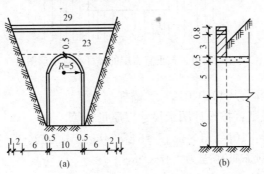

图 5-100 端墙式洞门示意图（单位：m）

(a) 立面图；(b) 局部剖面图

【解】 项目编码：040402011 洞门砌筑

工程量计算规则：按设计图示尺寸以体积计算。

端墙的工程量：$3.8×(29+23)×\frac{1}{2}×0.09=8.89(m^3)$

翼墙的工程量：$\left[(6+5+0.5)×\frac{1}{2}×(11+23)-6×11-(5.0+0.5)^2×\right.$

$\left.3.14÷2\right]×0.09=(195.5-66-47.49)×0.09=7.38(m^3)$

洞门砌筑的工程量：$8.89+7.38=16.27(m^3)$

清单工程量计算表见表 5-110。

表 5-110　　　　　　　　清单工程量计算表

项目编号	项目名称	项目特征描述	计量单位	工程量
040402011001	洞门砌筑	端墙采用 M10 号水泥砂浆砌片石，翼墙采用 M7.5 号水泥砂浆砌片石，外露面用片石镶面并勾平缝	m³	16.27

【例 12】　某垂直岩石的锚杆布置示意图，如图 5-101 所示，采用 $\phi20$ 钢筋，每根钢筋长 2.1m，计算锚杆工程量。

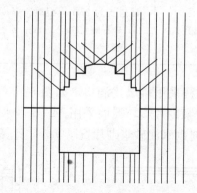

图 5-101　某垂直岩层的锚杆布置示意图

【解】　项目编码：040402012　　锚杆

工程量计算规则：按设计图示尺寸以质量计算。

锚杆的工程量：$10×2.1×2.47=51.87(kg)=0.052(t)$

注：$\phi20$ 的单根钢筋理论质量为 2.47kg/m。

清单工程量计算表见表 5-111。

表 5-111　　　　　　　　清单工程量计算表

项目编号	项目名称	项目特征描述	计量单位	工程量
040402012001	锚杆	$\phi20$ 钢筋，长 2.1m	t	0.052

【例 13】 某市隧道工程施工需要锚杆支护，采用楔缝式锚杆，局部支护，钢筋直径为 20mm，锚杆的具体尺寸如图 5-102 所示，求钢筋用量（采用 Q235 钢筋，2.47kg/m）。

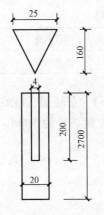

图 5-102 锚杆尺寸图

【解】 项目编码：040402012 锚杆

工程量计算规则：按设计图示尺寸以质量计算。

锚杆的工程量：$m = 2.47 \times 2.7 = 6.669(\text{kg}) = 0.007(\text{t})$

清单工程量计算表见表 5-112。

表 5-112 清 单 工 程 量 计 算 表

项目编号	项目名称	项目特征描述	计量单位	工程量
040402012001	锚杆	采用楔缝式锚杆，局部支护，钢筋直径为 20mm	t	0.007

【例 14】 某隧道工程在施工过程中进行钻孔预压浆，如图 5-103 所示，计算充填压浆工程量。

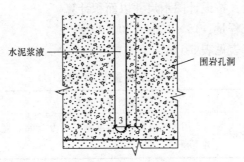

水泥浆液 围岩孔洞

图 5-103 钻孔预压浆图（单位：m）

【解】 项目编码：040402013 充填压浆

工程量计算规则：按设计图示尺寸以体积计算。

充填压浆的工程量：$3.14 \times \left(\dfrac{3}{2}\right)^2 \times 45 = 317.93(\text{m}^3)$

清单工程量计算表见表 5-113。

表 5-113   **清单工程量计算表**

项目编号	项目名称	项目特征描述	计量单位	工程量
040402013001	充填压浆	钻孔预压浆	m³	317.93

【例 15】 某隧道工程在路的垫层设置柔性防水层，如图 5-104 所示，防水层采用环氧树脂，长为 100m，宽为 15m，计算柔性防水层的工程量。

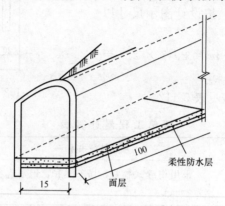

图 5-104   隧道柔性防水层示意图（单位：m）

【解】 项目编码：040402019   柔性防水层

工程量计算规则：按设计图示尺寸以面积计算。

柔性防水层的工程量：15×100＝1500.00（m²）

清单工程量计算表见表 5-114。

表 5-114   **清 单 工 程 量 计 算 表**

项目编号	项目名称	项目特征描述	计量单位	工程量
040402019001	柔性防水层	采用环氧树脂，柔性防水层长为 100m，宽为 15m	m	1500.00

【例 16】 某隧道工程在 K1＋100～K2＋200 施工段采用盾构法施工，如图 5-105 所示，盾构外径为 4.5m，盾构断面形状为圆形的普通盾构，计算盾构吊装及吊拆的工程量。

【解】 项目编码：040403001   盾构吊装及吊拆

工程量计算规则：按设计图示数量计算。

盾构吊装及吊拆的工程量：1(台·次)

清单工程量计算表见表 5-115。

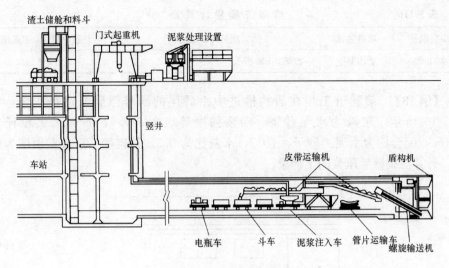

图 5-105　盾构法施工图

表 5-115　　　　　　　　**清 单 工 程 量 计 算 表**

项目编号	项目名称	项目特征描述	计量单位	工程量
040403001001	盾构吊装及吊拆	采用盾构法施工，盾构外径为 4.5m，盾构断面形状为圆形的普通盾构	台·次	1

【例 17】　某盾构施工示意图，如图 5-106 所示，计算该盾构掘进工程量。

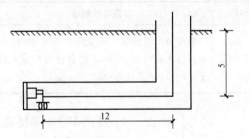

图 5-106　盾构施工示意图（单位：m）

【解】　项目编码：040403002　　盾构掘进

工程量计算规则：按设计图示掘进长度计算。

盾构掘进的工程量：12.00(m)

清单工程量计算表见表 5-116。

表 5-116 　　　　　　　　　　　**清 单 工 程 量 计 算 表**

项目编号	项目名称	项目特征描述	计量单位	工程量
040403002001	盾构掘进	如图 5-106 所示	m	12.00

【例 18】　某隧道工程在盾构推进中由盾尾的同号压浆泵进行压浆，如图 5-107 所示，浆液为水泥砂浆，砂浆强度等级为 M7.5，石料最大粒径为 10mm，配合比为水泥：砂子＝1：3，水灰比为 0.5。衬砌壁后压浆截面图为圆形。计算衬砌壁后压浆的工程量。

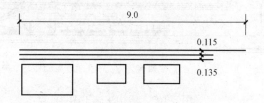

图 5-107　盾构尺寸图（单位：m）

【解】　项目编码：040403003　　衬砌壁后压浆

工程量计算规则：按管片外径和盾构壳体外径所形成的充填体积计算。

衬砌压浆的工程量：$3.14 \times (0.115 + 0.135)^2 \times 9.0 = 1.77 (\text{m}^3)$

清单工程量计算表见表 5-117。

表 5-117 　　　　　　　　　　　**清 单 工 程 量 计 算 表**

项目编号	项目名称	项目特征描述	计量单位	工程量
040403003001	衬砌壁后压浆	浆液为水泥砂浆，砂浆强度等级为 M7.5，石料最大粒径为 10mm，配合比为水泥：砂子＝1：3，水灰比为 0.5	m³	1.77

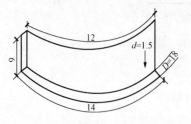

图 5-108　预制钢筋混凝土管片示意图（单位：m）

【例 19】　某隧道在 K1＋020～K1＋120 段采用盾构施工，设置预制钢筋混凝土管片，如图 5-108 所示，外直径为 18m，内直径为 15m，外弧长为 14m，内弧长为 12m，宽度为 9m，混凝土强度为 C40，石料最大粒径为 15mm，求预制钢筋混凝土管片工程量。

【解】　项目编码：040403004　　预制钢筋混凝土管片

工程量计算规则：按设计图示尺寸以体积计算。

衬砌压浆的工程量：$V=\frac{1}{2}\times\left(14\times\frac{18}{2}-12\times\frac{15}{2}\right)\times9=162(\mathrm{m}^3)$

清单工程量计算表见表 5-118。

表 5-118 清 单 工 程 量 计 算 表

项目编号	项目名称	项目特征描述	计量单位	工程量
040403004001	预制钢筋混凝土管片	外直径为 18m，内直径为 15m，外弧长为 14m，内弧长为 12m，宽度为 9m，混凝土强度为 C40，石料最大粒径为 15mm	m³	162

【例 20】 某管片平面示意图，如图 5-109 所示，隧道采用盾构法进行施工时，随着盾构的掘进，盾尾一次拼装衬砌管片 6 个，在管片与管片之间用密封防水橡胶条密封，共掘进 48 次，计算管片设置密封条的工程量。

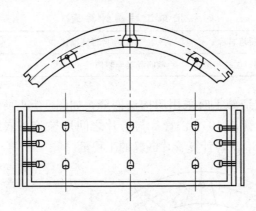

图 5-109 管片平面示意图

【解】 项目编码：040403005 管片设置密封条

工程量计算规则：按设计图示数量体积计算。

管片设置密封条的工程量：（6－1）×48＝240（环）

清单工程量计算表见表 5-119。

表 5-119 清 单 工 程 量 计 算 表

项目编号	项目名称	项目特征描述	计量单位	工程量
040403005001	管片设置密封条	片与管片之间用密封防水橡胶条密封	环	240

【例 21】 某地区在隧道洞口设置柔性接缝环，如图 5-110 所示，采用钢筋混凝土制作，计算柔性接缝环的工程量。

【解】 项目编码：040403006 隧道洞口柔性接缝环

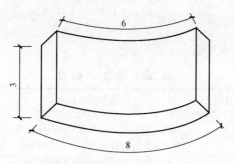

图 5-110　柔性接缝环图（单位：m）

工程量计算规则：按设计图示以隧道管片外径周长计算。

隧道洞口柔性接缝环的工程量：$2 \times (8+3) = 22$(m)

清单工程量计算表见表 5-120。

表 5-120   清 单 工 程 量 计 算 表

项目编号	项目名称	项目特征描述	计量单位	工程量
040403006001	隧道洞口柔性接缝环	钢筋混凝土制作	m	22

【例 22】　某隧道施工时采用盾构法嵌缝，如图 5-111 所示，随着盾构的掘进，盾尾每次铺砌管片 10 个，管片与管片之间用橡胶条嵌缝，橡胶条直径为 1cm，隧道总掘进 35 次，计算管片嵌缝的工程量。

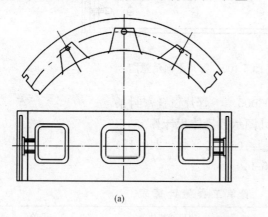
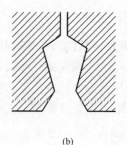

(a)   (b)

图 5-111　嵌缝示意图

(a) 管片缝；(b) 嵌缝槽

【解】　项目编码：040403007　　管片嵌缝

工程量计算规则：按设计图示数量计算。

管片嵌缝的工程量：$(10-1) \times 35 = 315$(环)

清单工程量计算表见表5-121。

表 5-121 清 单 工 程 量 计 算 表

项目编号	项目名称	项目特征描述	计量单位	工程量
040403007001	管片嵌缝	橡胶条嵌缝，橡胶条直径为1cm	环	315

【例23】 某隧道工程利用管节垂直顶升进行隧道推进，如图5-112所示，在K1＋030～K1＋070施工段，顶力可达$4×10^3$kN，管节采用钢筋混凝土制成，计算管节垂直顶升工程量。

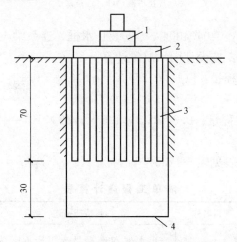

图 5-112 管节垂直顶升断面示意图（单位：m）
1—千斤顶；2—承压垫板；3—管节；4—下一个工作井进孔壁

【解】 项目编码：040404003 管节垂直顶升

工程量计算规则：按设计图示长度计算。

管节垂直顶升的工程量：30.00(m)

清单工程量计算表见表5-122。

表 5-122 清 单 工 程 量 计 算 表

项目编号	项目名称	项目特征描述	计量单位	工程量
040404003001	管节垂直顶升	顶力可达$4×10^3$kN，管节采用钢筋混凝土制成	m	30.00

【例24】 某隧道设置止水框和连系梁，如图5-113所示，其满足排水需要以及确保隧道顶部的稳定性，两者均选用密度ρ为$7.87×10^3$kg/m^{3}的优质钢材，计算止水框和连系梁的工程量（止水框板厚12mm）。

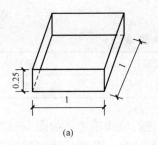
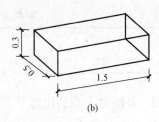

(a)   (b)

图 5-113 止水框、连系梁示意图（单位：m）

(a) 止水框；(b) 连系梁

【解】 项目编码：040404004   安装止水框、连系梁

工程量计算规则：按设计图示质量计算。

(1) 止水框的工程量：$[(1 \times 0.25) \times 4 + 1 \times 1] \times 0.12 \times 7.87 \times 10^3 = 1888.8$ (kg) $= 1.889$ (t)

(2) 连系梁的工程量：$0.3 \times 0.5 \times 1.5 \times 7.87 \times 10^3 = 1770.75$ (kg) $= 1.771$ (t)

清单工程量计算表见表 5-123。

表 5-123   清 单 工 程 量 计 算 表

序号	项目编号	项目名称	项目特征描述	计量单位	工程量
1	040404004001	安装止水框	止水框和连系梁选用密度 ρ 为 $7.87 \times 10^3 \, \text{kg/m}^3$ 的优质钢材，止水框板厚 12mm	t	1.889
2	040404004002	安装连系梁	止水框和连系梁选用密度 ρ 为 $7.87 \times 10^3 \, \text{kg/m}^3$ 的优质钢材	t	1.771

【例 25】 隧道施工在垂直顶升后，为了防止电化学腐蚀及生物腐蚀出水口，需要安装阴极保护装置，一个阴极保护站设有 12 组阴极保护装备，计算阴极保护装置的工程量。

【解】 项目编码：040404005   阴极保护装置

工程量计算规则：按设计图示数量计算。

阴极保护装置的工程量：12(组)

清单工程量计算表见表 5-124。

表 5-124   **清 单 工 程 量 计 算 表**

项目编号	项目名称	项目特征描述	计量单位	工程量
040404005001	阴极保护装置	一个阴极保护站设有 12 组阴极保护装备	组	12

【**例 26**】 某隧道取、排水头示意图，如图 5-114 所示，为了排水方便在垂直顶升管取、排水口处安装取、排水头，每个取、排水口均安装一个取、排水头，该段共有取、排水口 20 个，计算取、排水头的工程量。

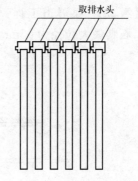

取排水头

【**解**】 项目编码：040404006 安装取、排水头

工程量计算规则：按设计图示数量计算。

取、排水头的工程量：20（个）

清单工程量计算表见表 5-125。

图 5-114   取排水头示意图

表 5-125   **清 单 工 程 量 计 算 表**

项目编号	项目名称	项目特征描述	计量单位	工程量
040404006001	安装取、排水头	垂直顶升管取、排水口处安装取、排水头	个	20

【**例 27**】 某市隧道内旁通道开挖示意图，如图 5-115 所示，在 K0＋960～K1＋035 施工段内是三类土，计算隧道内旁通道开挖的工程量。

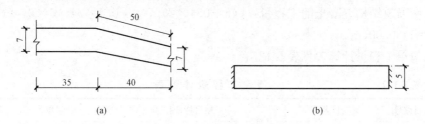

(a)   (b)

图 5-115   隧道内旁通道开挖示意图（单位：m）

(a) 平面图；(b) 立面图

【**解**】 项目编码：040404007 隧道内旁通道开挖

工程量计算规则：按设计图示尺寸以体积计算。

隧道内旁通道开挖的工程量：5×7×(35＋50)＝2975.00（m³）

清单工程量计算表见表 5-126。

表 5-126　　　　　　　　　　清 单 工 程 量 计 算 表

项目编号	项目名称	项目特征描述	计量单位	工程量
040404007001	隧道内旁通道开挖	三类土	m³	2975.00

【例 28】　某隧道工程旁通道混凝土断面，如图 5-116 所示，混凝土强度为 C25，石料最大粒径为 15mm，计算旁通道结构混凝土的工程量。

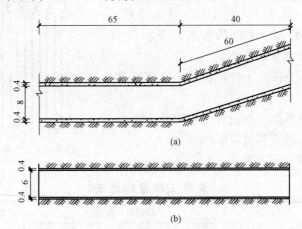

图 5-116　隧道旁通道混凝土断面示意图（单位：m）

(a) 立面图；(b) 平面图

【解】　项目编码：040404008　　旁通道结构混凝土

工程量计算规则：按设计图示尺寸以体积计算。

旁通道结构混凝土的工程量：$[(6+0.4×2)×(8+0.4×2)-6×8]×(65+60)=1480.00(\text{m}^3)$

清单工程量计算表见表 5-127。

表 5-127　　　　　　　　　　清 单 工 程 量 计 算 表

项目编号	项目名称	项目特征描述	计量单位	工程量
040404008001	旁通道结构混凝土	混凝土强度为 C25，石料最大粒径为 15mm	m³	1480.00

【例 29】　某隧道集水井，如图 5-117 所示，为了保证隧道稳定和便于积水的排除，在道路两侧每隔 50m 设置一座集水井，隧道共长 1400m，计算隧道内集水井的工程量。

【解】　项目编码：040404009　　隧道内集水井

工程量计算规则：按设计图示数量计算。

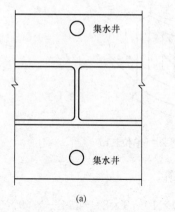

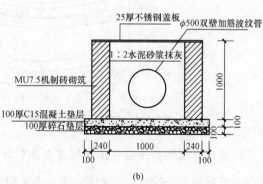

图 5-117 集水井

(a) 集水井布置图；(b) 集水井构造大样图

隧道内集水井的工程量：$\left(\dfrac{1400}{50}-1\right)\times2=54$（座）

清单工程量计算表见表 5-128。

表 5-128 **清 单 工 程 量 计 算 表**

项目编号	项目名称	项目特征描述	计量单位	工程量
040404009001	隧道内集水井	在道路两侧每隔 50m 设置一座集水井	座	54

【例 30】 某长 1500m 的隧道设置防爆门，如图 5-118 所示，为保证该隧道稳定性，现每隔 25m 设置一扇门，计算防爆门工程量。

【解】 项目编码：040404010 防爆门

工程量计算规则：按设计图示数量计算。

防爆门的工程量：$\left(\dfrac{1500}{25}-1\right)\times2=118$（扇）

清单工程量计算表见表 5-129。

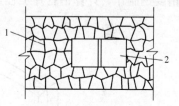

图 5-118 防爆门布置图

1—隧道墙；2—防爆门

表 5-129 **清 单 工 程 量 计 算 表**

项目编号	项目名称	项目特征描述	计量单位	工程量
040404010001	防爆门	每隔 25m 设置一扇门	扇	118

【例 31】 某隧道工程采用钢筋混凝土复合管片，如图 5-119 所示，混凝土强度等级为 C30，石料最大粒径为 25mm，计算钢筋混凝土复合管片的工程量。

【解】 项目编码：040404011 钢筋混凝土复合管片

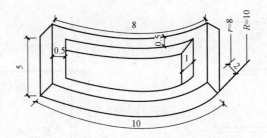

图 5-119 钢筋混凝土复合管片示意图（单位：m）

工程量计算规则：按设计图示尺寸以体积计算。

钢筋混凝土复合管片的工程量：$5\times\frac{1}{2}\times(10\times10-8\times8)-4\times\frac{1}{2}\times(9\times9-7\times7)=90-64=26.00(\text{m}^3)$

清单工程量计算表见表 5-130。

表 5-130   清 单 工 程 量 计 算 表

项目编号	项目名称	项目特征描述	计量单位	工程量
040404011001	钢筋混凝土复合管片	混凝土强度等级为 C30，石料最大粒径为 25mm	m³	26.00

【例 32】 某隧道工程盾构掘进，如图 5-120 所示，需要制作钢管片，采用高精度钢制作，计算钢管片工程量（钢管片密度 ρ 为 $7.78\times10^3\,\text{kg/m}^3$）。

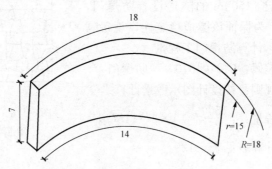

图 5-120 钢管片示意图（单位：m）

【解】 项目编码：040404012   钢管片

工程量计算规则：按设计图示以质量计算。

该钢管的弯曲弧度 $\theta=\frac{14}{14}=1(\text{rad})=\frac{180°}{\pi}\times1=57.32°$

该钢管的体积 $V=7\times\frac{57.32°}{360°}\times(18^2-15^2)\times3.14=346.47(\text{m}^3)$

钢管片的工程量：$\rho V=7.78\times10^3\times346.47=2695.536\times10^3(\text{kg})=2695.54$(t)

清单工程量计算表见表 5-131。

表 5-131   **清 单 工 程 量 计 算 表**

项目编号	项目名称	项目特征描述	计量单位	工程量
040404012001	钢管片	高精度钢制作	t	2694.54

【例 33】 某工程沉井，如图 5-121 所示，混凝土强度等级为 C30，石粒最大粒径 20mm，沉井下沉深度为 12m，沉井封底及底板混凝土强度等级为 C20，石料最大粒径为 10mm，沉井填心采用碎石（20mm）和块石（200mm），不排水下沉，计算沉井井壁混凝土、沉井下沉、沉井混凝土底板的工程量。

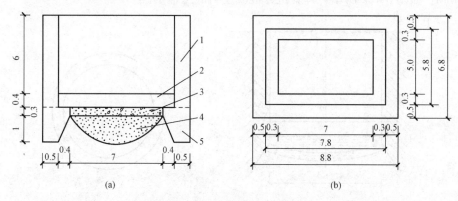

图 5-121 沉井示意图（单位：m）

(a) 沉井立面图；(b) 沉井平面图

1—井壁；2—底板；3—垫层；4—封底；5—刃脚

【解】 （1）项目编码：040405001   沉井井壁混凝土

工程量计算规则：按设计尺寸以外围井筒混凝土体积计算。

沉井井壁混凝土的工程量：$6.4\times(8.8\times6.8-7.8\times5.8)+0.3\times(0.5+0.3)\times(8.8+5.0)\times2=93.44+6.624=100.06(\text{m}^3)$

（2）项目编码：040405002   沉井下沉

工程量计算规则：按设计图示井壁外围面积乘以下沉深度以体积计算。

沉井下沉的工程量：$(8.8+6.8)\times2\times(6+0.3+0.3+1)\times12=2845.44(\text{m}^3)$

（3）项目编码：040405004   沉井混凝土底板

工程量计算规则：按设计图示尺寸以体积计算。

沉井混凝土底板的工程量：$0.3\times7.8\times5.8=13.57(\text{m}^3)$

清单工程量计算表见表 5-132。

表 5-132　　　　　　　　**清 单 工 程 量 计 算 表**

序号	项目编号	项目名称	项目特征描述	计量单位	工程量
1	040405001001	沉井井壁混凝土	混凝土强度等级为 C30，石粒最大粒径 20mm	m³	100.06
2	040405002001	沉井下沉	沉井下沉深度为 12m	m³	2845.44
3	040405004001	沉井混凝土底板	封底混凝土强度等级为 C20，石料最大粒径为 10mm	m³	13.57

【例 34】　某沉井混凝土封底，混凝土强度等级为 C15，石料最大粒径为 20mm，如图 5-122 所示，计算沉井混凝土封底工程量。

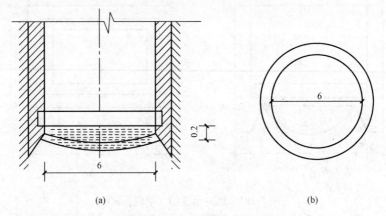

(a)　　　　　　　　　　　　　(b)

图 5-122　沉井混凝土封底示意图（单位：m）

(a) 沉井立面图；(b) 沉井平面图

【解】　项目编码：040405003　　　沉井混凝土封底

工程量计算规则：按设计图示尺寸以体积计算。

沉井混凝土封底的工程量：$3.14 \times \left(\dfrac{6}{2}\right)^2 \times 0.2 = 5.65 (\text{m}^3)$

清单工程量计算表见表 5-133。

表 5-133　　　　　　　　**清 单 工 程 量 计 算 表**

项目编号	项目名称	项目特征描述	计量单位	工程量
040405003001	沉井混凝土封底	混凝土强度等级为 C15，石料最大粒径为 20mm	m³	5.65

【例 35】 某隧道工程在 K3＋100～K3＋350 施工段修建一座沉井,如图 5-123 所示,采取排水下沉,材料品种为中粗砂、直径为 5～40mm 的碎石和直径为 100～400mm 的块石组成的砂石料,计算砂石料的工程量。

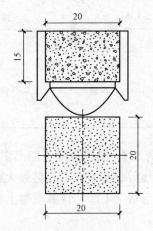

图 5-123 沉井填心示意图
（单位：m）

【解】 项目编码：040405005 沉井填心

工程量计算规则：按设计图示尺寸以体积计算。

沉井填心的工程量：$20 \times 20 \times 15 = 6000.00(m^3)$

清单工程量计算表见表 5-134。

表 5-134 **清 单 工 程 量 计 算 表**

项目编号	项目名称	项目特征描述	计量单位	工程量
040405005001	沉井填心	材料品种为中粗砂、直径为 5～40mm 的碎石和直径为 100～400mm 的块石组成的砂石料	m³	6000.00

【例 36】 某隧道工程浇筑混凝土地梁,如图 5-124 所示。垫层厚度为 0.6m,采用泵送 C25 商品混凝土,石料最大粒径 15mm,垫层采用 C15 的混凝土,计算混凝土地梁的工程量。

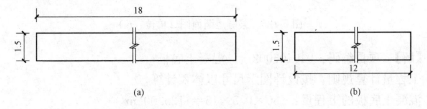

图 5-124 地梁示意图（单位：m）

(a) 地梁侧面图；(b) 地梁平面图

【解】 项目编码：040406001 混凝土地梁

工程量计算规则：按设计图示尺寸以体积计算。

混凝土地梁的工程量：$1.5 \times 18 \times 12 = 324.00(m^3)$

清单工程量计算表见表 5-135。

表 5-135 清 单 工 程 量 计 算 表

项目编号	项目名称	项目特征描述	计量单位	工程量
040406001001	混凝土地梁	垫层厚度为 0.6m，采用泵送 C25 商品混凝土，石料最大粒径 15mm，垫层采用 C15 的混凝土	m³	324.00

【例 37】 某工程隧道断面图，如图 5-125 所示，该工程设置混凝土底板，混凝土强度等级为 C30，石料最大粒径为 20mm，垫层位于底板下面厚度为 0.6m，混凝土等级为 C20，计算混凝土底板的工程量（隧道长度为 150m）。

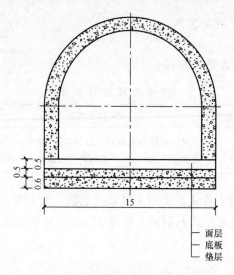

图 5-125 某隧道断面图（单位：m）

【解】 项目编码：040406002 混凝土底板

工程量计算规则：按设计图示尺寸以体积计算。

混凝土底板的工程量：150×0.5×15＝1125.00(m³)

清单工程量计算表见表 5-136。

表 5-136 清 单 工 程 量 计 算 表

项目编号	项目名称	项目特征描述	计量单位	工程量
040406002001	混凝土底板	底板混凝土强度等级为 C30，石料最大粒径为 20mm，垫层厚度为 0.6m，混凝土等级为 C20	m³	1125.00

【例 38】 某梁板混凝土柱示意图，如图 5-126 所示，混凝土强度等级为 C25，计算该梁板混凝土柱工程量。

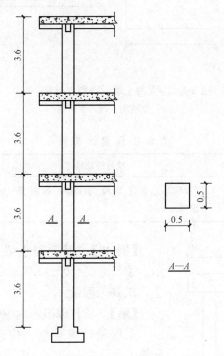

图5-126 某梁板混凝土柱示意图（单位：m）

【解】 项目编码：040406003 混凝土柱

工程量计算规则：按设计图示尺寸以体积计算。

混凝土柱的工程量：$0.5 \times 0.5 \times (3.6 \times 4) = 3.60(\mathrm{m}^3)$

清单工程量计算表见表 5-137。

表 5-137   清 单 工 程 量 计 算 表

项目编号	项目名称	项目特征描述	计量单位	工程量
040406003001	混凝土柱	混凝土强度等级为 C25	m³	3.60

【例 39】 某工程有一面混凝土墙，如图 5-127 所示，采用泵送 C35 商品混凝土，石料最大粒径 20mm，计算该混凝土墙的工程量。

【解】 项目编码：040406004 混凝土墙

工程量计算规则：按设计图示尺寸以体积计算。

混凝土墙的工程量：$5 \times 15 \times 0.5 = 37.50(\mathrm{m}^3)$

清单工程量计算表见表 5-138。

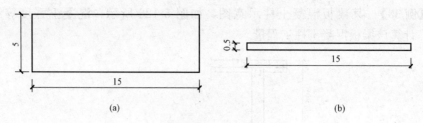

图 5-127   混凝土墙示意图（单位：m）

(a) 立面图；(b) 平面图

表 5-138   清 单 工 程 量 计 算 表

项目编号	项目名称	项目特征描述	计量单位	工程量
040406004001	混凝土墙	混凝土强度等级为 C35，石料最大粒径 20mm	m³	37.50

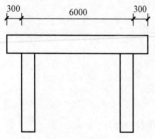

图 5-128   混凝土梁布置图

【例 40】   某混凝土梁布置图如图 5-128 所示，梁尺寸为 500mm×500mm。采用 C30 混凝土，求其工程量。

【解】   项目编码：040406005   混凝土梁

工程量计算规则：按设计图示尺寸以体积计算。

混凝土墙的工程量：$0.5×0.5×(6.0+0.3+0.3)=1.65(m^3)$

清单工程量计算表见表 5-139。

表 5-139   清 单 工 程 量 计 算 表

项目编号	项目名称	项目特征描述	计量单位	工程量
040406005001	混凝土梁	混凝土强度等级为 C30	m³	1.65

【例 41】   某隧道工程在 K3+150～K3+300 段修建水底隧道，如图 5-129 所示，混凝土强度等级为 C30，石料最大粒径 20mm，厚度为 150mm，其采用金属衬砌环，计算圆隧道内架空路面工程量。

【解】   项目编码：040406007   圆隧道内架空路面

工程量计算规则：按设计图示尺寸以体积计算。

圆隧道内架空路面的工程量：$9×(3300-3150)×0.15=202.50(m^2)$

清单工程量计算表见表 5-140。

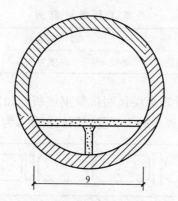

图 5-129 圆隧道内架空路面示意图（单位：m）

表 5-140 清单工程量计算表

项目编号	项目名称	项目特征描述	计量单位	工程量
040406007001	圆隧道内架空路面	混凝土强度等级为 C30，石料最大粒径 20mm，	m³	202.50

【例 42】 某工程水底隧道预制沉管断面示意图，如图 5-130 所示，在 K2＋050～K2＋150 段在水底，其余路段在路面上，沉管底垫层为碎石，计算该预制沉管底垫层的工程量。

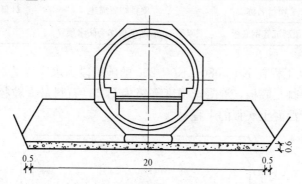

图 5-130 沉管断面示意图（单位：m）

【解】 项目编码：040407001 预制沉管底垫层

工程量计算规则：按设计图示沉管底面积乘以厚度以体积计算。

预制沉管底垫层的工程量：$(20＋20＋0.5×2)×0.6/2×(2150－2050)＝1230.00(m³)$

清单工程量计算表见表 5-141。

表 5-141 **清单工程量计算表**

项目编号	项目名称	项目特征描述	计量单位	工程量
040407001001	预制沉管底垫层	垫层为碎石，厚度为 0.6m	m³	1230.00

【例43】 某海底隧道防水层预制沉管钢底板，如图 5-131 所示，钢板长为 90m，厚 5mm，计算该钢底板的工程量（钢的密度 ρ 为 $7.78 \times 10^3 \, \text{kg/m}^3$）。

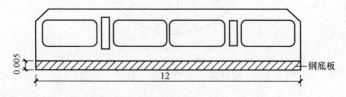

图 5-131 海底隧道断面示意图（单位：m）

【解】 项目编码：040407002 预制沉管钢底板

工程量计算规则：按设计图示尺寸以质量计算。

预制沉管钢底板的工程量：$\rho V = 7.78 \times 10^3 \times 90 \times 12 \times 0.005 = 42.012 \times 10^3$ （kg）= 42.012（t）

清单工程量计算表见表 5-142。

表 5-142 **清单工程量计算表**

项目编号	项目名称	项目特征描述	计量单位	工程量
040407002001	预制沉管钢底板	以厚 5mm 的钢板作为防水层	t	42.012

【例44】 某工程在 K0+080～K0+200 的施工段为水底隧道，如图 5-132 所示，预制沉管混凝土底板，混凝土强度等级为 C35，石料最大粒径 25mm，计算该管段预制沉管混凝土底板的工程量。

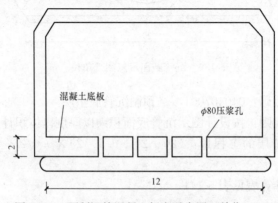

图 5-132 预制沉管混凝土板底示意图（单位：m）

【解】 项目编码：040407003　　预制沉管混凝土底板

工程量计算规则：按设计图示尺寸以体积计算。

预制沉管混凝土底板的工程量：$(200-80) \times 12 \times 2 - 4 \times 3.14 \times \left(\dfrac{0.08}{2}\right)^2 \times 2 = 2879.96(\text{m}^3)$

清单工程量计算表见表 5-143。

表 5-143　　　　　清 单 工 程 量 计 算 表

项目编号	项目名称	项目特征描述	计量单位	工程量
040407003001	预制沉管混凝土底板	混凝土强度等级为 C35，石料最大粒径 25mm	m³	2879.96

【例45】 某预制沉管混凝土侧墙示意图，如图 5-133 所示。水底隧道在施工段 K0+100～K0+400 预制了两节沉管，每节沉管长 180m，混凝土强度等级为 C30，石料最大粒径 25mm，计算侧墙混凝土的工程量。

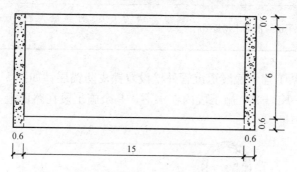

图 5-133　预制沉管混凝土侧墙示意图（单位：m）

【解】 项目编码：040407004　　预制沉管混凝土侧墙

工程量计算规则：按设计图示尺寸以体积计算。

预制沉管混凝土侧墙的工程量：$2 \times 180 \times 2 \times 0.6 \times (6+0.6 \times 2) = 3110.40(\text{m}^3)$

清单工程量计算表见表 5-144。

表 5-144　　　　　清 单 工 程 量 计 算 表

项目编号	项目名称	项目特征描述	计量单位	工程量
040407004001	预制沉管混凝土侧墙	混凝土强度等级为 C30，石料最大粒径 25mm	m³	3110.40

【例46】 某水底隧道采用沉管法浇筑两节沉管，如图 5-134 所示，在 K3+

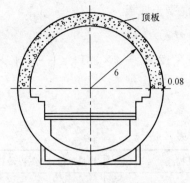

图 5-134 预制沉管混凝土顶板
（单位：m）

150～K3＋290 施工段，其中沉管的预制混凝土顶板强度等级为 C40，石料最大粒径 15mm，计算该预制沉管混凝土顶板工程量。

【解】 项目编码：040407005 预制沉管混凝土顶板

工程量计算规则：按设计图示尺寸以体积计算。

预制沉管混凝土顶板的工程量：$(3290-3150)\times\frac{1}{2}\times3.14\times(6.8^2-6^2)=140\times\frac{1}{2}\times3.14\times10.24=2250.75(m^3)$

清单工程量计算表见表 5-145。

表 5-145　　　　　　　　　清 单 工 程 量 计 算 表

项目编号	项目名称	项目特征描述	计量单位	工程量
040407005001	预制沉管混凝土顶板	强度等级为 C40，石料最大粒径 15mm	m³	2250.75

【例 47】 某工程水底隧道沉管外壁设置铁皮防锚层，如图 5-135 所示，该工程在 K0＋100～K0＋350 施工段内在水下，其余施工段在路面上，计算该沉管外壁防锚层的工程量。

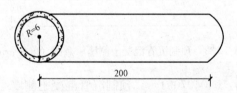

图 5-135 沉管外壁防锚层示意图（单位：m）

【解】 项目编码：040407006 沉管外壁防锚层

工程量计算规则：按设计图示尺寸以面积计算。

沉管外壁防锚层的工程量：$2\times3.14\times6\times(350-100)=9420.00(m^2)$

清单工程量计算表见表 5-146。

表 5-146　　　　　　　　　清 单 工 程 量 计 算 表

项目编号	项目名称	项目特征描述	计量单位	工程量
040407006001	沉管外壁防锚层	沉管外壁设置铁皮防锚层	m²	9420.00

【**例 48**】 某沉管隧道在沉管制作时安装了钢剪力键，如图 5-136 所示，钢密度 ρ 取 $7.78 \times 10^3 \, \text{kg/m}^3$，计算鼻托垂直剪力键的工程量。

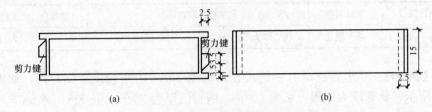

图 5-136 沉井示意图（单位：m）

(a) 沉管立面图；(b) 沉管平面图

【**解**】 项目编码：040407007 鼻托垂直剪力键

工程量计算规则：按设计图示尺寸以质量计算。

鼻托垂直剪力键的工程量：$\rho V = 7.78 \times 10^3 \times (3.5 + 3.5 + 3.5) \times 2.5/2 \times 15 \times 2 = 3063.375 \times 10^3 \, (\text{kg}) = 3063.375 \, (\text{t})$

清单工程量计算表见表 5-147。

表 5-147 清 单 工 程 量 计 算 表

项目编号	项目名称	项目特征描述	计量单位	工程量
040407007001	鼻托垂直剪力键	密度 ρ 取 $7.78 \, \text{kg/m}^3$	t	3063.375

【**例 49**】 某隧道工程采用钢壳作为永久性防水层，如图 5-137 所示，管段为圆形，钢壳厚为 15mm，沉管长为 120m，计算钢壳的工程量（钢材密度 ρ 为 $7.78 \times 10^3 \, \text{kg/m}^3$）。

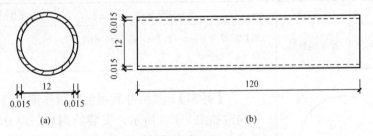

图 5-137 隧道钢壳示意图（单位：m）

(a) 立面图；(b) 平面图

【**解**】 项目编码：040407008 端头钢壳

工程量计算规则：按设计图示尺寸以质量计算。

端头钢壳的工程量：$7.78 \times 10^3 \times (6.015^2 - 6^2) \times 3.14 \times 120 = 528.328 \times 10^3$ (kg) $= 528.328 \, (\text{t})$

清单工程量计算表见表 5-148。

表 5-148 **清单工程量计算表**

项目编号	项目名称	项目特征描述	计量单位	工程量
040407008001	端头钢壳	钢壳厚为 15mm	t	528.328

【**例 50**】 某水底隧道有一管段在离端面 80cm 的两端设置钢封门,如图 5-138 所示,此管段为矩形,长为 100m,钢封门厚为 20cm,长 8m,高 6m,计算该钢封门的工程量(钢板密度 ρ 为 $7.78 \times 10^3 \text{kg/m}^3$)。

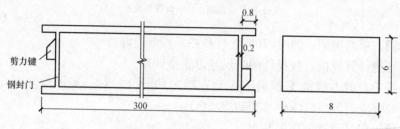

图 5-138 沉管示意图(单位:m)

【**解**】 项目编码:040407009 端头钢封门

工程量计算规则:按设计图示尺寸以质量计算。

端头钢封门的工程量:$2\rho V = 2 \times 7.78 \times 10^3 \times 0.2 \times 8 \times 6 = 149.376 \times 10^3$(kg)= 149.376(t)

清单工程量计算表见表 5-149。

表 5-149 **清单工程量计算表**

项目编号	项目名称	项目特征描述	计量单位	工程量
040407009001	端头钢封门	钢封门厚为 20cm,长 8m,高 6m,密度 ρ 为 $7.78 \times 10^3 \text{kg/m}^3$	t	149.376

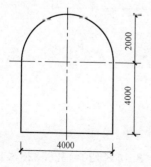

图 5-139 钢封门尺寸布置图

【**例 51**】 某沉井利用钢铁制作钢封门,其尺寸构造如图 5-139 所示,安装的钢封门厚 0.12m,试求此钢封门工程量($\rho_钢 = 7.78\text{t/m}^3$)。

【**解**】 项目编码:040407009 端头钢封门

工程量计算规则:按设计图示尺寸以质量计算。

端头钢封门的工程量:$\left(\frac{1}{2}\pi \times 2^2 + 4 \times 4\right) \times 0.12 \times 7.78 = 20.80$(t)

清单工程量计算表见表 5-150。

表 5-150 清 单 工 程 量 计 算 表

项目编号	项目名称	项目特征描述	计量单位	工程量
040407009001	端头钢封门	钢封门厚 0.12m，$\rho_{钢}$＝7.78t/m³	t	20.80

【例 52】 某地区用沉管法修筑水底隧道航道疏浚示意图，如图 5-140 所示，河床土质为软黏土和淤泥，浮运航道的疏浚深度为 7m，开挖航道长度为 270m，采用挖泥船挖泥，计算该航道疏浚的工程量。

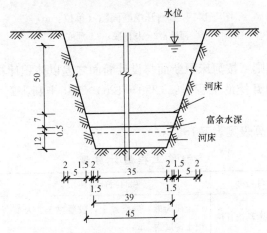

图 5-140 水底隧道航道疏浚示意图（单位：m）

【解】 项目编码：040407013 航道疏浚

工程量计算规则：按河床原断面与管段浮运时设计断面之差以体积计算。

航道疏浚的工程量：270×(39＋45)/2×(7＋0.5)＝85 050.00(m³)

注：由于河床地质情况增加了 0.5m 的富余水深。

清单工程量计算表见表 5-151。

表 5-151 清 单 工 程 量 计 算 表

项目编号	项目名称	项目特征描述	计量单位	工程量
040407013001	航道疏浚	河床土质为软黏土和淤泥，浮运航道的疏浚深度为 7m	m³	85 050.00

【例 53】 某地区因修建水底隧道而开挖基槽，如图 5-141 所示，在 K0＋120～K0＋250 施工段的河床土质为砂，砂类黏土，较硬黏土，人工挖土深度为 10m，计算该基槽开挖工程量。

【解】 项目编码：040407014 沉管河床基槽开挖

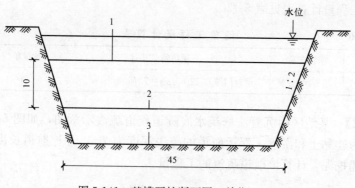

图 5-141 基槽开挖断面图（单位：m）

1—河床；2—基槽底；3—河底

工程量计算规则：按河床原断面与设计断面之差以体积计算。

沉管河床基槽开挖的工程量：$(250-120) \times (45+45+2 \times 10 \times 2)/2 \times 10 =$ 84 500.00（m³）

清单工程量计算表见表 5-152。

表 5-152　　　　　清 单 工 程 量 计 算 表

项目编号	项目名称	项目特征描述	计量单位	工程量
040407014001	沉管河床基槽开挖	土质为砂，砂类黏土，较硬黏土，人工挖土深度为 10m	m³	84 500.00

【例54】 某水底隧道工程 K2+150～K2+450 段需下沉钢筋混凝土块石，如图 5-142 所示。块石的粒径为 20mm，沉石深度为 2m，计算该钢筋混凝土块沉石的工程量。

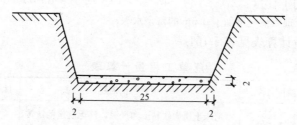

图 5-142 钢筋混凝土块石断面图（单位：m）

【解】 项目编码：040407015　　钢筋混凝土块沉石

工程量计算规则：按设计图示尺寸以体积计算。

钢筋混凝土块沉石的工程量：$(2450-2150) \times (25+25+2 \times 2) \times 2/2 =$ 16 200.00（m³）

清单工程量计算表见表 5-153。

表 5-153 **清单工程量计算表**

项目编号	项目名称	项目特征描述	计量单位	工程量
040407015001	钢筋混凝土块沉石	块石的粒径为 20mm，沉石深度为 2m	m³	16 200.00

【**例 55**】 某隧道工程在 K0＋070～K0＋150 施工段向基槽抛铺碎石，如图 5-143 所示，碎石平均粒径为 5mm 左右，碎石层厚度为 1m，含砂量为 11％，计算该基槽抛铺碎石工程量。

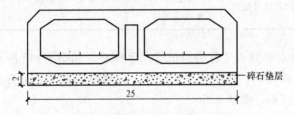

图 5-143 基槽抛铺碎石断面图（单位：m）

【**解**】 项目编码：040407016 基槽抛铺碎石
工程量计算规则：按设计图示尺寸以体积计算。
基槽抛铺碎石的工程量：$(150-70)\times2\times25=4000.00(m^3)$
清单工程量计算表见表 5-154。

表 5-154 **清单工程量计算表**

项目编号	项目名称	项目特征描述	计量单位	工程量
040407016001	基槽抛铺碎石	碎石平均粒径为 5mm 左右，碎石层厚度为 1m，含砂量为 11％	m³	4000.00

【**例 56**】 某水底隧道工程采用砂肋软体排覆盖，如图 5-144 所示，长为 180m，砂肋软体硬度为 35％，计算该砂肋软体排覆盖工程量。

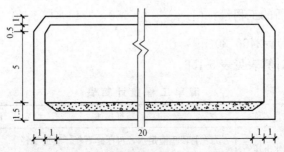

图 5-144 砂肋软体排覆盖示意图（单位：m）

【解】 项目编码：040407019 砂肋软体排覆盖

工程量计算规则：按设计图示尺寸以沉管顶面积加侧面外表面积计算。

砂肋软体排覆盖的工程量：$20 \times 180 + 2 \times (5+1.5) \times 180 + 2 \times 180 \times \sqrt{(1+0.5)^2+1^2} = 3600+2340+649 = 6589.00(\text{m}^2)$

清单工程量计算表见表 5-155。

表 5-155 清单工程量计算表

项目编号	项目名称	项目特征描述	计量单位	工程量
040407019001	砂肋软体排覆盖	水底隧道用砂肋软体排覆盖，砂肋软体硬度为 35%	m²	6589.00

【例57】 某水底隧道工程进行沉管水下压石，如图 5-145 所示，其先在管段里灌足水，再压碎石料，使垫层压紧密贴，计算该沉管水下压石工程量（沉管长150m，管道半径 5m，壁厚 0.6m）。

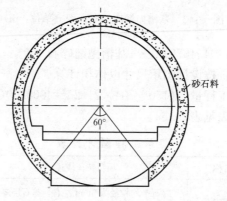

图 5-145 沉管水下压石示意图（单位：m）

【解】 项目编码：040407020 沉管水下压石

工程量计算规则：按设计图示尺寸以顶、侧压石的体积计算。

沉管水下压石的工程量：$\left(1-\dfrac{60°}{360°}\right) \times 150 \times 3.14 \times [(5+0.6)^2-5^2] = 125 \times 3.14 \times (5.6^2-5^2) = 2496.30(\text{m}^3)$

清单工程量计算表见表 5-156。

表 5-156 清单工程量计算表

项目编号	项目名称	项目特征描述	计量单位	工程量
040407020001	沉管水下压石	先在管段里灌足水，再压碎石料，管道半径 5m，壁厚 0.6m	m³	2496.30

【例58】 某沉管管段纵向接缝布置，如图5-146所示，计算该管段纵向施工接缝工程量。

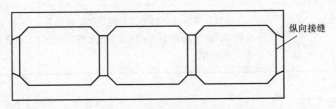

图5-146 管段纵向接缝布置示意图

【解】 项目编码：040407021 沉管接缝处理

工程量计算规则：按设计图示数量计算。

沉管接缝处理的工程量：6（条）

清单工程量计算表见表5-157。

表5-157 清单工程量计算表

项目编号	项目名称	项目特征描述	计量单位	工程量
040407021001	沉管接缝处理	沉管管段纵向接缝布置	条	6

【例59】 某水底隧道管节长120m在沉管底部压浆，如图5-147所示，压浆材料为：由水泥、黄沙或斑脱土以及缓凝剂配成的混合砂浆，砂浆强度为0.5MPa，要求压浆压力为0.053MPa，计算该沉管底部压浆的工程量。

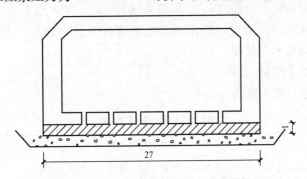

图5-147 沉管底部压浆断面图（单位：m）

【解】 项目编码：040407022 沉管底部压浆固封充填

工程量计算规则：按设计图示尺寸以体积计算。

沉管底部压浆固封充填的工程量：27×1×120＝3240.00（m³）

清单工程量计算表见表5-158。

表 5-158　　　　　　　　**清 单 工 程 量 计 算 表**

项目编号	项目名称	项目特征描述	计量单位	工程量
040407022001	沉管底部压浆固封充填	由水泥、黄沙或斑脱土以及缓凝剂配成的混合砂浆，砂浆强度为 0.5MPa，要求压浆压力为 0.053MPa	m³	3240.00

五、管网工程

【例 1】　在某街道新建排水工程管基断面，如图 5-148 所示，污水管采用混凝土管，使用 120°混凝土基础，计算混凝土管的工程量（管道防腐按 110m 计算，每段长 2m）。

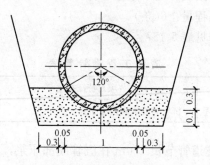

图 5-148　管基断面（单位：m）

【解】　项目编码：040501001　　混凝土管

工程量计算规则：按设计图示中心线长度以延长米计算。不扣除附属构筑物、管件及阀门等所占长度。

混凝土管的工程量：110.00（m）

清单工程量计算表见表 5-159。

表 5-159　　　　　　　　**清 单 工 程 量 计 算 表**

项目编号	项目名称	项目特征描述	计量单位	工程量
040501001001	混凝土管	污水管采用混凝土管，使用 120°混凝土基础	m	110.00

【例 2】　某工程采用钢管铺设，如图 5-149 所示，主干管采用直径为 500mm，支管采用直径为 200mm，计算钢管的工程量。

【解】　项目编码：040501002　　钢管

工程量计算规则：按设计图示中心线长度以延长米计算。不扣除附属构筑物、管件及阀门等所占长度。

DN500 钢管铺设的工程量：57（m）

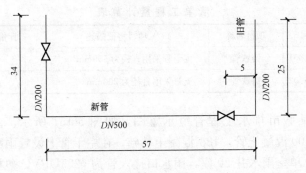

图 5-149　钢管管线布置图（单位：m）

$DN200$ 钢管铺设的工程量：$34+25=59.00$（m）

清单工程量计算表见表 5-160。

表 5-160　　　　　　　　　清 单 工 程 量 计 算 表

序号	项目编号	项目名称	项目特征描述	计量单位	工程量
1	040501002001	钢管	主干管采用直径为 500mm	m	57
2	040501002002	钢管	支管采用直径为 200mm	m	59.00

【例3】　某工程采用铸铁管铺设，如图 5-150 所示，主干管采用直径为 500mm，支管采用直径为 200mm，计算铸铁管的工程量。

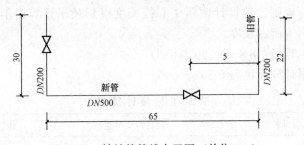

图 5-150　铸铁管管线布置图（单位：m）

【解】　项目编码：040501003　　　铸铁管

工程量计算规则：按设计图示中心线长度以延长米计算。不扣除附属构筑物、管件及阀门等所占长度。

$DN500$ 铸铁管的工程量：65（m）

$DN200$ 铸铁管的工程量：$30+22=52.00$（m）

清单工程量计算表见表 5-161。

表 5-161　　　　　　　　　清 单 工 程 量 计 算 表

序号	项目编号	项目名称	项目特征描述	计量单位	工程量
1	040501003001	铸铁管	主干管采用直径为 500mm	m	65.00
2	040501003002	铸铁管	支管采用直径为 200mm	m	52.00

【例4】　某城市排水工程管道示意图，如图 5-151 所示，主干管长度为 600m，采用 ϕ600 混凝土管，135°混凝土基础，在主干管上设置雨水检查井 8 座，规格为 ϕ1500，单室雨水井 20 座，雨水口接入管为 ϕ225UPVC 塑料管，共 8 道，每道 12m，计算该塑料管的工程量。

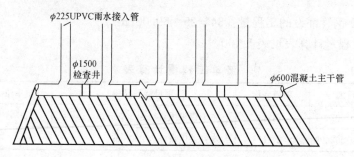

图 5-151　某城市排水工程干管示意图

【解】　项目编码：040501004　　塑料管

工程量计算规则：按设计图示中心线长度以延长米计算。不扣除附属构筑物、管件及阀门等所占长度。

塑料管的工程量：8×12＝96.00（m）

清单工程量计算表见表 5-162。

表 5-162　　　　　　　　　清 单 工 程 量 计 算 表

项目编号	项目名称	项目特征描述	计量单位	工程量
040501004001	塑料管	主干管长度为 600m，采用 ϕ600 混凝土管，135°混凝土基础，共 8 道，每道 12m	m	96.00

【例5】　某市政管网工程，其中有约为 150m 管道采用架空跨越铺设，计算该管道架空穿越铺设的工程量。

【解】　项目编码：040501006　　管道架空穿越

工程量计算规则：按设计图示中心线长度以延长米计算。不扣除附管件及阀门等所占长度。

管道架空穿越铺设的工程量：150（m）

清单工程量计算表见表 5-163。

表 5-163　　　　　　　　　清 单 工 程 量 计 算 表

项目编号	项目名称	项目特征描述	计量单位	工程量
040501006001	管道架空穿越	管道约为150m	m	150

【例6】　某工程采用钢管铺设，如图 5-152 所示，主干管采用直径为500mm，支管采用直径为 200mm，计算新旧管连接的工程量。

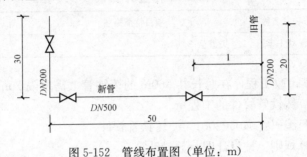

图 5-152　管线布置图（单位：m）

【解】　项目编码：040501014　　新旧管连接

工程量计算规则：按设计图示数量计算。

新旧管连接的工程量：2（处）

清单工程量计算表见表 5-164。

表 5-164　　　　　　　　　清 单 工 程 量 计 算 表

项目编号	项目名称	项目特征描述	计量单位	工程量
040501014001	新旧管连接	主干管采用直径为 500mm，支管采用直径为 200mm	处	2

【例7】　在市政管网工程中，常用到有各种渠道，其中包括砌筑渠道和混凝土渠道，现某市修建一大型砌筑渠道总长 220m，计算该砌筑渠道的工程量。

【解】　项目编码：040501018　　砌筑渠道

工程量计算规则：按设计图示尺寸以延长米计算。

砌筑渠道的工程量：220（m）

清单工程量计算表见表 5-165。

表 5-165　　　　　　　　　清 单 工 程 量 计 算 表

项目编号	项目名称	项目特征描述	计量单位	工程量
040501018001	砌筑渠道	筑渠道总长 220m	m	220

【例8】　某市政管网工程采用混凝土渠道，该渠道总长 205m，计算混凝土

渠道的工程量。

【解】 项目编码：040501019　　混凝土渠道

工程量计算规则：按设计图示尺寸以延长米计算。

混凝土渠道的工程量：205(m)

清单工程量计算表见表 5-166。

表 5-166　　　　　　　　　　　**清单工程量计算表**

项目编号	项目名称	项目特征描述	计量单位	工程量
040501019001	混凝土渠道	渠道总长 205m	m	205

【例 9】 某市政工程，在总长共 360m 的铸铁管上需要隔 20m，安装一个铸铁管管件，计算铸铁管管件的工程量。

【解】 项目编码：040502001　　铸铁管管件

工程量计算规则：按设计图示数量计算。

铸铁管管件的工程量：360/20＝18(个)

清单工程量计算表见表 5-167。

表 5-167　　　　　　　　　　　**清单工程量计算表**

项目编号	项目名称	项目特征描述	计量单位	工程量
040502001001	铸铁管管件	总长共 360m 的铸铁管上需要隔 20m	个	18

【例 10】 某市政工程，在总长共 420m 的钢管上需要隔 15m，安装一个钢管件，计算钢管管件制作、安装的工程量。

【解】 项目编码：040502002　　钢管管件制作、安装

工程量计算规则：按设计图示数量计算。

钢管管件制作、安装的工程量：420/15＝28(个)

清单工程量计算表见表 5-168。

表 5-168　　　　　　　　　　　**清单工程量计算表**

项目编号	项目名称	项目特征描述	计量单位	工程量
040502002001	钢管管件制作、安装	总长共 420m 的钢管上需要隔 15m	个	28

【例 11】 某市政工程，在总长共 300m 的塑料管上需要隔 25m，安装一个塑料管管件，计算塑料管管件的工程量。

【解】 项目编码：040502003　　塑料管管件

工程量计算规则：按设计图示数量计算。

塑料管管件安装的工程量：300/25＝12(个)

清单工程量计算表见表 5-169。

表 5-169　　　　　　　清 单 工 程 量 计 算 表

项目编号	项目名称	项目特征描述	计量单位	工程量
040502003001	塑料管管件	总长共 300m 的塑料管上需要隔 25m	个	12

【例 12】　某市政工程，在总长共 210m 的塑料管上需要隔 15m，安装一个转换件，计算转换件安装的工程量。

【解】　项目编码：040502004　　转换件

工程量计算规则：按设计图示数量计算。

钢塑转换管件安装的工程量：210/15＝14(个)

清单工程量计算表见表 5-170。

表 5-170　　　　　　　清 单 工 程 量 计 算 表

项目编号	项目名称	项目特征描述	计量单位	工程量
040502004001	转换件	总长共 210m 的塑料管上需要隔 15m	个	14

【例 13】　某市政给水工程采用钢管铺设，如图 5-153 所示，若 ▷◁ 为阀门，计算阀门的工程量。

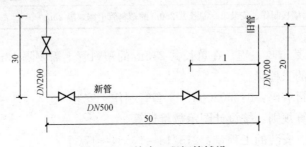

图 5-153　给水工程钢管铺设

【解】　项目编码：040502005　　阀门

工程量计算规则：按设计图示数量计算。

阀门工程量：3(个)

清单工程量计算表见表 5-171。

表 5-171　　　　　　　清 单 工 程 量 计 算 表

项目编号	项目名称	项目特征描述	计量单位	工程量
040502005001	阀门	钢管铺设	个	3

【例 14】　某市政工程，在总长共 240m 的塑料管上需要隔 12m 安装一个法

兰，计算法兰的工程量。

【解】 项目编码：040502006 法兰

工程量计算规则：按设计图示数量计算。

法兰的工程量：240/12＝20(个)

清单工程量计算表见表 5-172。

表 5-172　　　　　　　清 单 工 程 量 计 算 表

项目编号	项目名称	项目特征描述	计量单位	工程量
040502006001	法兰	总长共 240m 的塑料管上需要隔 12m	个	20

【例 15】 某市政工程，在总长共 250m 的塑料管上需要隔 25m，安装一个盲堵板，计算盲堵板制作、安装的工程量。

【解】 项目编码：040502007 盲堵板制作、安装

工程量计算规则：按设计图示数量计算。

盲堵板制作、安装的工程量：250/25＝10(个)

清单工程量计算表见表 5-173。

表 5-173　　　　　　　清 单 工 程 量 计 算 表

项目编号	项目名称	项目特征描述	计量单位	工程量
040502007001	盲堵板制作、安装	总长共 250m 的塑料管上需要隔 25m	个	10

【例 16】 某市政工程，在总长共 215m 的塑料管上需要隔 13m，安装一个套管，计算套管的工程量。

【解】 项目编码：040502008 套管制作、安装

工程量计算规则：按设计图示数量计算。

套管制作、安装的工程量：215/13＝16.54≈17(个)

清单工程量计算表见表 5-174。

表 5-174　　　　　　　清 单 工 程 量 计 算 表

项目编号	项目名称	项目特征描述	计量单位	工程量
040502008001	套管制作、安装	总长共 215m 的塑料管上需要隔 13m	个	17

【例 17】 某工程热力管道长为 480m，中间设有 3 个补偿器（波纹管），计算补偿器（波纹管）工程量。

【解】 项目编码：040502011 补偿器（波纹管）

工程量计算规则：按设计图示数量计算。

补偿器（波纹管）的工程量：3(个)

清单工程量计算表见表 5-175。

表 5-175 清 单 工 程 量 计 算 表

项目编号	项目名称	项目特征描述	计量单位	工程量
040502011001	补偿器（波纹管）	有 3 个补偿器（波纹管）	个	3

【例 18】 某市政工程，在总长共 250m 的塑料管上需要隔 25m，安装一套除污器，计算除污器组成、安装的工程量。

【解】 项目编码：040502012 除污器组成、安装

工程量计算规则：按设计图示数量计算。

除污器组成、安装的工程量：250/25＝10(套)

清单工程量计算表见表 5-176。

表 5-176 清 单 工 程 量 计 算 表

项目编号	项目名称	项目特征描述	计量单位	工程量
040502012001	除污器组成、安装	总长共 250m 的塑料管上需要隔 25m	套	10

【例 19】 某工程需制作并安装合金吊架 6000kg，试计算该吊架制作并安装的工程量。

【解】 项目编码：040503004 金属吊架制作、安装

工程量计算规则：按设计图示质量计算。

金属吊架制作、安装工程量：6(t)

清单工程量计算表见表 5-177。

表 5-177 清 单 工 程 量 计 算 表

项目编号	项目名称	项目特征描述	计量单位	工程量
040503004001	金属吊架制作、安装	制作并安装合金吊架 6000kg	t	6

【例 20】 某排水工程砌筑井分布示意图，如图 5-154 所示，该工程有 DN400 和 DN600 两种管道，管子采用混凝土污水管（每节长 2m），120°混凝土基础，水泥砂浆接口，共有 5 座直径为 1m 的圆形砌筑井，计算砌筑井的工程量。

【解】 项目编码：040504001 砌筑井

工程量计算规则：按设计图示数量计算。

砌筑井的工程量：5(座)

清单工程量计算表见表 5-178。

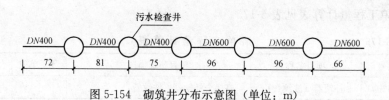

图 5-154 砌筑井分布示意图 (单位：m)

表 5-178 清 单 工 程 量 计 算 表

项目编号	项目名称	项目特征描述	计量单位	工程量
040504001001	砌筑井	120°混凝土基础，水泥砂浆接口	座	5

六、水处理工程

【例 1】 某圆形雨水泵站现场预制的钢筋混凝土沉井，如图 5-155 所示，计算沉井下沉的工程量。

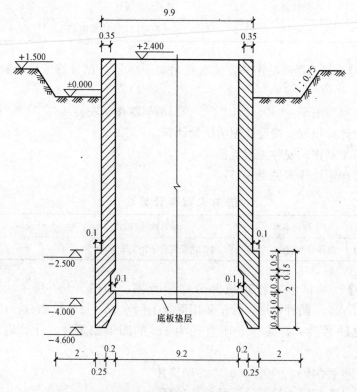

图 5-155 沉井立面图 (单位：m)

【解】 项目编码：040601002 沉井下沉

工程量计算规则：按自然面标高至设计垫层底标高间的高度乘以沉井外壁最

大断面面积以体积计算。

沉井下沉的工程量：$(1.5+4.0)\times3.14\times\left(\dfrac{9.2+0.25\times2+0.2\times2}{2}\right)^2=$

$440.43(m^3)$

清单工程量计算表见表5-179。

表 5-179		清 单 工 程 量 计 算 表		
项目编号	项目名称	项目特征描述	计量单位	工程量
040601002001	沉井下沉	钢筋混凝土沉井	m^3	440.43

【例2】　某沉泥井底部为圆形，其剖面图如图 5-156 所示，已知沉泥井壁厚为现泥井直径的 1/12，计算沉井混凝土底板的工程量。

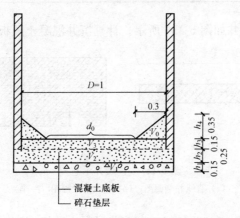

图 5-156　沉泥井底部剖面图（单位：m）

【解】　项目编码：040601003　　沉井混凝土底板

工程量计算规则：按设计图示尺寸以体积计算。

如图所示，沉泥井壁厚应为沉泥井直径的 1/12，故壁厚 $d=1\times\dfrac{1}{12}=0.083$

（m），故碎石垫层直径为：

$$d_1=1+2\times0.083=1.166(m)$$

由图可知混凝土底板是由一个带壁厚圆柱 V_2；一个不带壁厚圆柱 V_3 和一个圆柱减去一个圆台所剩体积 V_0 组成。

$$V_2=\frac{1}{4}\pi d_1{}^2 h_2=\frac{1}{4}\times3.14\times1.166^2\times0.25=0.27(m^3)$$

$$V_3=\frac{1}{4}\pi D^2 h_3=\frac{1}{4}\times3.14\times1^2\times0.15=0.12(m^3)$$

$$V_0 = \frac{1}{4}\pi D^2 h_4 - \frac{1}{3}\pi h_4 \left(\frac{d_0^2}{2^2} + \frac{D^2}{2^2} + \frac{d_0}{2} \times \frac{D}{2} \right)$$

$$= \frac{1}{4} \times 3.14 \times 1^2 \times 0.35 - \frac{1}{3} \times 3.14 \times 0.35 \times \left[\frac{(1-0.3 \times 2)^2}{4} + \frac{1^2}{4} + \frac{(1-0.3 \times 2)}{2} \times \frac{1}{2} \right]$$

$$= 0.27 - 0.14$$

$$= 0.13 (\text{m}^3)$$

沉井混凝土底板的工程量：$V_2 + V_3 + V_0 = 0.27 + 0.12 + 0.13 = 0.52 (\text{m}^3)$

清单工程量计算表见表 5-180。

表 5-180　　　　　　　　　清 单 工 程 量 计 算 表

项目编号	项目名称	项目特征描述	计量单位	工程量
040601003001	沉井混凝土底板	沉井混凝土底板	m³	0.52

【例 3】 某直线井如图 5-157 所示，计算沉井混凝土顶板的工程量。

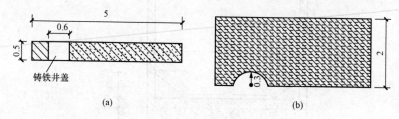

图 5-157　直线井示意图

(a) 直线井剖面图；(b) 直线井平面图（一半）

【解】 项目编码：040601005　　　沉井混凝土顶板

工程量计算规则：按设计图示尺寸以体积计算。

此直线井钢筋混凝土盖板上有一铸铁井盖，不计入盖板工程量。

如图 5-157 所示：盖板长度 $l = 5\text{m}$，宽 $B = 2 \times 2 = 4$ （m）

厚度 $h = 0.5\text{m}$，铸铁井盖半径 $r = 0.3\text{m}$

沉井混凝土顶板的工程量：$(Bl - \pi r^2)h = (4 \times 5 - 3.14 \times 0.3^2) \times 0.5 = 9.86$ (m³)

清单工程量计算表见表 5-181。

表 5-181　　　　　　　　　清 单 工 程 量 计 算 表

项目编号	项目名称	项目特征描述	计量单位	工程量
040601005001	沉井混凝土顶板	沉井混凝土顶板	m³	9.86

【例 4】 某一半地下室锥坡池底，如图 5-158 所示，池底下有混凝土垫层 25cm，伸出池底外周边 15cm，该池底总厚 60cm，圆锥高 30cm，池壁外径

8.0m，内径 7.5m，计算该混凝土池底的工程量。

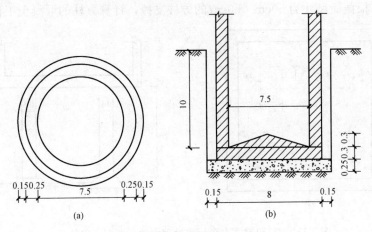

图 5-158 锥坡形池底示意图（单位：m）

(a) 平面图；(b) 剖面图

【解】 （1）项目编码：040601006 现浇混凝土池底

工程量计算规则：按设计图示尺寸以体积计算。

圆锥体部分的工程量：$\frac{1}{3} \times 0.3 \times 3.14 \times \left(\frac{7.5}{2}\right)^2 = 4.42 (\text{m}^3)$

圆柱体部分的工程量：$0.3 \times 3.14 \times \left(\frac{8}{2}\right)^2 = 15.07 (\text{m}^3)$

现浇混凝土池底的工程量：$4.42 + 15.07 = 19.49 (\text{m}^3)$

（2）项目编码：040601007 现浇混凝土池壁（隔墙）

工程量计算规则：按设计图示尺寸以体积计算。

现浇混凝土池壁的工程量：$10 \times 3.14 \times \left[\left(\frac{8}{2}\right)^2 - \left(\frac{7.5}{2}\right)^2\right] = 60.84 (\text{m}^3)$

清单工程量计算表见表 5-182。

表 5-182 清 单 工 程 量 计 算 表

序号	项目编号	项目名称	项目特征描述	计量单位	工程量
1	040601006001	现浇混凝土池底	池底下有混凝土垫层 25cm，伸出池底外周边 15cm，该池底总厚 60cm，圆锥高 30cm，池壁外径 8.0m，内径 7.5m	m³	19.49
2	040601007001	现浇混凝土池壁（隔墙）	池底下有混凝土垫层 25cm，伸出池底外周边 15cm，该池底总厚 60cm，圆锥高 30cm，池壁外径 8.0m，内径 7.5m	m³	60.84

【例5】 某架空式方形污水处理水池，如图5-159所示，池底为平池底形式，下部有4根截面尺寸为50cm×50cm的方柱支撑，计算方柱的混凝土工程量。

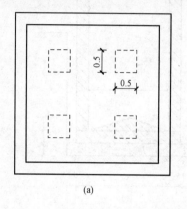 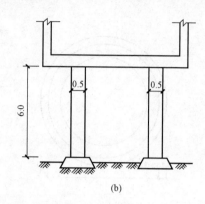

(a) (b)

图5-159　某架空式方形污水处理水池示意图（单位：m）

(a) 平面图；(b) 剖面图

【解】 项目编码：040601008　现浇混凝土池柱

工程量计算规则：按设计图示尺寸以体积计算。

方柱高度：6.0m（柱基上表面至池底下表面）。

方柱混凝土的工程量：0.5×0.5×6.0×4＝6.00(m³)

清单工程量计算表见表5-183。

表5-183　　　　　　　　　　清 单 工 程 量 计 算 表

项目编号	项目名称	项目特征描述	计量单位	工程量
040601008001	现浇混凝土池柱	方柱截面尺寸为 50cm × 50cm，柱高 6.0m	m³	6.00

【例6】 某架空式配水井，如图5-160所示，井底为平池底，呈方形，该配水井底部由4根截面尺寸为45cm×45cm的方柱支撑，柱顶是截面尺寸为60cm×30cm的矩形圈梁，圈梁与柱浇筑在一起，计算现浇混凝土池圈梁的工程量。

【解】 项目编码：040601009　现浇混凝土池梁

工程量计算规则：按设计图示尺寸以体积计算。

圈梁长度＝[(5.7－0.6×2)＋(4.8－2×0.6)]×2＝16.20(m)

现浇混凝土池梁的工程量：0.6×0.3×16.2＝2.92(m³)

清单工程量计算表见表5-184。

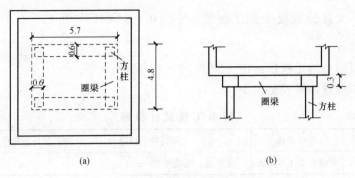

图 5-160　架空式配水井示意图（单位：m）

（a）平面图；（b）剖面图

表 5-184　　　　　　　　　　清 单 工 程 量 计 算 表

项目编号	项目名称	项目特征描述	计量单位	工程量
040601009001	现浇混凝土池梁	方柱截面尺寸为 5cm×45cm，矩形圈梁的柱顶截面尺寸为 60cm×30cm	m³	2.92

【例 7】　某无梁池盖的污水处理池，如图 5-161 所示，水池呈圆形，内径为 8.5m，外径为 9.2m，池壁顶扩大部分中心线在平面呈圆形，直径为 8.7m，池盖厚 25cm，计算该池盖混凝土的工程量。

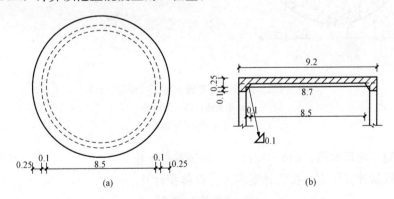

图 5-161　无梁池盖示意图（单位：m）

（a）平面图；（b）剖面图

【解】　项目编码：040601010　　现浇混凝土池盖板

工程量计算规则：按设计图示尺寸以体积计算。

池盖上部（不包括池壁扩大部分）混凝土的工程量：$\dfrac{\pi\times 9.2^2}{4}\times 0.25=16.61$

（m³）

池壁扩大部分混凝土的工程量：$\frac{1}{2} \times 0.1 \times (0.25 + 0.25 + 0.1) \times 3.14 \times 8.7 = 0.82(\text{m}^3)$

池盖混凝土的工程量：$16.61 + 0.82 = 17.43(\text{m}^3)$

清单工程量计算表见表 5-185。

表 5-185　　　　　　　　清 单 工 程 量 计 算 表

项目编号	项目名称	项目特征描述	计量单位	工程量
040601010001	现浇混凝土池盖板	无梁盖，池盖厚 25cm	m³	17.43

【例 8】　某挑檐式走道板，如图 5-162 所示，走道板布置在圆形水池外侧，伸入池壁 20cm，走道板平面图上呈圆环形，其内径为 6.6m，外径为 8.6m，厚 20cm，计算该现浇走道板的混凝土工程量。

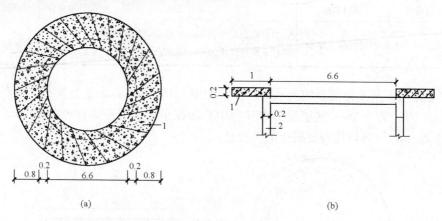

图 5-162　挑檐式走道板示意图（单位：m）

(a) 平面图；(b) 剖面图

1—走道板；2—池壁

【解】　项目编码：040601011　　现浇混凝土板

工程量计算规则：按设计图示尺寸以体积计算。

走道板混凝土的工程量：$3.14 \times \dfrac{8.6^2 - 7.0^2}{4} \times 0.2 = 3.92(\text{m}^3)$

清单工程量计算表见表 5-186。

表 5-186　　　　　　　　清 单 工 程 量 计 算 表

项目编号	项目名称	项目特征描述	计量单位	工程量
040601011001	现浇混凝土板	走道板内径为 6.6m，外径为 8.6m，厚 20cm	m³	3.92

【例9】 某沉淀池，如图 5-163 所示，长、宽、高分别为 10m、7.5m 和 5m。池中心设一圆形中心管作为导流筒，中心管外径为 3.0m，内径为 2.5m，管顶上部是一管帽，高 50cm，管帽顶板外径为 3.56m，内径为 3.04m，厚 25cm，计算混凝土导流筒的工程量。

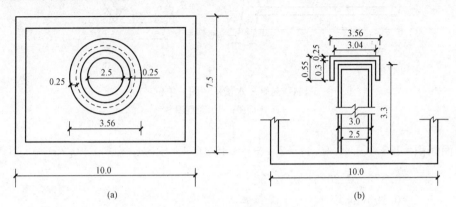

图 5-163 沉淀池示意图（单位：m）

(a) 平面图；(b) 立面图

【解】 项目编码：040601014 混凝土导流壁、筒

工程量计算规则：按设计图示尺寸以体积计算。

管帽混凝土的工程量：$3.14 \times \left(\frac{3.56}{2}\right)^2 \times 0.25 + 3.14 \times \frac{3.56^2 - 3.04^2}{4} \times 0.3 = 2.49 + 0.81 = 3.30 (\mathrm{m}^3)$

管身混凝土的工程量：$3.14 \times \frac{3.0^2 - 2.5^2}{4} \times 3.3 = 7.12 (\mathrm{m}^3)$

混凝土导流筒的工程量：$3.30 + 7.12 = 10.42 (\mathrm{m}^3)$

清单工程量计算表见表 5-187。

表 5-187 清单工程量计算表

项目编号	项目名称	项目特征描述	计量单位	工程量
040601014001	混凝土导流壁、筒	导流筒中心管外径为 3.0m，内径为 2.5m	m³	10.42

【例10】 某悬臂式水槽，如图 5-164 所示，工厂预制施工，该水槽伸入池壁 20cm，总长度 4.3m，计算该水槽的混凝土工程量。

【解】 项目编码：040601019 预制混凝土槽

工程量计算规则：按设计图示尺寸以体积计算。

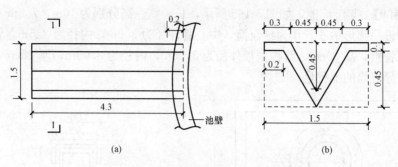

图 5-164　悬臂式水槽示意图（单位：m）

(a) 平面图；(b) 剖面图

截面面积$=1.5\times(0.45+0.1)-2\times\dfrac{1}{2}\times0.45\times0.45-2\times\dfrac{1}{2}\times(0.2+0.75)\times0.45$

$$=0.875-0.2025-0.4275$$

$$=0.195(\text{m}^2)$$

预制混凝土槽的工程量：$V=0.195\times4.3=0.84(\text{m}^3)$

清单工程量计算表见表 5-188。

表 5-188　　　　　　　　　　清 单 工 程 量 计 算 表

项目编号	项目名称	项目特征描述	计量单位	工程量
040601019001	预制混凝土槽	悬臂式水槽伸入池壁 20cm，总长度 4.3m	m³	0.84

【例 11】　某城镇在污水处理工程中采用格栅除污机，该污水工程共有此种机器 6 台，计算格栅除污机工程量。

【解】　项目编码：040602002　　格栅除污机

工程量计算规则：按设计图示数量计算。

格栅除污机的工程量：6(台)

清单工程量计算表见表 5-189。

表 5-189　　　　　　　　　　清 单 工 程 量 计 算 表

项目编号	项目名称	项目特征描述	计量单位	工程量
040602002001	预格栅除污机	栅除污机	台	6

【例 12】　液氯消毒器，用于城市污水二级处理后，排放水体前或农田灌溉前的消毒处理，计算加氯机工程量。

【解】　项目编码：040602020　　加氯机

工程量计算规则：按设计图示数量计算。

加氯机的工程量：1(套)

清单工程量计算表见表 5-190。

表 5-190 清 单 工 程 量 计 算 表

项目编号	项目名称	项目特征描述	计量单位	工程量
040602020001	加氯机	液氯消毒器	台	1

【例 13】 某给水工程中常采用水射器，如图 5-165 所示，水射器投加混凝剂简图，如图 5-166 所示，计算水射器工程量。

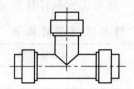

图 5-165 *DN*40 水射器

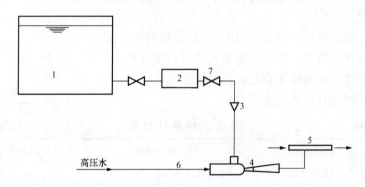

图 5-166 水射器投加混凝剂示意图

1—溶液池；2—投药箱；3—漏斗；4—水射器（*DN*40）；5—压水管；

6—高压水管；7—阀门

【解】 项目编码：040602022 水射器

工程量计算规则：按设计图示数量计算。

*DN*40 水射器的工程量：1(个)

清单工程量计算表见表 5-191。

表 5-191 清 单 工 程 量 计 算 表

项目编号	项目名称	项目特征描述	计量单位	工程量
040602022001	水射器	水射器投加混凝剂	个	1

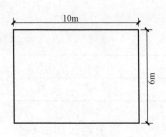

图 5-167　垃圾填埋场场地
整平平面图

七、生活垃圾处理工程

【例 1】　某垃圾填埋场场地整平工程平面图如图 5-167 所示，长 10m，宽 6m。计算场地整平的清单工程量。

【解】　项目编码：040701001　　场地平整

工程量计算规则：按设计图示尺寸以面积计算。

场地平整的工程量：$10 \times 6 = 60.00$（m²）

清单工程量计算表见表 5-192。

表 5-192　　　　　　　　　　清单工程量计算表

项目编号	项目名称	项目特征描述	计量单位	工程量
040701001001	场地平整	长 10m，宽 6m	m²	60.00

【例 2】　某生活垃圾处理工程有 DN200 的穿孔管 750m，计算穿孔管铺设的清单工程量。

【解】　项目编码：040701010　　穿孔管铺设

工程量计算规则：按设计图示尺寸以长度计算。

穿孔管铺设的清单工程量：750（m）

清单工程量计算表见表 5-193。

表 5-193　　　　　　　　　　清单工程量计算表

项目编号	项目名称	项目特征描述	计量单位	工程量
040701010001	穿孔管铺设	DN200 的穿孔管 750m	m	750

【例 3】　某小型垃圾卫生填埋场有 3 口孔径为 1.5m 的监测井，计算该工程监测井的清单工程量。

【解】　项目编码：040701016　　监测井

工程量计算规则：按设计图示数量计算。

监测井的清单工程量：3（口）

清单工程量计算表见表 5-194。

表 5-194　　　　　　　　　　清单工程量计算表

项目编号	项目名称	项目特征描述	计量单位	工程量
040701016001	监测井	3 口监测井的孔径为 1.5m	口	3

【例 4】　某垃圾焚烧工程有 1 台汽车衡，宽 3m，长 6m，最大承重为 35t，计算汽车衡的清单工程量。

【解】 项目编码：040702001 汽车衡

工程量计算规则：**按设计图示数量计算。**

汽车衡的清单工程量：1(台)

清单工程量计算表见表5-195。

表 5-195 清 单 工 程 量 计 算 表

项目编号	项目名称	项目特征描述	计量单位	工程量
040702001001	汽车衡	1台汽车衡宽3m，长6m，最大承重为35t	台	1

【例5】 某工程有40樘垃圾卸料门，其尺寸为6m×4m，计算垃圾卸料门的清单工程量。

【解】 项目编码：040702004 垃圾卸料门

工程量计算规则：**按设计图示尺寸以面积计算。**

垃圾卸料门的清单工程量：40×6×4＝960.00(m²)

清单工程量计算表见表5-196。

表 5-196 清 单 工 程 量 计 算 表

项目编号	项目名称	项目特征描述	计量单位	工程量
040702004001	垃圾卸料门	尺寸为6m×4m	m²	960.00

八、路灯工程

【例1】 某工程采用的杆上变压器如图5-168所示，共有3台这样的杠上变压器，计算杆上变压器的清单工程量。

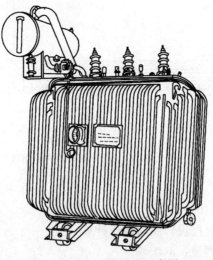

图 5-168 杆上变压器示意图

【解】 项目编码：040801001   杆上变压器

工程量计算规则：按设计图示数量计算。

杆上变压器的工程量：3(台)

清单工程量计算表见表 5-197。

表 5-197   **清单工程量计算表**

项目编号	项目名称	项目特征描述	计量单位	工程量
040801001001	杆上变压器	杠上变压器 3 台	台	3

【例 2】 某工程有落地式变电箱 8 台，高为 1.5m，宽 0.5m，计算落地式变电箱的清单工程量。

【解】 项目编码：040801010   落地式变电箱

工程量计算规则：按设计图示数量计算。

落地式变电箱的清单工程量：8(台)

清单工程量计算表见表 5-198。

表 5-198   **清单工程量计算表**

项目编号	项目名称	项目特征描述	计量单位	工程量
040801010001	落地式变电箱	落地式变电箱 8 台，高为 1.5m，宽 0.5m	台	8

【例 3】 某管形避雷器如图 5-169 所示，某工程有 3 组这样的管形避雷器，计算管形避雷器的清单工程量。

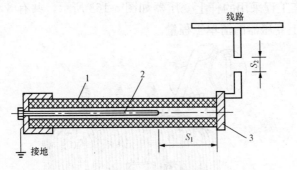

图 5-169 管形避雷器

1—产气管；2—内部电极；3—外部电极

S_1—内部间隙；S_2—外部间隙

【解】 项目编码：040801018   避雷器

工程量计算规则：按设计图示数量计算。

避雷器的清单工程量：3(组)

清单工程量计算表见表 5-199。

表 5-199　　　　　　　　　　**清 单 工 程 量 计 算 表**

项目编号	项目名称	项目特征描述	计量单位	工程量
040801018001	避雷器	管形避雷器	组	3

【例 4】　图 5-170 为电杆组立现场布置图，已知立杆坑深 400mm，某工程共立 8 根这样的电杆，计算电杆组立的清单工程量。

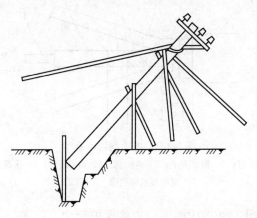

图 5-170　电杆组立现场布置

【解】　项目编码：040802001　　电杆组立

工程量计算规则：按设计图示数量计算。

电杆组立的清单工程量：8（根）

清单工程量计算表见表 5-200。

表 5-200　　　　　　　　　　**清 单 工 程 量 计 算 表**

项目编号	项目名称	项目特征描述	计量单位	工程量
040802001001	电杆组立	立杆 8 根，坑深 400mm	根	8

【例 5】　某工程架设导线，采用 BLV 型铝芯绝缘导线，共架设 1800m 这样的导线，计算其清单工程量。

【解】　项目编码：040802003　　导线架设

工程量计算规则：按设计图示尺寸另加预留量以单线长度计算。

导线架设的清单工程量：1800（m）＝1.80（km）

清单工程量计算表见表 5-201。

表 5-201　　　　　　　　　　清 单 工 程 量 计 算 表

项目编号	项目名称	项目特征描述	计量单位	工程量
040802003001	导线架设	架设导线 1800m	km	1.80

【**例 6**】　某 10kV 以下架空线路架设的电缆剖切示意图，如图 5-171 所示，共需 1200m 的电缆保护管。计算电缆保护管的工程量。

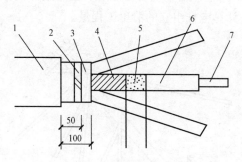

图 5-171　电缆剖切示意图

1—外护管；2—钢带卡子；3—内护套；4—铜屏蔽带；5—半导体布；

6—交联聚乙烯绝缘；7—线芯

【**解**】　项目编码：040803002　　电缆保护管

工程量计算规则：按设计图示尺寸以长度计算。

电缆保护管的清单工程量：1200(m)

清单工程量计算表见表 5-202。

表 5-202　　　　　　　　　　清 单 工 程 量 计 算 表

项目编号	项目名称	项目特征描述	计量单位	工程量
040803002001	电缆保护管	电缆保护管 1200m	m	1200

【**例 7**】　某工程需要 10kV 电缆终端头 4 个，试计算电缆终端头的工程量。

【**解**】　项目编码：040803005　　电缆终端头

工程量计算规则：按设计图示数量计算。

电缆终端头的工程量：4(个)

清单工程量计算表见表 5-203。

表 5-203　　　　　　　　　　清 单 工 程 量 计 算 表

项目编号	项目名称	项目特征描述	计量单位	工程量
040803005001	电缆终端	10kV 电缆终端头 4 个	个	4

【例8】 某型号的塑料接线盒如图5-172所示，某工程共有20个这样的接线盒，计算此工程接线盒的工程量。

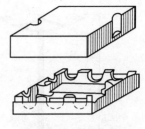

图5-172 塑料接线盒

【解】 项目编码：040804004 接线盒

工程量计算规则：按设计图示数量计算。

接线盒的工程量：20(个)

清单工程量计算表见表5-204。

表5-204 清 单 工 程 量 计 算 表

项目编号	项目名称	项目特征描述	计量单位	工程量
040804004001	接线盒	接线盒20个	个	20

【例9】 某工程采用铝制带形母线共1100m，其规格为125mm×10mm（宽×厚），计算带形母线的工程量。

【解】 项目编码：040804005 带形母线

工程量计算规则：按设计图示尺寸另加预留量以单相长度计算。

带形母线的工程量：1100.00(m)

清单工程量计算表见表5-205。

表5-205 清 单 工 程 量 计 算 表

项目编号	项目名称	项目特征描述	计量单位	工程量
040804005001	带形母线	带形母线共1100m，规格为125mm×10mm	m	1100.00

【例10】 某道路两侧架设双臂中杆路灯如图5-173所示，道路工场1500m，道路每侧隔25m架设一套这样的路灯，计算中杆照明灯的工程量。

【解】 项目编码：040805002 中杆照明灯

工程量计算规则：按设计图示数量计算。

中杆照明灯的工程量：(1500÷25+1)×2=122(套)

清单工程量计算表见表5-206。

表5-206 清 单 工 程 量 计 算 表

项目编号	项目名称	项目特征描述	计量单位	工程量
040805002001	中杆照明灯	道路工场1500m，道路每侧隔25m架设一套双臂中杆路灯	套	122

【例11】 某市有一座桥采用桥栏杆照明（图5-174），该照明电压220V，所用线缆为300m，共架有8套这样的桥栏杆照明灯，计算桥栏杆照明灯的工程量。

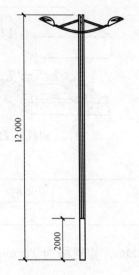

图 5-173　中杆照明灯（单位：mm）

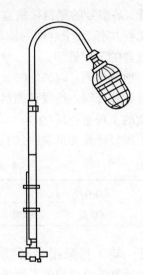

图 5-174　桥栏杆照明灯示意图

【解】　项目编码：040805005　　桥栏杆照明灯

工程量计算规则：按设计图示数量计算。

桥栏杆照明灯的工程量：8(套)

清单工程量计算表见表 5-207。

表 5-207　　　　　　　　清 单 工 程 量 计 算 表

项目编号	项目名称	项目特征描述	计量单位	工程量
040805005001	桥栏杆照明灯	桥栏杆照明灯 8 套	套	8

【例 12】　某工程采用的接地母线的尺寸为 6mm×50mm，共用了这样的接地母线 148m，计算接地母线的工程量。

【解】　项目编码：040806002　　接地母线

工程量计算规则：按设计图示尺寸另加附加量以长度计算。

接地母线的工程量：148.00(m)

清单工程量计算表见表 5-208。

表 5-208　　　　　　　　清 单 工 程 量 计 算 表

项目编号	项目名称	项目特征描述	计量单位	工程量
040806002001	接地母线	接地母线 148m，尺寸为 6mm×50mm	m	148.00

【例 13】　某工程采用的避雷针如图 5-175 所示，共有 2 套避雷针，计算避雷针的工程量。

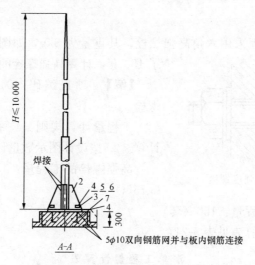

图 5-175 避雷针示意图（单位：mm）

1—避雷针；2—肋板；3—底板；4—底脚螺钉；

5—螺母；6—垫圈；7—引下线

【解】 项目编码：040806004 避雷针

工程量计算规则：按设计图示数量计算。

避雷针的工程量：2(套)

清单工程量计算表见表 5-209。

表 5-209 清 单 工 程 量 计 算 表

项目编号	项目名称	项目特征描述	计量单位	工程量
040806004001	避雷针	避雷针 2 套	套（基）	2

【例 14】 某工程有接地装置调试系统 4 组，计算接地装置调试的工程量。

【解】 项目编码：040807003 接地装置调试

工程量计算规则：按设计图示数量计算。

接地装置调试系统的工程量：4(组)

清单工程量计算表见表 5-210。

表 5-210 清 单 工 程 量 计 算 表

项目编号	项目名称	项目特征描述	计量单位	工程量
040807003001	接地装置调试	接地装置调试系统 4 组	系统（组）	4

九、钢筋工程

【例1】　某工程采用六角高强螺栓，其重量为 5kg，如图 5-176 所示，共用了 150 套，计算高强螺栓的工程量。

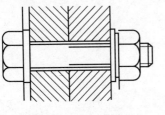

图 5-176　高强度螺栓

【解】　项目编码：040901010　　高强螺栓

工程量计算规则：1. 按图示尺寸以质量计算。2. 按设计图示数量计算。

高强螺栓的工程量：$150 \times 5 = 750 (kg) = 0.75(t)$

高强螺栓的工程量：150（套）

清单工程量计算表见表 5-211。

表 5-211　　　　　　　　　　清单工程量计算表

序号	项目编号	项目名称	项目特征描述	计量单位	工程量
1	040901010001	高强螺栓	六角高强螺栓，重量为 5kg，150 套	t	0.75
2	040901010002	高强螺栓	六角高强螺栓，重量为 5kg，150 套	套	150

十、拆除工程

【例1】　某工程在施工中需要拆除一段路面，该路面为沥青路面，厚为 500mm，路宽 15m，长 800m，计算拆除路面工程量。

【解】　项目编码：041001001　　拆除路面

工程量计算规则：按拆除部位以面积计算。

拆除路面的工程量：$15 \times 800 = 12\ 000.00 (m^2)$

清单工程量计算表见表 5-212。

表 5-212　　　　　　　　　　清单工程量计算表

项目编号	项目名称	项目特征描述	计量单位	工程量
041001001001	拆除路面	厚为 500mm，路宽 15m，长 800m	m²	12 000.00

【例2】　某工程需要拆除如图 5-177 所示电杆 15 根，试计算拆除电杆的工程量。

【解】　项目编码：041001010　　拆除电杆

工程量计算规则：按拆除部位以数量计算。

拆除电杆的工程量：15（根）

清单工程量计算表见表 5-213。

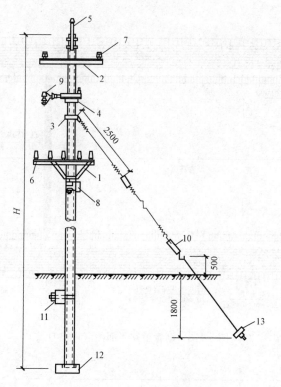

图 5-177 电杆示意图

1—低压五线横担；2—高压二线横担；3—拉线抱箍；4—双横担；5—高压杆顶支座；

6—低压针式绝缘子；7—高压针式绝缘子；8—碟式绝缘子；9—悬式绝缘子和

高压碟式绝缘子；10—花篮螺丝；11—卡盘；12—底盘；13—拉线盘

表 5-213 清 单 工 程 量 计 算 表

项目编号	项目名称	项目特征描述	计量单位	工程量
041001001010	拆除电杆	电杆 15 根	根	15

十一、综合实例

【例 1】 某工程部分施工图如图 5-178、图 5-179 所示。

根据图 5-178、图 5-179，设道路长 100m，按照《建设工程工程量清单计价规范》（GB 50500—2013）计算以下工程量：挖路槽土方、炉渣底层、沥青面层、人行道块料铺设的工程量。

根据图 5-178、图 5-179 和 2012 年《全国统一市政工程预算定额河北省综合基价》，按上题计算的工程量，彩色水磨石砖单价为每平方米 80 元，沥青混凝土每立方米 960 元，便道商品混凝土垫层 C15-40，沥青面层按机械带自动找平铺设，完成沥青混凝土面层工程量清单及报价。

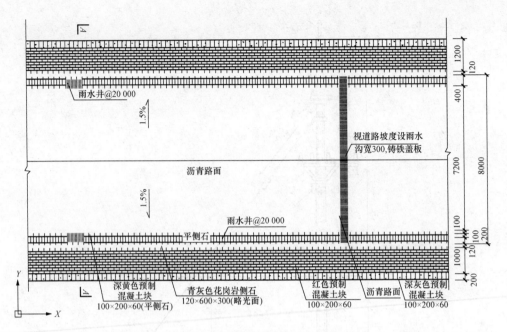

图 5-178　沥青道路平面图（1∶50）

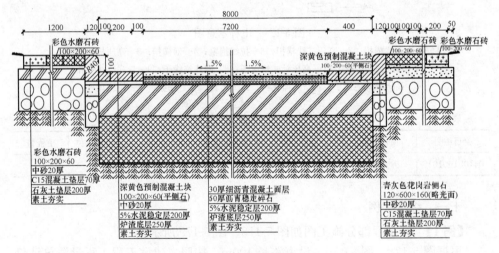

图 5-179　*A-A* 剖面图（1∶10）

计算：

1）沥青稳定碎石（光轮压路机）；

2）细粒式沥青混凝土面层（机铺带自动找平）；

3）沥青混凝土场内运输 200m。

【解】　1）工程量计算。

挖路槽土方工程量：

$[(1.2+0.05)\times(0.06+0.02+0.07+0.2)\times2+0.12\times(0.16+0.02+0.07+0.2)\times2+8\times(0.1+0.06+0.02+0.2+0.25)]\times100=602.3(m^3)$

炉渣底层工程量：

$$8\times100=800(m^2)$$

沥青面层工程量：

$$7.2\times100=720(m^2)$$

人行道块料铺设工程量：

$$1.2\times100\times2=240(m^2)$$

2）沥青混凝土面层工程量清单、报价及分析综合报价见表 5-214。

表 5-214　　　　　　　　分部分项工程量清单与计价表

序号	项目编码	项目名称	项目特征	计量单位	工程数量	综合单价	金额/元	
							合价	其中 暂估价
1	040203006001	沥青混凝土	沥青混凝土面层 1. 细石式沥青混凝土 2. 厚度 30mm 3. 机械带自动找平铺设	m²	720	36.95	26 604	
			本　页　小　计				26 604	
			合　　　计				26 604	

【例 2】　如图 5-180、图 5-181 为某市道路排水工程施工图。该路段排水为雨污合流管，排水管位于道路中心线南、北两侧各 15.0m 处，其管道采用 $\phi800$ 钢筋混凝土企口管（Ⅱ、Ⅲ级管），管段长 2m，管道接口采用钢丝网水泥砂浆抹带接口，管道铺设采用人机配合；钢筋混凝土管基础采用 120°C15 商品混凝土基础，模板采用组合钢模板；检查井规格为井内径 2000mm。

管沟土方为三类土（管沟挖土由原地面标高向下挖），采用放坡方式，人工配合机械挖土，人工挖土占总体积的比例 8.7%，机械采用反铲挖掘机（斗容量 1.0m³）在沟槽端头挖土作业（不装车）。机械回填土部分用夯实机夯实。（管道接口作业坑和沿线各种井室所需增加开挖的土方量按沟槽全部土方量的 3%，每座检查井回填土扣除体积按 4.5m³ 考虑）

按清单计价法计算下列项目的工程量，编制其分部分项工程量清单：

1）桩号 0+120～0+265 段北侧排水管道的挖土方的工程量及钢筋混凝土管

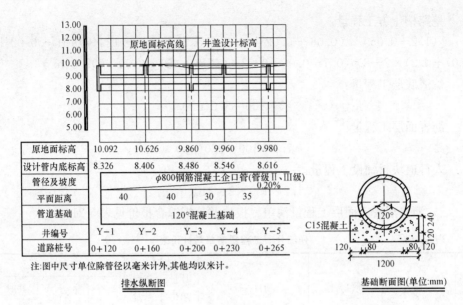

原地面标高	10.092	10.626	9.860	9.960	9.980
设计管内底标高	8.326	8.406	8.486	8.546	8.616
管径及坡度	φ800钢筋混凝土企口管(管级Ⅱ、Ⅲ级) 0.20%				
平面距离	40	40	30	35	
管道基础	120°混凝土基础				
井编号	Y－1	Y－2	Y－3	Y－4	Y－5
道路桩号	0+120	0+160	0+200	0+230	0+265

注:图中尺寸单位除管径以毫米计外,其他均以米计。

排水纵断图　　　　　　　　　　　　　　**基础断面图(单位:mm)**

图 5-180　排水工程施工图（一）

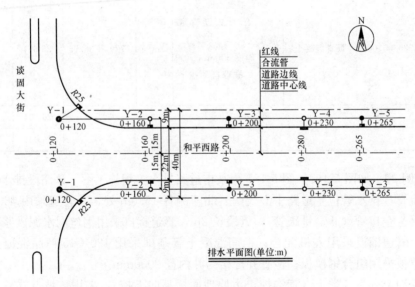

排水平面图(单位:m)

图 5-181　排水工程施工图（二）

道铺设的工程量。

2）编制桩号 0+120～0+265 段北侧排水管道挖土方及钢筋混凝土管道铺设的分部分项工程量清单。

【解】 1）工程量计算。

①沟槽挖土方工程量。

平均挖土深度：

$\{[(10.092-8.326)+(10.626-8.406)]/2\times 40+[(10.626-8.406)+$
$(9.86-8.486)]/2\times 40+[(9.86-8.486)+(9.96-8.546)]/2\times 30+[(9.96-$
$8.546)+(9.98-8.616)]/2\times 35\}/(40+40+30+35)+(0.08+0.12)=1.87(m)$

挖土方：

$$1.2\times 1.87\times (40+40+30+35)=325.38(m^3)$$

②管道铺设工程量。

$$40+40+30+35=145(m)$$

2）分布分项工程量清单计算见表 5-215。

表 5-215　　　　　　　　　　分部分项工程量清单计算表

序号	项目编码	项目名称	项目特征描述	计量单位	工程量
1	040101002001	挖沟槽土方	三类土，平均挖土深度 1.87m	m³	325.38
2	040501005001	直埋式预制保温管	直埋式预制保温管（电弧焊） 规格：DN500 埋设深度：2.8m 强度试验：水压试验一次	m	145

【例3】　某工程部分施工图，如图 5-182～图 5-185 所示。

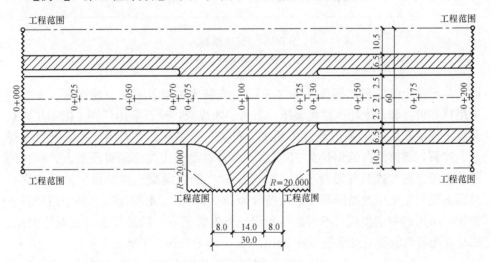

图 5-182　平面图（1：1250）

已知：路槽土方施工在路床设计标高以上 10cm 范围内是人工挖土方，其他
采用 105kW 推土机推土，推土距离设为 40m，土壤类别为三类土，外运土用
1.5m³ 装载机装土，12t 自卸汽车运土，运距 5km。挖出的土可以用于基层，松

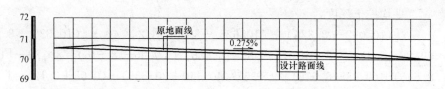

图 5-183 道路纵断面图

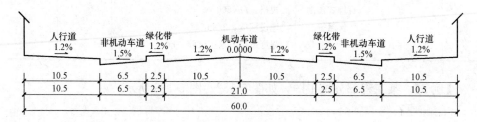

图 5-184 标准横断面

注：本图尺寸单位均以 m 计。

散土与密实土的体积比例关系为 1.3：1。石灰土基层及石灰、粉煤灰、土基层采用拌和机拌和，光轮压路机碾压；石灰、粉煤灰、碎石采用厂拌，振动压路机碾压；顶层基层养生采用洒水车洒水。石灰、粉煤灰、碎石用商品石灰、粉煤灰、碎石，到摊铺点的单价为 75 元/t。沥青混凝土用商品沥青混凝土，到摊铺点的单价：细粒式沥青混凝土为 1200 元/m³，沥青混凝土摊铺机（自动找平）。路面面层混凝土用商品混凝土，入模价为 360 元/m³。水泥混凝土路面用塑料液养护，采用定型钢模板。不考虑各种缝。先安装平石，后施工沥青混凝土面层。C30 亚光彩色混凝土渗水便道砖 20cm×10cm×5.5cm。工地出库价为 28 元/m²。

1）计算桩号 0+000～0+200 段机动车道的挖土方、剩余土外运、石灰粉煤灰土基层、面层、定型钢模板的工程量。

2）计算非机动车道面层、底层工程量，并编制工程量清单。

3）根据上述条件和 2012 年《全国统一市政工程预算定额河北省消耗量定额》编制细粒式沥青混凝土和石灰、粉煤灰、碎石基层的清单与计价表。

4) 人行道块料铺设工程量计算及清单与计价表。

【解】 1) 机动车道工程量计算。

①机动车道土方。

人工挖土方：

$$0.1 \times (21+0.25 \times 2) \times 200 = 430.00 (\text{m}^3)$$

机械车道 105kW 推土机推土：

$$[(0.69+0.809)/2 \times 25 + (0.809+0.788)/2 \times 25 + (0.778+0.796)/2 \times 25 +$$
$$(0.796+0.815)/2 \times 25 + (0.815+0.834)/2 \times 25 + (0.834+0.852)/2 \times 25 +$$
$$(0.852+0.821)/2 \times 25 + (0.821+0.69)/2 \times 25] \times (21+0.25 \times 2) - 430 =$$
$$3010.00 (\text{m}^3)$$

②余土外运。

扣石灰土用土：

$$(21+0.25 \times 2) \times 200/100 \times 19.73/1.3 = 652.61 (\text{m}^3)$$

扣石灰粉煤土用土：

$$(21+0.25 \times 2) \times 200/100 \times 10.3/1.3 = 340.69 (\text{m}^3)$$

余土外运：

$$430+3010-652.61-340.69 = 2446.70 (\text{m}^3)$$

③机动车道石灰、粉煤灰、土基层。

15cm 厚石灰、粉煤灰、土基层：

$$(21+0.25 \times 2) \times 200 = 4300.00 (\text{m}^3)$$

④机动车面层。

24cm、5.0MPa 混凝土路面面层：

$$(21-0.005 \times 2) \times 200 = 4198.00 (\text{m}^3)$$

混凝土路面养护：

$$(21-0.005 \times 2) \times 200 = 4198.00 (\text{m}^3)$$

混凝土路面刻纹：

$$(21-0.005 \times 2) \times 200 = 4198.00 (\text{m}^3)$$

⑤混凝土路面模板：

$$0.24 \times 200 \times 2 + 0.24 \times (21-0.005 \times 2) \times 2 = 106.08 (\text{m}^3)$$

2) 非机动车道工程量计算。

①非机动车道面层。

路平石长度：

$$200 \times 2 - (20 \times 2 + 14) + 3.14 \times 20 + (70-1.25) \times 2 + (200-130-1.25) \times$$
$$2 + 2 \times 3.14 \times 1.25 \times 2 = 699.50 (\text{m})$$

浮动沥青透层：

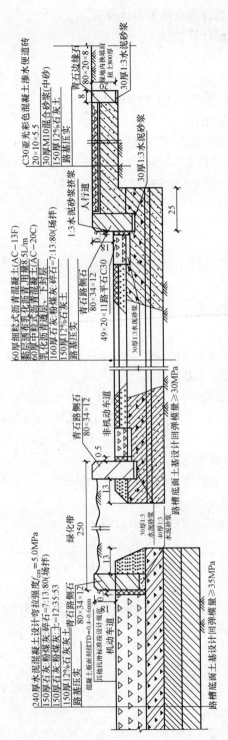

图 5-185 机动车道、非机动车道、人行道结构构图

注: 1. 本图尺寸单位除注明外均以 cm 计。
2. 基层碾压后洒布 PC-2 乳化沥青透层，用量 1.2L/m²；下封层选用 PC-1 乳化沥青，用量 0.9L/m²，洒布 5～10mm，石料 5m³/1000m²。

$200×6.5×2+(130−70)×2.5×2+(2.5×2.5−3.14×1.25×1.25)×2+$
$(20×2+14)×20−3.14×20+20/2−699.5×(0.2+0.005)=3786.49(m^2)$

下封层：

$200×6.5×2+(130−70)×2.5×2+(2.5×2.5−3.14×1.25×1.25)×2+$
$(20×2+14)×20−3.14×20+20/2−699.5×(0.2+0.005)=3786.49(m^2)$

6cm厚中粒式沥青混凝土（AC-20C）：

$200×6.5×2+(130−70)×2.5×2+(2.5×2.5−3.14×1.25×1.25)×2+$
$(20×2+14)×20−3.14×20+20/2−699.5×(0.2+0.005)=3786.49(m^2)$

黏层洒布乳化沥青：

$200×6.5×2+(130−70)×2.5×2+(2.5×2.5−3.14×1.25×1.25)×2+$
$(20×2+14)×20−3.14×20+20/2−699.5×(0.2+0.05)=3786.49(m^2)$

4cm厚细粒式沥青混凝土（AC-12F）：

$200×6.5×2+(130−70)×2.5×2+(2.5×2.5−3.14×1.25×1.25)×2+$
$(20×2+14)×20−3.14×20+20/2−699.5×(0.2+0.005)=3786.49(m^2)$

②非机动车道基层。

15cm厚12%石灰土基层：

$200×(6.5+0.25×2)×2+(130−70)×(2.8−0.25×2)×2+(2.5−0.25×$
$2)×(1.25−0.25)−3.14×[(1.25−0.25)×(1.25−0.25)/2]×4+(20×2+$
$14)−3.14×(20−0.25)×(20−0.25)/2=3539.32(m^2)$

16cm厚石灰粉煤灰碎石基层：

$200×(6.5+0.25×2)×2+(130−70)×(2.8−0.25×2)×2+(2.5−0.25×$
$2)×(1.25−0.25)−3.14×[(1.25−0.25)×(1.25−0.25)/2]×4+(20×2+$
$14)−3.14×(20−0.25)×(20−0.25)/2=3539.32(m^2)$

分布分项工程量清单计算见表5-216。

表 5-216　　　　　　　　分部分项工程量清单计算表

序号	项目编码	项目名称	项目特征描述	计量单位	工程量
1	040203001001	沥青表面处理	洒布 PC-2 乳化沥青透层，用量 1.2L/m²	m²	3786.49
2	040203001002	沥青表面处理	下封层，选用 PC-1 乳化沥青，用量为 0.9L/m²，洒布 0.5～1cm，石料 5m³/1000m²	m²	3786.49
3	040203006001	沥青混凝土	中粒式沥青混凝土面层，厚度 6cm，AC-20C	m²	3786.49

序号	项目编码	项目名称	项目特征描述	计量单位	工程量
4	040203006002	沥青混凝土	细粒式沥青混凝土面层，厚度4cm，AC-12F，黏层洒布乳化沥青，用量为0.5L/m^2	m^2	3786.49
5	040202002001	石灰稳定土	石灰稳定土基层，厚度15cm，含灰量12%，路基整形碾压，路槽底面土基设计回弹模量≥30MPa	m^2	3539.32
6	040202006001	石灰、粉煤灰、碎（砾）石	基层，厚度16cm，石灰：粉煤灰：碎石＝7：13：80（场拌）顶层基层养生	m^2	3539.32

3）分布分项工程量清单与计价表见表 5-217。

表 5-217 　　　　　　　　　分布分项工程量清单与计价表

序号	项目编码	项目名称	项目特征描述	计量单位	工程量	综合单价	合价	其中暂估价
1	040203006002	沥青混凝土	细粒式沥青混凝土面层，厚度4cm，AC-12F，黏层洒布乳化沥青，用量为0.5L/m^2	m^2	3786.49	60.89	230 559.38	
2	040202006001	石灰、粉煤灰、碎（砾）石	基层，厚度16cm，石灰：粉煤灰：碎石＝7：13：80（场拌）顶层基层养生	m^2	3539.32	30.23	106 993.64	
			……				……	
		小　　计					337 553.02	
		合　　计					337 553.02	

4）人行道块料铺设。

人行道块料铺设工程量：

$[(200×2)-(20+14+20)]×(10.5-0.12-0.08)+3.14×(20-0.12)×(20-0.13)/2-(20-10.5+0.08)×(20-8+0.08)=4068.56(m^2)$

分布分项工程量清单与计价表见表 5-218。

表 5-218   **分布分项工程量清单与计价表**

序号	项目编码	项目名称	项目特征描述	计量单位	工程量	金额/元		其中
						综合单价	合价	暂估价
1	040204002001	人行道块料铺设	C30 亚光彩色混凝土渗水便道砖规格：20cm×10cm×5.5cm 垫层，3cm 厚 M10 混合砂浆（中砂）	m²	4068.56	41.29	167 990.84	
			……				……	
		小 计					167 990.84	
		合 计					167 990.84	

【**例 4**】 某市政道路上的简支板钢盘混凝土桥，部分施工图如图 5-186～图 5-190 所示。钢筋混凝土灌注桩成孔按回旋钻机钻孔，按水下灌注混凝土桩考虑；土壤按砂砾土考虑；混凝土按商品混凝土考虑。

按照《建设工程工程量清单计价规范》（GB 50500—2013）计算下列工程量并编制分部分项工程量清单。

1）钢筋混凝土灌注桩。

2）桥面现浇混凝土空心板梁。

3）桥面铺装钢筋，钢筋搭接长度按 30d 计算。

4）伸缩缝。

【**解**】 1）工程量计算。

①钢筋混凝土灌注桩：

$$45×6=270.00(m)$$

②现浇钢筋混凝土桥面空心板梁：

$$[10×0.4-(0.25+0.3)/2×2-0.09×0.09×3.14×32]×7.22×2=38.07(m^3)$$

③桥面铺装钢筋：

$$(7.16×45+9×36)×2×0.395=510.498(kg)=0.510(t)$$

④伸缩缝：

$$10×4=40.00(m)$$

2）分布分项工程量清单计算见表 5-219。

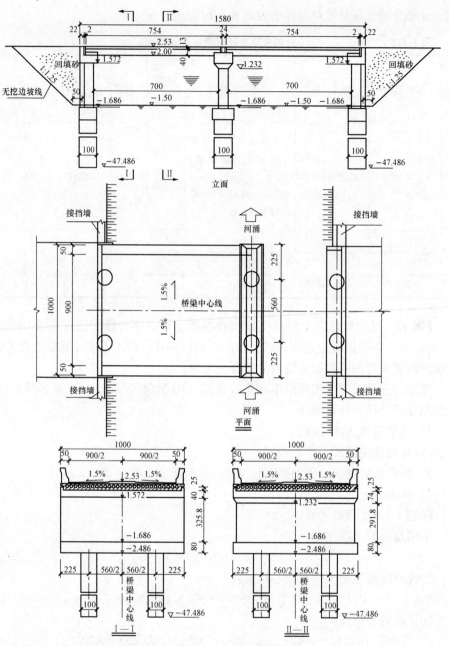

图 5-186　桥型布置图

说明：

1. 本图尺寸除标高以 m 计，其他均以 cm 计。

2. 桥梁设计标高为桥梁中心线处桥面标高。

3. 桥梁设计荷载：汽车—20 级。

4. 桥梁中心线与桥位处道路中心线重合。

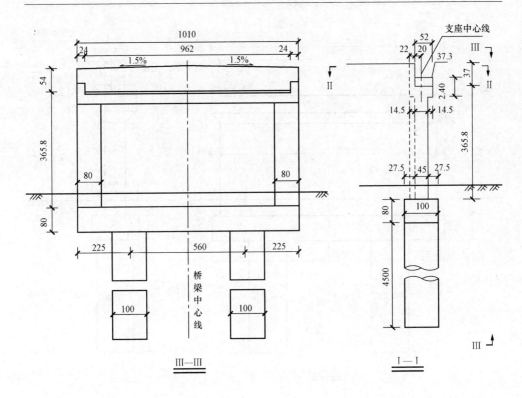

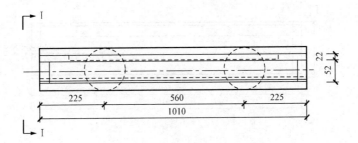

图 5-187　薄壁桥台构造图

说明：

1. 本图尺寸除标高以 m 计外，其余均以 cm 计。

2. 梁与挡块之间设油毛毡分隔。

3. 承台、薄壁桥台为 C25（中砂碎石，最大粒径 20mm）钢筋混凝土。

4. 薄壁桥台桩基础为 ϕ100cm 钻孔灌注 C20（中砂碎石，最大粒径 20mm）钢筋混凝土桩。

5. 桥台两侧按接挡墙考虑，未设翼墙及搭板。

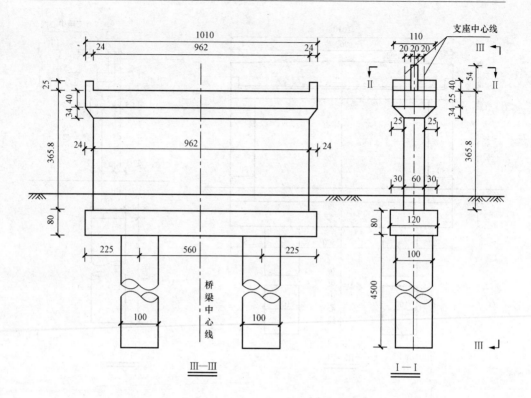

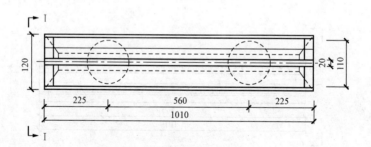

图 5-188 薄壁桥墩构造图

说明：

1. 本图尺寸除标高以 m 计外，其余均以 cm 计。

2. 梁与挡块之间设油毛毡分隔。

3. 承台、薄壁桥墩 C25（中砂碎石，最大粒径 20mm）钢筋混凝土。

4. 薄壁桥台桩基础为 φ100cm 钻孔灌注 C20（中砂碎石，最大粒径 20mm）钢筋混凝土桩。

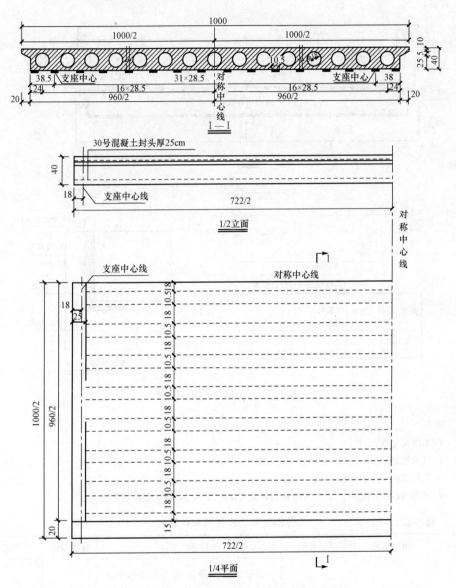

图 5-189 桥面空心板构造图

说明:

1. 本图尺寸均以 cm 计。

2. 空心板混凝土浇筑前先用 M10 水泥砂浆抹平台帽,安装好橡胶支座,每块一端布规格为 $D=200mm$(直径)、$H=28mm$(高度)橡胶支座 32 个,共计 136 个。空心板混凝土强度等级为 C30。

3. 考虑采用现场浇筑。

4. 内模脱模,后即可浇筑 25cm 厚的封头混凝土,注意务必严实。

5. 浇筑空心板时跨中应留有 1cm 的预拱度。

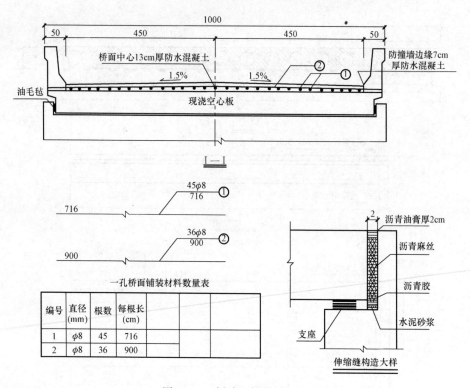

图 5-190　桥路面铺装构造图

说明:

1. 本图尺寸以 cm 计。

2. 桥面铺装钢筋材质为Ⅰ级热轧光圆钢筋。

3. 钢筋保护层厚度不小于 2.5cm。

4. 桥面铺设抗折混凝土 5.0(中砂碎石,最大粒径 20mm),磨耗层拉毛处理。

表 5-219　　　　　　　　分部分项工程量清单计算表

序号	项目编码	项目名称	项目特征描述	计量单位	工程量
1	040301004001	泥浆护壁成孔灌注桩	钢筋混凝土灌注桩,桩径 100cm,深度 46.36m(桩长 45m),砂砾石,C20 钢筋混凝土,中砂、碎石,最大粒径 20mm	m³	270.00
2	040303013001	混凝土板梁	桥面现浇混凝土空心板梁,混凝土强度等级为 C30(中砂、碎石,最大粒径 20mm)	m³	38.07

序号	项目编码	项目名称	项目特征描述	计量单位	工程量
3	040901001001	现浇构件钢筋	Ⅰ级热轧光圆钢筋，桥面铺装	t	0.510
4	040309007001	桥梁伸缩装置	沥青麻丝，缝宽 2cm，长 10m，共 4 道	m	40.00

参 考 文 献

［1］中华人民共和国住房和城乡建设部. GB 50500—2013 建设工程工程量清单计价规范［S］. 北京：中国计划出版社，2013.

［2］中华人民共和国住房和城乡建设部. GB 50857—2013 市政工程工程量计算规范［S］. 北京：中国计划出版社，2013.

［3］中华人民共和国住房和城乡建设部. GB 50353—2005 建筑工程建筑面积计算规范［S］. 北京：中国计划出版社，2005.

［4］王刚领. 市政工程预算员入门与提高. 长沙：湖南大学出版社，2011.

［5］王学军，陈莹. 市政工程预算员速查速算便携手册. 北京：中国建筑工业出版社，2011.

［6］方明科. 看范例快速学预算之市政工程预算. 北京：机械工业出版社，2010.

［7］王云江. 市政工程定额与预算（第二版）. 北京：中国建筑工业出版社，2010.

［8］苗旺. 市政工程质量检查验收一本通. 北京：中国建材工业出版社，2010.

［9］高正军. 市政工程概预算手册（含工程量清单计价）. 长沙：湖南大学出版社，2008.